大展好書
好書大展

神算大師 2

姜太公神算兵法

應涵・編著

大展出版社有限公司

目錄

卷二　武韜

卷三　龍韜

卷四　虎韜

卷五　豹韜

卷六　犬韜

六韜逸文

三略

兵訓

後記

概述

《六韜》，我國古代著名兵書。《隋書・經籍志》註云：「周文王師姜呂望撰。」姜氏，周代齊國的始祖。又稱呂尚，一說字子牙，俗稱姜子牙。呂尚為周初的功臣，武王滅商紂奪取天下，多得力於他，被武王尊為「師尚父」。

歷史上，對於《六韜》的作者、書的真偽爭議頗多。清代姚際恆在《古今偽書考》中認為：《六韜》「其辭俚鄙，偽托何疑？」《四庫全書提要》謂其詞意淺近，不類古書。直到一九七二年在山東臨沂銀雀山西漢前期古墓中出土《六韜》五十四枚殘簡，才充分證明它並非偽書，早在西漢前期即已流傳。但對於它的成書時代仍存疑議。

《漢書・藝文志》所列，劉歆和班固都認為其成書年代可能為「春秋魯僖公、文公之間；魯昭公、定公、哀公之間和戰國周顯王在位的四十八年間」這三個時間。從《六韜》所論述的情況看，大量騎兵部隊已廣泛使用於戰爭，而我國春秋時期尚無騎兵，書中《五音篇》以五行相生剋來解釋五行學說，具有濃厚的戰國陰陽家色彩。

據此分析，《六韜》的成書年代不可能在春秋時期，而應當在戰國時期。成書不在春秋，當然就不是呂尚所著，而是戰國時人依托於名人以著傳世之作了。

《六韜》透過周文王、武王與呂尚對話的形式，闡述治國治軍和指導戰爭的理論、原則，是一部具有重要價值的兵書。

宋元豐年間，將其列入《武經七書》之一，定為武學必讀之書。它對後世產生了重大影響。歷史上著名將領張良、劉備、諸葛亮、孫權等都非常重視《六韜》。《後漢書・何進傳》云：「《太分六韜》有天子將兵事，可以威壓四方。」《李衛公問對》中也多次提到它，繼《通典》後，唐人著書論兵也多引用它。宋、明、清對《六韜》注釋、集釋、匯解者，也不乏其人，可見該書在我國軍事學術史上具有很高地位。

現存《六韜》近二萬字，分六卷，六十篇。

卷一，文韜。包括有文師、盈虛、國務、大禮、明傳、六守、守土、守國、上賢、舉賢、賞罰、兵道共十二篇。是講治國安民的韜略。介紹在作戰之前，怎樣充實國家的實力和作好戰爭的準備。如對內先要將自己的國家治理得國強民富，對人民進行教育訓練，使萬眾一心，方向一致；對外要了解別國的情況，但對自己國家內部事務要盡力保守秘密。這樣才可以立於不敗之地。

卷二，武韜。包括發啟、文啟、文伐、順啟、三疑共五篇。主要講對敵鬥爭的韜略。如作戰前必須先把敵我的優劣勢進行比較，要以我之長攻敵之短，才可克敵制勝。要有明確的戰略目標，採取正確的鬥爭策略。

卷三，龍韜。包括王翼、論將、選將、立將、將威、勵軍、陰符、陰書、軍勢、奇兵、五音、兵征、農器共十三篇。主要講軍隊的指揮和兵力部署的韜略。指出在戰爭中要指揮調動敵人，選擇將帥，嚴明紀律，然後確定怎樣發號令，通信息。此外還指出要注意天時、地利和物資供應等。

卷四，虎韜。包括軍用、三陣、疾戰、必出、軍略、臨境、動靜、金鼓、絕道、略地、火戰、壘虛共十二篇。主要講在寬闊地作戰中，應當注意的問題。

卷五，豹韜。包括林戰、實戰、敵強、敵武、山兵、澤兵、少眾、分險共八篇。主要講和敵人在狹隘地作戰時，應當注意的問題。

卷六，犬韜。包括分合、武鋒、練士、教戰、均兵、武車士、武騎士、戰車、戰騎、戰步共十篇。主要講各兵種如何配合協同作戰，以發揮軍隊整體威力。

總的來看，《六韜》各卷正如《後漢書·何進傳》章懷太子評說的：「太公《六韜》篇：第一《霸典》，文論；第二《文師》，武論；第三《龍韜》，主將；第四《虎韜》，偏裨；第五《豹韜》，校尉；第六《犬韜》，司馬。」這就扼要地點明了《六韜》各篇的內容和特點。

拿現在的話說，《六韜》第一、二卷，主要闡述的是戰略問題，及戰前的各項準備工作。第三、四、五、六卷，則重在闡述戰爭指導的一些重要原則，是戰爭過程中所遇到的戰術上的一些問題。這些觀點，對我們今天仍有所啟示。

一、在戰爭觀方面，主要闡述了戰爭的性質和作用

《龍韜・論將》指出：「故兵者，國之大事，存亡之道……」。顯然這同孫子在《計篇》中說的一些話完全一樣。但《六韜》在闡述孫子的這一觀點時，已經賦予了新的意義。《六韜》認為，戰爭是解決階級和階級、國家和國家之間的矛盾和鬥爭的一種形式。「禁暴亂，止奢侈」（《文韜・上賢》）集中反映了這一思想。

該書揭露了商紂王的暴虐統治，旨在說明，只有訴諸武力，才能改變這種狀況，推翻奢侈無度的殷商奴隸主貴族的腐朽統治。另一方面，作者撰寫此書時，已經是新興地主階級取得並鞏固政權的戰國時代。因此，它又立足於接受殷末的歷史教訓，避免重蹈歷史的覆轍這個角度，闡述其觀點，把「禁暴亂」看作是它所解決的主要任務。為了達到這個目的，在闡述孫子《計篇》的思想時便賦予了新的內容。

《六韜》重視戰爭準備，包括物資準備和精神準備。《文韜》、《龍韜》等篇中指出，必須抓住「天下安定，國家無爭」的有利時機，獎勵生產，儲備糧食，準備攻守器具。特別強調中央政權要把國家經濟命脈掌握在手，大力發展「大農」、「大工」、「大商」（謂之「三

寶」）等生產事業。「農一其鄉則穀足，工一其鄉則器足，商一其鄉則貨足」。「耕戰」、「富國強兵」，這樣，戰爭到來時才能立於不敗之地。

所謂精神準備，就是爭取人心的歸向，以取得舉國上下以至友軍的支持。這是其政治戰略的一項重要內容，也是戰前動員問題。《文韜》中的《文師》、《盈虛》、《國務》、《大禮》、《明傳》等章，都是闡述收攬人心的道理。

它說：「天下非一人之天下，乃天下之天下也。同天下之利者則得天下，擅天下之利者則失天下。天有時，地有財，能與人共之者仁也。仁之所在，天下歸之。與人同憂同樂，同好同惡，義也。義之所在，天下赴之。凡人惡死而樂生，好德而歸利，能生利者道也。道之所在，天下歸之。」顯然，這是從地主階級的長遠利益出發，勸說統治者推行「仁政」。

為達到勸說統治者推行「仁政」的目的，還提出了所謂「愛民觀」，強調使「民不失務」、「農不失時」，還要「薄賦斂」、「儉宮室臺榭」、「吏清不苛擾」等。這一主張，對於鞏固內部，動員人民支持戰爭，是有重要作用的。孟子說「得其民，得其心，斯得天下矣」，與《六韜》的這一思想是相通的。

二、在軍隊建設方面，對司令部組織機構、訓練和選將等方面，都有許多創見

《六韜》記載了司令部組織機構，是研究先秦軍制的寶貴資料。《龍韜・王翼》所列舉的「股肱羽翼七十二人」，內分不同的參謀業務，組成一個比較周密完備的指揮機構。在這個機

構中，包括作戰籌劃、氣象觀察、地理測量、糧草供應、金鼓旗號、敵情偵察等機構和人員。有了這些參謀業務，就能「以應天道，備數如法，審知命理……萬事畢矣」。這實際上是我國最早的司令部組織，也是世界最早的類似參謀部性質的組織。

《六韜》提出了嚴密的訓練編組和良好的訓練方法。無論是步兵、騎兵還是車兵，都要經過嚴格的選擇才能充當。以「選騎士之法」為例，要選年齡在四十歲以內，身高七尺五寸以上，身體健壯，反應迅速敏捷，超出一般人之上的；能騎馬疾行；張弓射箭，前後左右、四面周旋、進退自如的；能跨越壕溝，攀登兵陵，不怕險阻、超越湖澤的；能長途追逐頑敵，衝鋒陷陣的勇士。這說明，在年齡、身體、智勇等條件方面的要求是相當嚴格的。征兵制的實行，為這樣精選士卒提供了條件。

訓練士卒，要講究「練士之道」。先根據作戰的需要和本人的特點，分別編成冒刃之士、陷陣之士、勇銳之士等十一種小分隊，然後再進行訓練。內容包括「操兵起居、旌旗、指麾之變法」（《犬韜・教戰》）。

教練方法要由淺入深，循序漸進，「使一人學戰，教成，合之十人；十人學戰，教成，合之百人；百人學戰，教成，合之三軍之眾。大戰之法，教成，合之百萬之眾。故能成其大兵，立威於天下。」

選將嚴格。春秋以來，隨著封建制度的確立，新興地主階級竭力反對過去的世卿世祿制度，實行官吏任免制。這是新興地主階級鞏固統治的一個重要措施。只有這樣，才不致讓奴隸主貴族的勢力重新爬上政治舞臺。因此，選將被看作是治軍的重要環節。「得賢將者，兵強國昌；不得賢將者，兵弱國亡。」（《龍韜・奇兵》）同時又在《論將》、《選將》、《主將》、《將威》等篇，論述了選將的原則和方法，即所謂「五材」、「十過」，與《孫子兵法・計篇》所說的「智、信、仁、勇、嚴」五條標準極其相似。

該書很重視通過實踐考驗、考核將領。《龍韜・論將》提出了考核將帥的「八征」，即：「一曰問之以言，以觀其詳。二曰窮之以辭，以觀其變。三曰與之間諜，以觀其誠。四曰明白顯問，以觀其德。五曰使之以財，以觀其廉。六曰試之以色，以觀其貞。七曰告之以難，以觀其勇。八曰醉之以酒，以觀其志。」

兩千多年以來，這些方法不同程度地被後人所沿用。

將帥的表率作用，也是它突出強調的一個問題。《六韜》總結的「將有三勝」（《龍韜・軍勢》）的思想是有代表性的。它說：「將與士卒共寒暑、勞苦、饑飽」，士卒就能做到「聞鼓聲則喜，聞金聲則怒。高城深池，矢石繁下，士爭先登；白刃始合，士爭先赴」。在《立將》一篇中，進一步闡述了「愛兵」觀念，說將帥如能做到「士未坐勿坐，士未食勿食，寒暑必同」，士卒就「必盡其力」，去拚命爭取戰爭的勝利。

賞功罰罪，是戰國時期新興地主階級治軍富有朝氣的表現。《六韜》反映和總結了這方面的經驗，指出賞罰是治軍的重要措施，以達到「賞所以存勸，罰所以示懲」（《文韜・賞罰》）的目的。運用這一手段時，要掌握「殺貴大，賞貴小」的原則，即：「殺一人而三軍震者，殺之；賞一人而萬人悅者，賞之。」這就是所謂「殺一儆百」。它還主張，刑罰貴行於上層，獎賞貴行於下層，才能使賞罰收到更好的效果。

三、在戰略戰術方面，對估量戰略形勢，選擇戰略時機，以及對一些作戰原則、方法的闡述，都有獨到之處。

該書認為，為將者懂不懂得戰略戰術，是戰爭勝敗的必要條件。「不知戰攻之學，不可以語敵。不能分移，不可以語奇。不通治亂，不可以語變。」（《龍韜・奇兵》）意在指出，不懂得戰略戰術，就談不上指揮對敵作戰；不懂得奇正分合進退的作用，也就談不上什麼出奇制勝，不了解亂和治的辯證關係，更談不上什麼運用奇謀詭計。

總之，關於戰略戰術的理論和知識，是戰爭指導者必須具備的基本條件。

正確地估量戰略形勢，是戰爭的指導者必須首先解決的重要問題。《文韜》、《武韜》和《龍韜》對此作了精闢的分析，認為戰爭是物質矛盾的運動過程，並把戰爭雙方的政治、經濟、軍事、天候、地理等看作是這一矛盾運動過程的基本因素。

「將必上知天道，下知地利，中知人事。」（《龍韜・壘虛》）又說：「所謂上察天，下察地，徵已見，乃伐之。」（《武韜・文伐》）這是對將帥的起碼要求。

在《武韜・發啟》中還指出：「天道無殃，不可先昌。人道無災，不可先謀。必見天殃，又見人災，乃可先謀。必見其陽，又見其陰，乃知其心。必見其外，又見其內，乃知其意。必見其疏，又見其親，乃知其情。」這就是說，只有把天道、人道、陰、陽、外、內、親、疏等各個方面都觀察清楚了，才能對戰略形勢的估量得出正確的結論。這和《孫子兵法》所說的「五事」、「七計」和「勢」的思想是完全一致的。

要正確地估量形勢，必須全面準確地了解敵情。「勝敗之徵，精神先見，明將察之，其效在人。」（《龍韜・兵征》）說明縝密地觀察了解敵情，把敵方的兵力兵器，特別是表露於外的敵國軍民的人心向背搞清楚，是判斷敵我優劣、強弱對比和戰爭勝負的重要依據。這雖然不是容易的事情，但也不是做不到的。這就需要率兵之將具備「耳聰」、「目明」、「心智」三個條件。只有具備這三個條件，才能做到「以天下之目視，則無不見也；以天下之耳聽，則無不聞也；以天下之心慮，則無不知也。」（《文韜・大禮》）「視」、「聽」、「慮」的功夫做到了，敵人的「變動」、「虛實」、「來去」，就可以瞭如指掌。

巧妙地捕捉戰機，也是《六韜》關於戰略戰術的一個重要原則。戰機就是有利於我，不利於敵的作戰時機，戰機的出現，在時間上一般說是很短暫的，甚至是稍縱即逝的。所以它需要戰爭的指揮者特別加以重視。抓住戰機，戰爭就可能勝利；失掉戰機，就可能導致戰爭失敗。《文韜・守土》說：「日中必彗，操刀必割，執斧必伐。日中不彗，是謂失時。操刀不割，失利之期。執斧不伐，賊人將來。」

在《龍韜．軍勢》中也說：「善戰者，見利不失，遇時不移。失利後時，反受其殃。」這些話，對戰機在作戰中的重要性，闡述得非常清楚。

在探討戰機問題時，《六韜》還指出「猶豫」是喪失戰機的致命弱點「用兵之害，猶豫最大；三軍之災，莫過狐疑。」又說：「故智者從之而不失；巧者一決而不猶豫。」（《龍韜．軍勢》）鮮明而生動地說明了猶豫對戰爭的危害。

六韜

文韜——

文師第一

仁愛在誰身上體現，
天下就嚮往於誰

教養是有教養者的第二個太陽。

父母生育了我，老師教育著我，國家養護著我。沒有父母談不上出生，沒有國家的養護不能成長，沒有教育不懂得自己的為人。

聖人的德化，就在於獨創地、潛移默化地感召人心；聖人考慮的事物，則是順理成章地樹立威望，征服人心。

〔原　文〕

文王將田，史編布卜曰：「田於渭陽，將大得焉。非龍、非螭、非虎、非羆，兆得公侯。天遺汝師，以之佐昌，施及三王。」

文王曰：「兆致是乎？」

史編曰：「編之太祖史疇為舜占，得皋陶，兆比於此。」

文王乃齋三日，乘田車，駕田馬，田於渭陽，卒見太公，坐茅以漁。

文王勞而問之，曰：「子樂漁耶？」

太公曰：「臣聞君子樂得其志，小人樂得其事。今吾漁甚有似也，殆非樂之也。」

文王曰：「何謂其有似也？」

太公曰：「釣有三權：祿等以權，死等以權，官等以權。夫釣以求得也，其情深，可以觀大矣。」

文王曰：「願聞其情！」

太公曰：「源深而水流，水流而魚生之，情也；根深而木長，木長而實生之，情也；君子情同而親合，親合而事生之，情也。言語應對者，情之飾也；言至情者，事之極也。今臣言至情不諱，君其惡之乎？」

文王曰：「惟仁人能受正諫，不惡至情。何為其然！」

太公曰：「緡微餌明，小魚食之；緡調餌香，中魚食之；緡隆餌豐，大魚食之；夫魚食其餌，乃牽於緡；人食其祿，及服於君。故以餌取魚，魚可殺；以祿取人，人可竭；以家取國，國可拔；以國取天下，天下可畢。嗚呼！曼曼綿綿，其聚必散；嘿嘿昧昧，其光必遠。微哉！聖人之德，誘乎獨見。樂哉！聖人之慮，各歸其次，而樹斂焉。」

文王曰：「樹斂何若而天下歸之？」

太公曰：「天下非一人之天下，乃天下之天下也。同天下之利者則得天下，擅天下之利者失天下，天有時，地有財，能與人共之者，仁也；仁之所在，天下歸之。免人之死，解人之難，救人之患，濟人之急者，德也；德之所在，天下歸之。與人同憂同樂，同好同惡者，義也；義之所在，天下赴之。凡人惡死而樂生，好德而歸利，能生利者，道也。道之所在，天下歸之。」

文王再拜曰：「允哉，敢不受天下之詔命乎！」及載與俱歸，立為師。

〔譯　文〕

周文王去打獵，史編占卜之後對他說：「您到渭水的北岩去打獵，會有很大的收穫。得到的不是龍、不是螭、不是虎、不是羆，我預感您要得到公侯之才的人。那是上蒼賜與你的，任他為軍師輔佐你的大業，國家就會繁榮昌盛，而且還嘉惠於您的子孫後代。」

文王問道：「你占卜的真有那麼準確嗎？」

史編說：「我的太祖父史疇曾為舜帝占卜，舜帝果然得到了皋陶，那時的徵兆與今天的徵兆很相同。」

文王就齋戒三天，然後乘著車，駕著獵馬，去渭水北岸圍獵，果然遇到姜太公，他正在長滿野草的岸邊垂釣。

文王靠近問道：「您喜歡釣魚嗎？」

太公說：「我聽說君子樂於實現自己的願望，而常人只安於做好自己的事情。我在這裡釣魚與他們那樣做很相似，或許並非喜歡釣魚吧。」

文王又問：「釣魚與實現願望的道理有什麼相似呢？」

太公說：「君主招攬人才如同釣魚一般，持有三種辦法：用豐厚的報酬聘人等於用餌釣魚；用重賞收買人心等於用誘餌釣魚；用高官厚祿等同於用餌釣魚。大凡垂釣都是為了得到魚，但其中的道理卻很深奧，從中可以領悟出許多很深的道理。」

太公說：「水源深，河水就通暢，奔流不息，魚類也就能夠生存，這是自然的規律；根深，枝葉就茂盛，這樣，才能結出果實，這也是自然規律；君子志趣相投，就能親密合作，這樣，就能共商謀略幹一番事業，這與上面都是一樣的道理。語言應付是人們對真情的掩飾；能道出真心，才是最完美的事理。我這裡說的都是實話，無所忌諱，不會令你討厭吧！」

文王說：「有仁德之人才能接受別人的直言勸諫，才能聽得進逆耳之言，我怎會討厭呢！」

太公說：「釣絲纖細，餌食能見，小魚就會吃；有適中的釣絲，餌食味也濃香，中魚就會吃；釣絲粗長，餌食又多，大魚就會來吃。魚吃餌食，就被釣絲住；人食君祿，就得奉事於國君。因此，用誘餌釣起的魚，就可以烹而食之；以高官厚祿網羅人才，人才就能盡心盡力；以家為餌而取邦國，你就可得邦國；以邦國為餌取天下，亦可征服天下。可惜呀！幅員遼闊、國祚綿長，它所積累起來的東西終歸要消失；不聲不張、默默無聞的潛滋暗長，它的光芒必然會灑滿四方。多麼微妙啊！聖人的德化，循循誘導，超凡的見解。令人興奮啊！聖人所思的，就是讓人各得其所，用各種方法收攬人心。」

文王問：「採用怎樣的方法才能使天下人為我所用呢？」

太公說：「天下是天下人共有的，而不是屬於一人。能讓天下人都得到，就能得天下；獨享天下利益，就要失天下。天有四時之變，地能創造財富，如能與天下人共同受用，就是仁愛；誰身上能體現出這種仁愛，誰就能得天下。能免除人們的死難，解除人們的疾苦，免去人們的禍患，解救人們的急難，這是有德行的人；這種德行在誰身上體現，誰就會得到人們的擁護。能與天下人共享苦樂，乃有情義之人，誰的身上體現出情義，誰就能臣服天下。人都厭死而樂生，喜仁而求利，能使天下人受益，就是王道，誰身上能體現王道，天下就會歸順誰。」

文王感激萬分說：「你講的太妙了，既然這是上天的旨意，我怎敢不接受呢！」於是與太公同車而歸，遂拜太公為國師。

同天下之利者得天下

信天下而不疑人，用天下而不自用。領袖人物之所以能領袖天下，在於以天下應付天下，以天下治天下。天下者，是天下人的天下，決不能看作自己的囊中之物。

只有以天地之心爲人心，才能透徹於遠大的義；以日月的照爲照，才能達到高明的大義。能夠存著這種心理，就會大公無私，就會問心無愧，用心不欺，平心無偏。

治理國家的人，不怕沒有人才，而是難於有公心。創建大業的人，不怕沒有奇策，而是難於有眞心。有公心，販夫走卒中都有勇士；有眞心，愚人蠢才中也能生巧智。所以說公直能平天下，恭敬能格神明，眞誠可通天地，忠信可走蠻夷。

西伯昌死後，次子姬發繼位，是為周武王，並追尊西伯昌為文王。武王繼續拜呂尚為太師，尊為師尚父。武王九年（約前一〇五九年）夏天，周軍東進，至達黃河南岸的盟津。太師呂尚左執黃鉞，右持白旄，率領三軍駕船沿黃河順流而下。他命令三軍衝向對岸，落後者斬無赦！前來助戰的各路諸侯以為真要過河擊商，誰知周軍剛渡到對岸，便馬上返了回來。原來這是一次軍事演習，是歷史上有名的「盟津觀兵」。

這次觀兵的目的，是武王和呂尚要實測一下諸侯的動向。結果，又有許多諸侯聽命於周。

諸侯們都主張立即伐商，但武王和呂尚認為時機還不成熟，斷然班師回朝。

到周武王十一年，紂王的無道行為已達到登峰造極的程度。紂王的叔父宰相比干因勸諫紂王莫聽奸佞讒言，要改行仁政，竟被紂王剖心而死；紂王的堂兄箕子因不滿紂王的殘暴而被打入牢獄；堂兄微子見朝政傾亂，勸言不聽而入山隱居；太師疵、少師強則投降了周武王。

這一年，適逢周境內遭饑荒，民眾爭欲外出作戰，借機掠取敵國糧食物資，以度災年。武王便向呂尚說：「殷大臣或死或逃，紂王可伐否？」呂尚毅然答道：「知天者不怨天，知己者不怨人。先謀後事者昌，先事後謀者亡。且天與不取，反受其咎；時至不行，反受其殃。」武王聞言大喜，當即整點兵車三百乘，勇士三千，一般兵士四萬五千，還邀集了各路諸侯和庸、蜀、羌、髳、微、纑、彭、濮等族人，浩浩蕩蕩殺向朝歌。於第二年二月初，到達了朝歌附近的牧野（今河南汲縣）。

紂王將奴隸、囚徒和戰俘武裝起來，竟組織起七十餘萬人，連夜開赴牧野。

紂師雖眾，皆無戰心，心願武王趕快攻來。結果商軍前頭的兵士實然掉轉矛頭，朝後面衝去。牧野一戰，數十萬商軍「瓦解而走，遂土崩而下」。紂王平日淫樂的鹿臺成為他自焚葬身之所。同年四月，周武王班師回鎬京，正式建立了周王朝。

文韜——

盈虛第二

提倡公正節操，以法制禁止奸邪虛偽

人之不幸，莫過於自足自滿。然具有山谷的胸懷，具有大海的氣度，則有容乃大。

不滿是向上的車輪，能夠載著不自滿的人，向人道前進。

古代善治國者，把功績歸於百姓，把損失歸於自己；把正確歸於百姓，把錯誤歸於自己。只要有一個人罰不當罪，就會躬身自責。

〔原　文〕

文王問太公曰：「天下熙熙，一盈一虛，一治一亂，所以然者，何也？其君賢不肖不等乎，其天時變化自然乎？」

太公曰：「君不肖，則國危而民亂；君賢聖，則國安而民治，禍福在君不在天時。」

文王曰：「古之賢君可得聞乎？」

太公曰：「昔者帝堯之王天下也，上世所謂賢君也。」

太公曰：「其治如何？」

太公曰：「帝堯王天下之時，金銀珠寶不飾，綿繡文綺不衣，奇怪珍異不視，玩好之器不寶，淫佚之樂不聽，宮垣屋室不垩，甍、桷、椽、楹不斫，茅茨偏庭不剪，鹿裘禦寒，布衣掩形，糲粱之飯，藜藿之羹，不以役作之故，害民耕績之時。削心約志，從事乎無為。吏忠正奉法者尊其位，廉潔愛人者厚其祿。民有孝慈者愛敬之，盡力農桑者慰勉之。旌別淑慝，表其門閭。平心正節，以法度禁邪偽。所憎者，有功必賞；所愛者，有罪必罰。存善天下鰥、寡、孤、獨，賑贍禍亡之家。其自奉也甚薄，其賦役也甚寡，故萬民富樂而無饑寒之色。百姓戴其君如日月，親其君如父母。」

文王曰：「大哉！賢君之德也！」

〔譯文〕

文王問太公：「天下紛繁，時強時弱，時安時亂，這是什麼原因呢！是國君的賢能與否？還是天命如此？」

太公說：「國君如不賢明，則會國危民亂；國君賢明，則會國泰民安。因此，國之安危與君主賢明與否有很大關係，與天命的變化無關。」
文王說：「給我講講古代賢君的事跡，好嗎？」
太公說：「前有帝堯，上古稱之為賢君。」
文王說：「帝堯是怎樣治理國家的？」
太公說：「他統治天下時，不以金銀珠玉作飾物，不穿華麗的服裝，不觀賞珍稀的寶物，不珍藏古玩，不聽淫靡音樂，不粉飾宮廷牆桓，不雕飾甍、桷、椽、楹，不剪修庭院茅草，禦寒用鹿裘，遮體用粗布衣，以粗糧為飯，野菜為湯。在農時不征用勞工，抑制自己的慾望，檢點自己的行為，奉行無為而治。下面的只要正直、奉法就能得到升遷；廉潔愛民的俸祿就會增加；敬老愛幼的就表彰、敬重他；致力農耕，發展蠶桑就慰勞、勉勵他。區別喜惡良莠，品德高尚的可在其門閭加以標志，以示崇敬。提倡平心正節，用法制禁止邪惡虛偽。不以自己的好惡論行賞罰。撫恤鰥寡孤獨，救濟傷亡的人家。帝堯自奉節儉，很少征用賦稅和勞役。因此天下百姓富足而沒有饑寒之色。百姓如景仰日月一般愛戴他，像親近父母一樣親近他。」
文王說：「偉大啊！賢明的君主的確是這樣的德行！」

公正之心如同明鏡高懸

仁愛百姓愛及萬物，就能得到民心。得到了民心就能使政治清明國家富強，得不到民心政治自然紊亂，國家也就談不上富強了，這是千古不變的眞理。

作爲領袖人物的主要方面，在於尋找出過錯，杜絕諂媚的行爲。喜歡人們阿諛逢迎自己，羞聽自己的過失，就是匹夫匹婦的常情；只有聖人才能討厭歌頌自己的功德，勇敢地聽取自己的過錯。這樣才能虛懷若谷，善言自陳；才能包容萬物，聞過自廣；有則改之，無則加勉，不僅無損，只會有益。

能做到誠實、信任與光明，就不會受私心所蒙蔽，就不會受私意所陷害。就能以自己的公正之心而對天下，使自己的公正之心，如同明鏡高懸，使醜惡與美善、忠誠與奸佞、英才與奸詐，都明顯可見，一目了然。

漢獻帝初平元年（一九〇年）正月，後將軍袁術、冀州牧韓馥、陳留太守張邈、豫州刺史孔伷、兗州刺史劉岱、河內太守王匡、渤海太守袁紹、東郡太守橋瑁、山陽太守袁遺、濟北相鮑信同時起兵討伐董卓，每人都擁兵數萬，推舉袁紹為盟主，曹操代理奮武將軍的職位。

二月，董卓得知各地興兵討伐的消息，便脅迫獻帝遷都長安，董卓仍帶兵駐守在洛陽，一把火燒毀了皇宮。這時袁紹駐紮在河內（今河南武涉），張邈、劉岱、橋瑁、袁遺駐紮在酸棗（今河南延津），袁術駐紮南陽，孔伷駐紮在穎川，韓馥駐紮在鄴城。董卓兵多將廣，袁紹等都不敢率先進軍。

曹操說：「我們舉義興兵，討伐暴亂，現在各路大軍都已會齊，眾位還有什麼疑慮的？假如先前董卓剛聽到太行山東起兵的消息，倚恃天子的威望，戰據中原洛陽一帶的險要之地，向東發兵控制天下，儘管他用背離道義的手段做這些事，仍然是很大的憂患。如今，他焚燒宮殿，搶劫天子西遷，使全國震驚，百姓不知依附何人，這正是上天要使他滅亡的時機。一戰就能安定天下，機不可失。」便向西進軍，準備占領成皋。

只有張邈率部將衛茲帶一部分兵隨曹操前去。部隊來到滎陽汴水，與董卓部將徐榮相遇，雙方交戰，曹操軍隊失利，回到酸棗。這時各路軍隊已有十多萬人，每日置酒設筵，大吃大喝，不圖進取。

曹操前去責備他們，並謀劃說：「眾位聽從我的計謀，讓渤海太守袁紹帶領河南郡的部隊到孟津；酸棗的各位將軍守住成皋，控制敖倉，封鎖轘轅、太谷二關，占領所有險要之地。再讓袁術將軍率領南陽的軍隊進軍丹水和析縣，進入武關，使三輔地區震驚；各路大軍都高築壘壁，深挖溝壕，不與敵兵交戰，各設疑兵，迷惑敵人。表明天下形勢，以正義討伐叛逆，天下立刻就可以平定。如今已經以正義召集了各路軍隊，卻顧慮重重，不敢進軍，使天下老百姓失望。我私下裡為你們感到羞恥！」

最後張邈等人還是沒有採納他的計策。

文韜——

國務第三

善治國者，像父母愛護孩子、兄長愛護兄弟一般

求木之長者，必固其根本；欲流之遠者，必浚其泉源；思國之安者，必積其德義。

得民心者得天下，失民心者失天下。此不僅是治國安邦的根基，亦為人自身立於不敗之地的原理。

按照正確的道德觀念熱愛人民，教育人民，規範社會，治理國家，則是以正治國之道。

〔原　文〕

文王問太公曰：「願聞為國之大務，欲使主尊人安，為之奈何？」

太公曰：「愛民而已！」

文王曰：「愛民奈何？」

太公曰：「利而無害，成而無敗，生而無殺，與而無奪，樂而無苦，喜而無怒。」

文王曰：「敢請釋其故！」

太公曰：「民不失務則利之，農不失時則成之，省刑罰則生之，薄賦斂則與之，儉宮室臺榭則樂之，吏法不苛擾則喜之。民失其務則害之，農失其時則敗之，無罪而罰則殺之，重賦斂則奪之，多營宮室臺榭以疲民力則苦之，吏濁苛擾則怒之。故善為國者，馭民如父母之愛子，如兄之愛弟。見其饑寒則為之憂，見其勞苦則為之悲，賞罰如加於身，賦斂如取己物。此愛民之道也。」

〔譯　文〕

文王問太公：「我想聽到治國的基本道理，要想君主受到崇敬，人民生活安裕，怎樣才行呢？」

太公說：「只要能愛民就可以了！」

文王問：「應怎樣去愛民呢？」

太公說：「要給百姓的利益而不使他們受到損害，要讓百姓的事業成功而不能使之失敗，要保護百姓的生命而不能隨便殺害他們，要給百姓好處而不能剝削他們，要讓百姓安樂而不讓他們痛苦，要讓百姓高興而不讓他們怨恨。」

文王說：「請您將其中的道理再說清楚些。」

太公說：「百姓不失去職業，就給了百姓的利益；農務沒有讓他們耽誤，就成全了百姓；刑罰減輕，百姓生命就得到了維護；賦稅征收得較少，就給了百姓的好處；很少修建宮室臺榭，百姓就能安居樂業；為官廉潔奉公不苛刻擾撓百姓，百姓就能歡悅。反之，如果百姓失去了職業，就使他們的利益受到損害；如果農民的耕作時間耽誤了，也等於破壞了生產；無罪而妄加懲罰百姓，就是迫害他們；對百姓橫征暴斂，也就是掠奪他們；大興土木而讓人民疲憊，也就是增加他們的痛苦；如果有貪污苛斂的官吏，就要遭到百姓的怨恨。因此，賢明的君主對待臣民要和父母愛護子女、兄長愛護弟妹那樣，看見他們饑寒，自己就憂慮重重；看到他們勞苦，自己就感到悲傷；懲罰他們就像懲罰自己一般；征收他們的賦稅時，如同掠奪自己的財物。所有這些，都是愛民的道理。」

與民同心　國力強盛

作為領導人能以保赤子之心，而保天下萬民，以愛赤子之心來愛天下萬民，萬民就不會不心悅誠服。

政治之所以興起，完全在於順應民心，政治之所以廢棄，完全在於違逆了民心。人民討厭憂傷勞累，我卻安逸快樂；人民討厭貧賤，我卻富貴；人民討厭危險我卻安全；人民討厭滅絕，我卻人丁興旺。能安逸快樂的，就是人民的勞累憂傷；能富貴的就是人民的貧賤；我所存在的安全，就是百姓的危險；我所人丁興旺，就是百姓的滅絕。所以刑罰不害怕它的旨意，殺戮不足以服從它的心。

聖人沒有常慾，以百姓的願望作爲自己的願望。聖人沒有喜好與厭惡。以百姓的喜好與厭惡作爲自己的喜好與厭惡，聖人沒有憂愁與快樂，以百姓的憂愁與快樂作爲自己的憂愁與快樂。聖人沒有得失，以百姓的得失作爲自己的得失。

北魏孝文帝元宏在明堂齋戒，表面上說是要興兵南伐，實際上卻是要將都城遷到洛陽去，命太常卿王諶占卜，得了個「革卦」。元宏說：「這個卦說的是湯（商）武（周）革命，是個順天應人的吉兆呀！」群臣都不敢吱聲。

尚書令任城王元澄卻說：「《易》上所說的『革』，意思是指變革，如果是想革君臣的命，像湯放桀、武王伐紂那樣，當然是吉兆。但現在陛下是統治天下的皇帝，是要去征討叛亂，並不是革命呵！以你的身分來看，得了這個卦，不能說是吉兆。」

其實，元宏只是想通過自己對卦的解釋，借以推行變革主張而已。而元澄卻說出了與元宏本意大相徑庭的話來，元宏自然惱火，當即厲聲指斥說：「『象』上說『大人虎變』，你怎麼能說不是吉兆！」

元澄仍毫不退讓，又補充說：「陛下你已經在位那麼久了，還談得上什麼『虎變』，這是完全不同的兩碼事嘛！」

元宏更是火冒三丈，說：「天下是我的天下，當家作主的是我，你任城王難道想同我作對。」

元澄說：「天下當然是你的，但我是你的臣子，有權力參與議論和當你的顧問，總也不能有話不說罷。我也是從衛護社稷出發，這是我盡忠於你的表現嘛！」

元宏和元澄因為地位不同，故想法各異。元宏為了推行變革主張，經過冷靜考慮之後，決定不再同他辯論下去，為了緩和一下緊張氣氛，於是便說：「各人看法不同，能坦率地說出來就好，這不會造成任何損傷的。」

從明堂回來後，立即又派人去把元澄叫來個別談話，說：「你知道我在明堂為什麼會那樣的激怒？我是擔心大家都爭著發表反對的意見，阻撓我的變革大計，是有意嚇唬文武大臣的啊！這層意思，我如今坦率地向你說出來，你是能理解的吧？」

接著很親切地向元澄傾吐了自己的心裡話：「我將要採取的行動，確實是很不容易的。但我們的國家是從北方興起來的，遷徙到平城之後，地盤是擴大了，但政治、文化等制度仍混亂而不統一。要說用武，平城這地方也滿不錯；如果要談文治，移風易俗，變革制度，那就難了。崤、函、河、活地區，歷來是帝王建都之處，我的真實意圖是想借興兵南伐之機，把都城遷移到中原去，不知你任城王意下如何？」

元澄心領神會，立即表示贊賞說：「伊、洛地處中原，天下樞紐所在，陛下如要統一四海，遷都洛陽自然是很必要的。老百姓一旦知道了你的宏圖大略，定會把它當成大喜事看待。」

元宏說：「北方人難免不留戀本土呵！忽然聽說要往南遷移，怕是要大吵大鬧一場的。」

元澄說：「這既然是非常之事，便不是常人可以深刻理解的，只要你作出了決斷，再有人吵嚷也無關大局。」

元宏聽罷，非常高興，誇獎元澄說：「你任城王真是我的子房（張良）呵！」談話結束後，又給元澄加了撫軍大將軍、太子少保的頭銜，並讓他兼尚書左僕射。

文韜——

大禮第四

君爲天，臣爲地，這就構成了君臣之間的大禮

禮是聖人遵照上天的旨意、制訂和楷模，垂教人們的教育。因人心是固定似的，制定親疏的獎懲，上下等級的分別，使狂傲之人不能長久，使快樂之人不能過頭，故君子恭敬守節。人無禮則不生，事無禮則不成，國無禮則不寧。

〔原　文〕

文王問太公曰：「君臣之禮如何？」

太公曰：「為上惟臨，為下惟沉；臨而無遠，沉而無隱。為上惟周，為下惟定；周則天也，定則地也。或天或地，大禮乃成。」

文王曰：「主位如何？」

太公曰：「安徐而靜，柔節先定，善與而不爭，虛心平志，待物以正。」

文王曰：「主聽如何？」

太公曰：「勿妄而許，勿逆而拒；許之則失守，拒之則閉塞。高山仰止，不可極也；深淵度之，不可測也。神明之德，正靜其極。」

文王曰：「主明如何？」

太公曰：「目貴明，耳貴聰，心貴智。以天下之目視，則無不見也；以天下之耳聽，則無不聞也；以天下之心慮，則無不知也。輻輳並進，則明不蔽矣。」

〔譯文〕

文王問太公：「君臣之間的禮法應是怎樣？」

太公說：「為君要體察下情，為臣民要謙順。因為能體察下情，君主就不會疏遠臣民；謙順的臣民心中也不會有隱情。君主要廣施仁德，臣民要本分、忠職。廣施仁德猶如上天覆蓋萬物一般，本分、忠職猶如大地一般殷實厚重。君主要效法於上天，臣民要效法於大地，如此就構成了君臣之間的大禮。」

文王說：「君主應怎樣執政呢？」

太公說：「處理政事之時，君主要安詳、慎重、鎮靜；要寬柔有節、成竹在胸；要廣施恩惠，不與人爭名奪利；要謙恭而不可驕橫自恃；處事要剛正不阿，不拘私情。」

文王說：「君主應如何聽取他人的建議呢？」

太公說：「不要輕許諾言，不能隨意拒絕他人的意見。輕許諾言，就不會有原則；隨便拒絕他人的意見，言路就要受到阻塞。君主應如高山一般，讓人望而不見其峰；如深淵一般，讓人看了不知其幽深。聖明的君主之德，正直寧靜達到的境界很高。」

文王說：「想洞察一切，君主該怎樣做呢？」

太公說：「眼睛貴於視力清晰，耳朵貴於聽覺敏感，頭腦貴於聰慧、反應靈活。君主如能以天下人之眼去觀世間萬物，就沒有看不清楚的；如能以天下人之耳去聽取意見，那麼，什麼消息都能聽到；如能以天下人之頭腦去考慮問題，也就沒有考慮欠周或不明白的事情。所有的意見、情況君主都能明察，也就不會受蒙蔽了。」

取悅眾心　通融上下

君臣之間，尊貴的就是上下的心情都能溝通，這樣才能治理好天下，才能保天下。領袖人物的方法，在於詢取衆心，能通融上下的情理。

如果君主的情不通，對於下面的人就會迷惑，下面的情理通於君主，於是他就懷疑。有了懷疑就不能客納他人的誠言，迷惑就不能聽從君主的指令。誠言不見採納就應與相反的對付，命令不見服從便加以刑法。下臣悖逆上刑法，不改還等何時？這是產生多亂而正理少的原因，從古以來就是如此。

所以聽義能信義的人，常情之所難爲他；從諫而不違背的人，是聖人所崇尚的。能納諫，則言路廣，不僅可以指出過失，聽出錯誤，就是一政的舉止措施，一事的決策，集天下人的是否正反多方面的意見，都能樂於直言而無所隱瞞，盡言而無所遺漏了。這時就是天下的心、天下的意、天下的想，都呈現於我面前，就可以綜合分析、爲我而用了。

萬壽公主是唐宣宗李忱的愛女，已經到了出嫁的年齡。宣宗皇帝讓宰相幫助挑選女婿。這時身居宰相職的白敏中向皇帝推選了鄭顥。

鄭顥是唐憲宗時宰相鄭顥的孫子，科考中了狀元，在國內很有名聲。當時鄭顥正準備與一個盧姓女子結婚。這時，宣宗皇帝同意了白敏中的推薦。於是，鄭顥只好與盧氏解除婚約。為此，鄭顥一直記恨著白敏中。

大中五年（八五〇年），白敏中受人排擠，被免了宰相的職務，改任分寧節度、招撫制置使，抵禦黨項族的入侵。

臨走的時候，白敏中向宣宗皇帝稟奏說：「萬壽公主出嫁的時候，您讓我負責替她挑選夫婿。我選的是鄭顥，當時鄭顥不想和公主結親，所以對我恨之入骨。不過因為我是宰相，他也不能把我怎麼樣。現在我已不是宰相了，鄭顥一定會說我的壞話，借機整我。」

宣宗皇帝聽完白敏中的話，對他說：「我早已經知道了，如果我真的聽鄭顥的話，那麼，早就不用你做宰相了。」

於是，皇帝讓人拿出一函書信，打開一看，全是鄭顥說白敏中壞話的材料。白敏中見唐宣宗如此信任自己，安心地上任去了。

文韜——

明傳第五

正義勝過私欲國家就會昌盛

世間的事物真是變幻無常，不論官位、財富都是變幻無常。真正的大英雄都是從謹慎小心、似臨深谷、如履薄冰中產生的。能洞察出物質世界的虛幻變化，又能認得清精神世界的永恒價值，才能夠擔負起救世濟民的重大使命。

〔原　文〕

文王寢疾召太公望，太子發在側。曰：「嗚呼！天將棄予，周之社稷將以屬汝。今予欲師至道之言，以明傳之才孫。」

太公曰：「王何所問？」

文王曰：「先聖之道，其所止，其所起，可得聞呼？」

太公曰：「見善而怠，時至而疑，知非而處，此三者道之所止也。柔而靜，恭而敬，強而弱，忍而剛，此四者，道之所起也。故義勝欲則昌，欲勝義則亡，敬勝怠則吉，怠勝敬則滅。」

〔譯文〕

文王病臥在床，召見太公望，病床邊側立太子姬發。文王長嘆一聲說：「啊！上蒼將要拋棄我了，將要由你（指太子姬發）來治理周國的天下了。我想請軍師講些先聖的至道之言，現在當面傳給後代子孫。」

太公說：「您是問哪方面的問題？」

文王說：「先聖的治國之道，時而廢棄，時而興起，我想聽聽其中的原因。」

太公說：「見到善事卻懶惰不前，機會來了又遲疑不決，明知是錯卻處之泰然，先聖的治國之道被廢棄就是有這三種情況。對自己寬柔而又冷靜，對他人謙恭而又禮貌，處理事情時能剛柔並濟，行動果斷且忍耐力大，治國之道能興起是因為有這四種情況。因此，私慾勝不過義理，國家就會興旺發達；義理勝不過私慾，國家就會遭到衰敗；怠惰勝不過勤勞謙恭，國家就會安定吉祥，勤勞謙恭勝不過怠惰，那麼，國家就會衰敗、滅亡。」

敬勝怠則吉　怠勝敬則滅

治理國家有常規，以利於人民爲根本；實行政教有經典，以令行爲上策。如果利於民，就不必效法古人，如果周全於事，就不必遵循舊的規矩。

觀察人民的性格，順隨人民的情形，利於人民的想望，安撫人民的心，引導人民的行爲，富裕人民的事業，禁止人民的奸詐，除去人民的害處。守住這八項而善任的人，自然能無事而公，無爲而治。

作爲領袖人物，要目視天下，耳聽天下，智慮天下，力爭天下，所以能號令能下究，而臣屬的情況得自上面所聞。聰明光大而沒有弊病，法令嚴察而不苛刻，耳目明達而不糊塗。善與不善的情形，每天陳在面前而不違犯，所以賢能之人盡他的智慧，不肖之人盡他的力量。

顯德六年（九五九年），後周世宗柴榮病死，恭宗柴宗訓繼位，趙匡胤由原任的檢校太傅、殿前都點檢改任歸德軍節度、檢校太尉。隨著雄才大略的周世宗離開人世，後周的形勢變得動蕩複雜起來。世宗一生南征北伐，試圖以武力雄併諸侯，一統天下，這也是飽經五代戰亂的人們的民心所向。他的去世，使人們的希望破滅。繼位的周帝年幼無知，政權被朝中的一批文臣控制，他們無力左右時局。

北方的北漢、遼乘機大舉南侵，將帥們多擁兵自重，觀望徘徊。趙匡胤隨世宗南征北伐，表現得特別英勇剛強，足智多謀，優撫將士，號令嚴明，治軍有術，手下將士如雲，謀士們目光遠大，在這危難之秋，自然而然成為人們的希望。

公元九六〇年，契丹（遼）與北漢聯兵入寇，南犯鎮州、定州。周帝命趙匡胤率軍禦敵。趙匡胤派殿前司副都點檢慕容延釗為先鋒，領兵先行，大軍隨後出動。這時，京城傳言紛紛，到處有玩童在街上拍手而歌，其中有這樣兩句：「策點檢，為天子。」禁軍中許多軍官也在竊竊私語，城中吏民都心神不定，有不少人甚至做好了逃走的準備。只有後周宮廷裡，依舊是絲竹管弦、歌舞昇平。

第二天，趙匡胤率大軍從愛景門出發，大軍紀律嚴密，所經之處秋毫無犯，沒有一點變亂的跡象。晚上，大軍駐紮在離都城汴梁不遠的陳橋驛。當天夜晚五更時，軍士們聚在一起商量說：「現在主上幼弱，不能親政，我們為國拼死力戰，又有誰會知道我們呢，不如先把趙點檢立為天子，然後再北征不遲。」

都押衙李處耘悄悄走出營帳，找到趙匡胤的弟弟趙匡義，把軍士們的議論告訴了他，趙匡義又連忙來到趙普帳中，二人商議未定，許多軍官喧呼而入，群情洶洶。

趙普十分沉著地對大家說：「現在外寇壓境，京城一亂，不僅外寇長驅直入，京城也會變亂四起。趙太尉赤膽忠心，決不會答應這種事，讓他知道了，你們一個也休想逃脫罪責，還是趁早散去罷。」其實他這是火上澆油。

趙匡胤這天晚上飲酒過多，正高臥不醒。趙普與趙匡義推門進去，告訴趙匡胤，軍隊已經嘩變了。正言語間，外面呼聲四起，聲震原野，眾將吏披甲帶刀，直扣趙匡胤寢門。趙匡胤慌忙起床，出來同大家見面。將領們拔出刀來，排列在院子裡，說：「如今諸軍無主，我們已經商定，請太尉即位做皇帝。」還沒等趙匡胤作出答覆，早已有人將黃袍披到了他的身上，大家在他的面前跪成一片，高呼「萬歲」，並將他扶上了馬。

趙匡胤在馬上問將軍們：「你們既然要立我為天子，我有號令，你們能聽從嗎？」大家齊聲回答：「一定聽從。」趙匡胤於是約法三章：對太后和主上，不許驚嚇侵犯；對大臣不可欺侮凌辱；朝廷府庫，士庶家庭，一律不準騷擾擄掠。於是全軍掉轉身來撤回京師。

進城後，趙匡胤找到了宰相范質，流著眼淚說：「真是違天負地呵，弄到了今天這樣的地步！」范質還未來得及表態，列校羅彥瑰便手按劍把，說：「國家無主不行，今天我們必須得到一位天子。」

大家一看形勢，無話可說，隨即排列成行，向趙匡胤跪拜。當天下午，翰林承旨陶谷拿出一份後周恭帝柴宗訓的禪位制書，大家把趙匡胤簇擁到崇元殿，就這樣做了皇帝。趙匡胤即帝位後，國號宋，改年號為建隆，封柴宗訓為鄭王。

文韜

六守第六

領導者應根據六條標準來選拔人才

一個心地善良而又樂觀的人，心中常把萬事萬物都看得很美好，天地間的事也就毫無缺陷。

一個天性忠厚、寬大爲懷的人，心裡總處在平衡狀態，也就不去體會人事傾軋人間的邪惡了。

一個人守住了仁、義、忠、信、勇、謀，就守住了安身立命的大根本。

〔原文〕

文王問太公，曰：「君國主民者，其所以失之者何也？」

太公曰：「不愼所與也。人君有六守、三寶。」

文王曰：「六守者何也？」

太公曰：「一曰仁，二曰義，三曰忠，四曰信，五曰勇，六曰謀，是謂六守。」

文王曰：「愼擇六守者何？」

太公曰：「富之而觀其無犯，貴之而觀其無驕，付之而觀其無轉，使之而觀其無隱，危之而觀其無恐，事之而觀其無窮。富之而不犯者，仁也；貴之而不驕者，義也；付之而不轉者，忠也；使之而不隱者，信也；危之而不恐者，勇也；事之而不窮者，謀也。人君無以三寶借人，借人則君失其威。」

文王曰：「敢問三寶？」

太公曰：「大農、大工、大商謂之三寶。農一其鄉，則穀足；工一其鄉，則器足；商一其鄉，則貨足。三寶各安其處，民乃不慮。無亂其鄉，無亂其族。臣無富於君，都無大於國。六守長，則君昌；三寶完，則國安。」

〔譯　文〕

文王問太公：「既然君主統治著國家又掌管萬民，那麼，失掉國家與人民又是什麼原因造成的呢？」

太公說：「是用人不慎造成的。君主選拔人才應具備六項德行標準，還要抓住三件大事。」

文王問：「六項標準是指哪些？」

太公說：「這六守就是仁愛、正義、忠實、誠信、勇敢、謀略。」

文王說：「具有這六項標準的人才，怎樣慎重地去選拔呢？」

太公說：「讓他寬裕，看他是否逾越禮規；讓他尊貴，看他是否恃之驕橫；予之重任，看他能否忠心地去做；給一些棘手問題讓他去處理，看他是否哄騙隱瞞；讓他身臨險境，看他能否臨危不亂；讓他處理複雜工作，看他能否應變自如。寬裕而不逾禮規的，是仁愛之人；身居高位而不以之驕橫的，是正義之人；負重任而能忠心地去完成的，是忠實之人；處理棘手問題而不哄騙隱瞞的，是誠信之人；身臨險境而不懼的，是勇敢之人；處理複雜事務能應變自如的，是有智謀之人。君主不能把處理三件大事的權力交給別人，給了別人，君主的權威就會喪失。」

文王問：「那三件法寶又是指什麼呢？」

太公說：「這三件法寶就是：要以農為大，以工為大，以商為大。農民在一起民辛勤地耕作，糧食就會充足；匠工在一起做工，器具就會充足；商人在一起經商，貨物也就充足。這三種行業，如能在特定的區域內，各安其業，百姓就能無憂無慮。地域的經濟和行業不要打亂，他們的家族組織也不要拆散。臣民的財富不能比君主還要多，城邑不能比國都還大。如能長期施行『六守』的用人標準，君主的事業就會興旺；要想國家長治久安，就要不斷地加強和完善以農為大，以工為大，以商為大這樣『三寶』。」

選人才而非選庸才

一個偉大的領袖人物，之所以偉大，並不在於自身的特殊而偉大，而在於善用特殊偉大的人物而偉大。以自己單方面的才能，只能成就一個有限的偉大。而以用人爲主體，才能成就一個無限的偉大。

得到人才之人國家就昌盛，失去人才之人國家就敗亡。其關鍵在於善取天下中的人才，而非選用庸才、奸人。也就是俗話所說的，長子中選長子而不僅是矮子中選長子。矮子中間選長子，等於在庸才中選庸才，還自以爲選的是人才。

領袖人物的偉大，是無限度的，不能得到賢俊的輔助，即使屬於偉大，也是有限度的。能得到賢俊的輔助，就可能更加偉大而至於無限度。如若左右都是庸才，終究會喪失自己本來的偉大，而使自己顯得黯然無光了。

北魏南藩諸將上表報告說：「宋文帝劉義隆嚴整軍隊，有侵犯我黃河以南領地的意思，請求發兵三萬在其發動進攻之前給予打擊，而且要把黃河以北邊界流民先行剿滅使其沒有可作嚮導之人，以防患未然，如此，才足以挫其侵略銳氣，使他不敢貿然深入我境。」

世祖太武帝拓跋燾召集群臣商議對策，無不贊成這個意見，獨司徒崔浩說：「這個辦法不可從。去年，我大破蠕蠕（對柔然之蔑稱），尚未動用全國軍馬，南邊劉宋朝廷震懼不已，時時害怕我輕騎突然殺至，這才使得他們臥不安席，這所以調集軍隊虛張聲勢，實乃是為防備我軍南向，絕不敢先攻我惹來禍患。」

他還分析道：「我軍欲南征，此時亦非最好季節。這時候正值盛夏，南方潮濕悶熱，水多、澤多、疾疫多，非行師之時。從作戰敵我形勢看，劉宋軍嚴而有備，必堅城固守。我若發軍攻城，則糧食補給困維；而分兵征討，又難以對付強敵，假設他們真的敢首先攻我，我可待其勞倦，秋涼馬肥之際，至處有新收之糧，我完全能借敵之糧補充軍需，從容地攻擊之，此才是必勝的萬全之計。」

拓跋燾聽從了崔浩的建議，然而，南鎮諸將又向朝廷告急說宋軍已打過來，稱自己兵少，請調幽州（今河北北部及遼寧一帶）以南戍兵協助防守，並打造船隻，嚴陣以待。群臣聞說，十分贊同，拓跋燾也打算派五千騎兵，並派東晉皇族司馬氏去誘降邊民。

崔浩當即勸陰道：「此非上策。若對方聽說幽州以南精銳全部向南進伐，又大造舟船於前，輕騎隱伏於後，並推出司馬氏好像欲誅除僭立的劉氏，必然舉國驚駭，因害怕覆滅，必然將精銳全調至北境以備我，重兵壓境，給我形成壓力。他們一旦了解到我軍有聲無實，而自己軍馬結集停當，就會將計就計，攻我黃河沿線領地，大肆凌暴，我守將必無力抵禦。而且，若對方有見機行事的高人，善設謀略，趁機深入我境，見我國內空虛，生變不難，定會大舉進攻。因此，我認為想以武力嚇唬劉氏，徒招其速至，非致敵之良計也，此所謂張虛聲而招實害也！」他還從天時、地利、人事等多方面陳述自己的意見。

得出的結論是：「三事無一成，自守猶不安，哪能先發而去攻人呢？彼聽我虛聲必嚴陣以待，而我又必然承彼嚴而作相應的布置，增加自己的負擔。」

拓跋燾不能違眾意，根據大多數人意見，調兵駐紮南境。果不出崔浩所料，這樣一來，劉宋軍對魏南境的侵擾更加嚴重，加派重兵駐守邊關與魏對峙。（《魏書・崔浩傳》）

守土第七

文韜——

無權力就會受害，而不能使國家永保於世

與其事事小心謹慎、委曲求全，倒不如開朗豁達才不失其純真。口乃心靈的大門，如果大門防守不嚴，內中機密則全部泄露；意志是心的雙腳，若意志不堅定，則守不住基準而誤入歧途。

為滿足自己耳目口鼻享受和心理上的貪慾，發動戰爭屠殺他國的士兵百姓，掠奪他人的土地，不知這種戰爭好在哪裡？

〔原　文〕

文王問太公曰：「守士奈何？」

太公曰：「無疏其親，無怠其衆，撫其左右，禦其四旁。無借人國柄，借人國柄，則失其權。無掘壑而附丘，無舍本而治末。日中必彗，操刀必割，執斧必伐。日中不彗，是謂失時；

操刀不割，失利之期；執斧不伐，賊人將來。涓涓不塞，將為江河；熒熒不救，炎炎奈何；兩葉不去，將用斧柯。是故人君必從事於富，不富無以為仁，不施無以合親。疏其親則害，失其衆則敗。無借人利器，借人利器則為人所害，而不終其正也。」

文王曰：「何謂仁義？」

太公曰：「敬其衆，合其親。敬其衆則和，合其親則喜，是謂仁義之紀。無使人奪汝威，因其明，順其常。順者任之以德，逆者絕之以力。敬之勿疑，天下和服。」

〔譯　文〕

文王問太公：「國土怎樣才能守住呢？」

太公說：「宗族之間不能疏遠，民眾不能怠慢，對左鄰右舍要實行安撫，四方諸侯要能控制。國家政權不可委托他人，否則，就會喪失君主的權威。不要為加高山丘的高度而挖鑿溝壑，不能舍本求末。曝曬要等到太陽到了正午的時候；拿起了刀子就要抓住宰割時機；拿著斧鉞就要迅速征伐。不趁太陽當頭去暴曬，有利時機就會失去；有刀不宰割，有利時機也會失去；持斧鉞而不征伐，搶先而至的就會是敵人。涓涓細流不加以阻截，就會變成滔滔江河；星星之火不將它撲滅，就可能燃成熊熊烈火；不除去剛萌生的兩片嫩葉，長成大樹了，就要用斧頭去砍伐。所以，君主一定要尋求富國之道，國家不富，施行仁政從何談起呢？要想團結宗親和民眾就得行仁政。疏遠了宗親就要受害，失去了民眾，就會導致失敗。不能將統領國家的大權交給別人，否則，自己就會被人所害，而不能將自己的王位一直保持到老。」

文王說：「仁義又是什麼呢？」

太公說：「對百姓尊重，團結宗親。對百姓尊重，天下就會和睦，團結宗親就能取得他們的歡心。這些就是施行仁義的準則。你的權威，不準別人侵奪，處理事情要合乎常理，要根據自己的明察結果。那些順從自己的人要予以恩德，給以任用；那些反對你的人要用武力消滅他。要想天下和順，就要遵從以上的準則而不懷疑。」

無疏其親　無怠其眾

以富貴而天下，何人不尊？以富貴而愛人，何人不親？以我的富而能富他人的人，想貧也不可得到了；以我的貴而能貴他人的人，想賤也不可得到了；以我的達而能達他人的人，想窮也不可得到了。

要想人們都服從我，己立己達，還不足以使人服從我。重要的是，人想立我就立他，人想達我就助達他，人有困難我就周濟他，人有危險我就解救他，人有所想我就遂他所想。這樣願望就能達到，利益就會歸來，禍害相應的免除。純粹是一片仁人的胸懷，我只為人而不為自己，只利人而不利自己，只愛人不愛自己，只尊敬他人而不尊敬自己，這樣還害別人不歸服我嗎？

所以處世對人，就要謹愼持守，舍己爲人，虧己得人，薄己厚人，損己益人，把持這四項基本觀念，不可能不使人們心悅誠服的。

楚漢之爭的時候，長城以北有兩支少數民族非常強大。其中一支聚居在燕國的北邊，稱為東胡。另一支聚居在三晉和周秦以北，稱作匈奴。當時的匈奴頭領叫單于，其太子叫冒頓。單于有好幾個妻子，因為他疼愛小老婆閼氏所生的小兒子，所以想廢掉冒頓另立少子為太子，並把他派到月氏去做人質。

但冒頓來了個「先入為主」，他從月氏逃了回來，不久就率兵突襲，殺死了父親和幾個庶弟、後母以及不願服從他的大臣，自立為王。

當東胡頭領得知這一消息後，試圖迫使冒頓臣服於他。不久就派人來見冒頓，要索求匈奴的千里馬。大臣們勸冒頓不能把匈奴的寶馬給人家，冒頓考慮不能因小失大，慷慨地送給東胡人千里馬。

東胡王覺得冒頓的確懼怕東胡，接著又派人來索要冒頓的妻子閼氏。大臣們非常憤怒地對冒頓說：「東胡王太不講道義了，居然派人來索要您的妻子，真是欺人太甚！我們可以馬上去征伐他們。」

而冒頓又對大臣們說：「不要因為一個女人而和鄰國吵翻了，還是給他吧！」

東胡王得到了閼氏後，覺得冒頓軟弱可欺，沒過多久他又派人來向冒頓索取匈奴與東胡間的大片緩衝空地。這次冒頓可再沒有退讓了，他對大臣們說：「土地是國家存在的根本，怎麼能給人家呢。」

於是，他馬上發動了全國的兵力，大舉攻伐東胡。

東胡王起先認為匈奴不足為憂，故在軍事上沒有作多少防備，結果，冒頓一出擊，就閃電式的滅掉了驕狂之極的東胡，殺死了東胡王，俘獲了大量民財畜產。隨後又乘勝出擊月氏，南併樓煩，使匈奴一舉成為長城以北最大的強國。

文韜——

守國第八

安撫左鄰右邦，控制四方

是天理還是人慾，難以瞞過自己的感覺。能跳出自我的圈子而了解自我的人，才可根據自然規律使萬物按照本性去發展而各盡其用。

能把天下還給天下萬民所共有的人，軀體雖然生存於世間，思想卻超越凡人。

〔原　文〕

文王問太公曰：「守國奈何？」

太公曰：「齋，將語君天地之經，四時所生，仁聖之道，民機之情。」

文王即齋七日，北面再拜而問之。

太公曰：「天生四時，地生萬物。天下有民，仁聖牧之。故春道生，萬物榮；夏道長，萬物成；秋道斂，萬物盈；冬道藏，萬物尋。盈則藏，藏則復起，莫知所終，莫知所始。聖人配之，以為天地經紀。故天下治，仁聖藏；天下亂，仁聖昌。至道其然也。

聖人之在天地間也，其寶固大矣。因其常而視之則民安。夫民動而為機，機動而得失爭矣。故發之以其陰，會之以其陽。為之先唱，天下和之。極反其常，莫進而爭，莫退而讓。守國如此，與天地同光。」

〔譯文〕

文王問太公道：「如何才能保衛國家呢？」

太公說：「你要先戒齋，之後我才能把關於天地運行的規律，萬物四季生長變化，明君的治國方法，民心變化的原因這些告訴您。」

文王果然戒齋了七天，行了弟子敬師的禮節，拜後再問太公。

太公說：「天有春夏秋冬四季的輪換，因之地能生萬物。天下有百姓，由賢明的君主來治理他們。春天的規律是萌生，萬物都欣欣向榮；夏天的規律是成長，萬物都繁茂昌盛；秋天的規律是收成，萬物都豐盈成熟；冬天的規律是收藏，萬物都靜待新生。萬物成熟了就該收藏，藏到來年春季又開始萌生，這樣循環下去，也不知道哪是開始，哪是結束，上古聖人依照這些自然規律，作為治理天下的綱紀準則。因此天下太平，那些賢德之人就會隱藏不露；天下大亂，那些賢德之人就會應時而起，匡正天下。這就是天地間最根本的道理。

聖人生活在天地間，地位與作用都很大。教化百姓之時他依循常理，使民眾安全。民心不穩就有可能發生動亂，一旦發生了動亂，天下之政權有可能要爭搶了。此刻，聖君就得暗地組織武裝力量，時機成熟就公開起兵。在前面指引別人，天下便會紛紛響應。事情發展到了極限，必然向它的反方向發展。國家就能恢復正常。之後，要能做到既不進而爭功，亦不退而讓位。這樣守國，他的英名可與天地同光了。」

遵循自然　見機握機

國家大計，務求見識深遠，規模宏大，切忌卑近而拘小。就事計事，就事理事，因事策劃，因事立功的人，都是拘於謹慎之人，不是遠略之才。

如果能在遠略大計制定、施行之後，守的人與繼承的人，都是隨時做到因革損益，隨時能做到杜害防弊，自然能做到「苟日新，日日新，又日新」的新境界。新就無弊端，所以在日新的境界裡，就永遠沒有弊端，沒有失敗。

爲國爲政，圖謀遠略大計的人，必然有高瞻遠矚的見識，有不可預料的準備。有計謀防備於前人的所失，而我沒有所失；有計謀防備於前人的所敗，而我沒有敗。這裡面的奧妙，只有大智大謀的人，才能滲透。因此，決定千百年的大計，以鞏固國家，使它安如磐石，就不僅是普通、庸俗人的見解與作法了。

宋真宗景德年間，契丹國游兵散騎時常在深、祁之間騷擾，稍與之鬥就又跑回去了，似乎只是偶然過境，並無意爭鬥。

寇準說：「契丹是在對我們挑釁。我們須練兵備戰，訓練出精銳部隊，守住軍事重鎮以防備他們。」冬天，契丹果然全面入侵。告急的軍書一夕之間五次發至京城，寇準隱而不報，談笑自如。第二天，皇帝從別人處聽說了，急心召寇準問軍情，寇準說：「陛下欲了結此事，只要五天。」請求宋真宗前往澶州督戰。

這時，契丹已圍困了瀛州（今河南濮陽南），直指貝、魏，舉國震驚。參知政事王欽若，江南人氏，請皇帝巡幸金陵，蜀人陳堯叟，請幸成都。

皇帝問寇準去金陵（今江蘇南京）還是成都，寇準心裡明白是王、陳二人的主意，但表面上裝著不知，問：「誰為陛下出的這些主意，罪該萬死！陛下您英明偉大，將士百官盡在您的調度之下，如果您能親自督戰，敵人一定不戰而逃。即使不親征，我們只有堅守以待，敵人遠道而來，等他們疲勞困頓之際，我們再出兵，一定會勝利的。為什麼要捨棄宗廟社稷，而徙都到楚、蜀那些偏遠地方，使得舉國上下人心崩潰，敵人乘勢深入，那麼大宋天下就保不住了。」仍然堅持請求宋真宗親往澶州督戰。

宋真宗駕至南城，契丹國兵力強盛，眾人都請求皇帝停住車駕以觀察軍情再說，而寇準則堅決地說：「陛下不過黃河，那麼我軍人心更加恐慌，敵人的氣焰更加囂張，這即所謂憑軍威決勝負。目前我軍王超已領勁兵屯中山（今河北定縣），扼住了敵人的咽喉，李繼隆、石保吉兵分兩路扼住了敵人的左右肘，四方支援者日益增多，陛下您還有什麼可怕的以至於不敢前進呢？」但眾人都很害怕，極力勸阻宋真宗，真宗遲疑不決。

寇準從議事帳中出來碰至高瓊，連忙攔住他說：「高太尉受國恩，今日有報恩的機會了。」高瓊說：「高瓊乃一介武夫，願以死報國。」寇準又再入帳中，高瓊隨之進入站在庭下，寇準厲聲說：「陛下不以為臣的話對，為什麼不問一下高瓊等武士呢？」高瓊馬上仰頭上奏說：「寇準所言極是。」寇準說：「機不可失，陛下應趕快起駕渡河。」

高瓊即指揮衛士護駕，宋真宗在護衛下渡過黃河，御駕北城門樓，宋朝士兵看見御蓋，莫不歡呼雀躍，喊聲震天，數十里外都可聽見。契丹士兵聽了驚愕萬分，軍陣都排列不好了。宋真宗把軍事全盤交給寇準指揮，寇準軍令嚴明，指揮宋軍擊退了契丹騎兵的進攻。皇帝於是回行宮休息，留寇準在城樓督戰。

不久又派人觀察寇準在幹什麼，見寇準與楊億兩人在城樓暢懷大飲，歌謔歡呼不斷，來人回報宋真宗，皇帝聽了，大喜說：「寇準如此，朕還擔憂什麼。」

雙方相持十餘日，契丹國統軍撻覽出陣叫戰，被宋威虎軍頭張瑰以弓弩射中額頭，當場身亡，契丹人心大亂，於是秘密派人請求講和。寇準不同意，而契丹使者固執地請求講和，宋真宗厭戰就同意了。寇準本想再逼使契丹對宋稱臣，並讓出幽州。但有人進譖言，說寇準力主戰爭是為了好大喜功，寇準不得已只得同意議和。

宋真宗派曹利用到契丹軍中議和，說：「契丹要歲幣不超過百萬就同意罷兵議和。」寇準暗中請來曹利用，告誡他：「雖皇帝同意，但我只允許你用三十萬與契丹結盟，如果超過三十萬就殺你。」

曹利用奉旨到契丹軍中議和，果以三十萬與契丹訂下攻守盟約，是為「澶淵之盟」。這個盟約，雖然沒有徹底改變北宋的命運，到底還是保全了宋朝北方的一些領土。寇準無愧一代名臣，若不是他臨危不懼，力勸御駕親征，鼓舞三軍抗敵勇氣，北宋更會是禍無寧日。

文韜——

上賢第九

任用什麼人？杜絕什麼事？

心浮氣躁，就會把不知當作已知，把未學當作已學。
只有偉大而純潔人物的榜樣，才能引導我們具有高尚的思想和行為。
聖人有作爲而不自恃其能，有成就而不居功自傲，他是不想表現自己的賢能。

〔原　文〕

文王問太公曰：「王人者何上何下，何取何去，何禁何止？」

太公曰：「王人者，上賢，下不肖，取誠信，去詐偽，禁暴亂，止奢侈。故王人者有『六賊』、『七害』。」

文王曰：「願聞其道。」

太公曰：「夫六賊者：一曰臣有大作宮室池榭，遊觀倡樂者，傷王之德；二曰民有不事農桑，任氣游俠，犯歷法禁，不從吏教者，傷王之化；三曰臣有結明黨，蔽賢智，障主明者，傷王之權；四曰士的抗志高節，以為氣勢，外交諸侯，不重其主者，傷王之威；五曰臣有輕爵位，賤有司，羞為上犯難者，傷功臣之勞；六曰強宗侵奪，凌侮貧弱者，傷庶人之業。

七害者：一曰無智略權謀，而以重賞尊爵之故，強勇輕戰，僥倖於外，王者愼勿使為將；二曰有名無實，出入異言，掩善揚惡，進退為巧，王者愼勿與謀；三曰樸其身躬，惡其衣服，語無為以求名，言無欲以求利，此偽人也，王者愼勿近；四曰奇其冠帶，偉其衣服，博聞辨辭，虛論高議，以為容美，窮居靜處，而誹時欲，此奸人也，王者愼勿寵；五曰讒佞苟得，以求官爵，果敢輕死，以貪祿秩，不圖大事，貪利而動，以高談虛論，說於人主，王者愼勿使；六曰為雕文刻鏤，技巧華飾，而傷農事，王者必禁之；七曰偽方異技，巫蠱左道，不祥之言，幻惑良民，王者必止之。

故民不盡力，非吾民也；士不誠信，非吾士也；臣不忠諫，非吾臣也；吏不平潔愛人，非吾吏也；相不能富國強兵，調和陰陽以安萬乘之主，正群臣，定名實，明賞罰，樂萬民，非吾相也。夫王者之道如龍首，高居而遠望，深視而審聽，示其形，隱其情；若天之高不可極也，若淵之深不可測也。故可怒而不怒，奸臣乃作；可殺而不殺，大賊乃發；兵勢不行，敵國乃強。」

文王曰：「善哉！」

〔譯文〕

文王問太公說：「為君者，應讓哪種人居於上位？哪種人居於下位？用哪些人？除哪些人？什麼事要嚴禁？什麼事要抑止？」

太公說：「為君者要使居上位之人德才兼備，居下位的應是些不肖之徒，任用誠信之人。驅除奸偽之人，暴亂行為要嚴禁，奢侈風氣要制止。所以，六種壞事，七種壞人，君王也應當警惕。」

文王說：「這些道理我也想聽聽。」

太公說：「六種壞事為：一是臣下如有大興土木，沈溺遊玩觀賞的，君王的德政就會給敗壞；二是百姓中如有不事農桑，任性而為，違犯禁規，行俠遊蕩，不服官吏管制的，就會敗壞君王的教化；三是臣子中如有營私勾結，排擠忠良賢臣，欺騙君主耳目的，那麼君王的政權就會受到損害；四是將士中如有自尊自大，驕橫自恃，在外與諸侯勾結，不敬重君主的，君王的威嚴就會受到損害；五是臣下如有對爵位輕視，對上級藐視，不能替君主赴險的，功臣的功勛就會受到損害；六是強大的宗族之間的相互爭奪，欺壓弱小的，這樣，人民的生計就會受到損害。

這裡講的七種壞人：一是沒有什麼智謀，卻用重金收買了爵位，恃強凌弱，輕率出戰，想僥倖取勝，在外面立功的，這種人君主絕不可讓他為帥；二是名不符實，出入的言語不同，掩蓋別人的善行，助長他人行惡，到處鑽營取巧的。這種人君主切不能與之共謀大事；三是外表簡樸，衣著低劣，說自己信奉的是「無為」，而事實卻是醉心於功名。嘴上說不欲，實際卻只想圖利。君主切不能與這種虛偽的人親近；四是穿戴奇異，衣著華麗，博學多方，高談闊論，以此顯示自己的高雅，居處偏僻，最能誹謗時俗，君主切不能寵信這種奸詐之人；五是逢迎拍馬，不擇手段，圖謀官爵，魯莽輕死，貪財好利；不能作大事，見利忘義，空談高論，以取悅人主為能事，這種人君王切不可使用；六是一些雕文刻鏤，裝修房屋，或生產工藝華美的日用品的人們，因此而妨害了生產，君主必須予以禁止；七是哄騙世人的丹方、邪術，旁門左道，妖言惑眾的這種人，君王必須予以禁止。

因此，百姓若不致力於農事，就不是好百姓；士人若不誠信，也不能算是好士人；臣不敢於直諫，不算是忠臣；官吏不廉潔奉公，也不是好官吏；宰相不能使國富民強，妥善解決問題與矛盾，穩定君主的位置，不能整飭紀制約群臣，核查清楚，賞罰嚴明，使萬民安樂，也就不是一個好宰相。君主就如龍頭一般，要能高瞻遠矚，盡觀一切，對問題仔細的觀察，認真的聽取意見，外表要莊重嚴肅，有衷情也要藏而不露，要讓人覺得他如天一樣高不可及，像深淵一樣深不可測。所以，君主該怒時就要怒，這樣，奸臣就不敢興風作浪，該殺的要殺，如此，大奸大惡就不敢犯上作亂；我們的勢力要威震四夷，這樣，敵國就難以強大。」

文王說：「您講的太好了。」

取誠信　去詐僞

用人的知識，除去他的欺詐；用人的勇敢，除去他的暴怒；用人的仁德，除去他的貪欲。

用人最好是不計較他的短處，只求取他的特長。作爲人來說，既有各自的長處，也有各自的短處，天下沒有萬能齊備的人。只用他人的長處，以掩飾他的短處，而補我的短處，增加我的長處，這就是用長補短的法則。

用人不疑，疑人不用。用人就得相信人。不僅僅是這些，若是信人不堅，也難望獲取最大的忠誠，也難以取得最好的效果。自信的人不懷疑人，別人也就信賴他。有疑心的人不會信賴人，別人也就會不信賴他。你如果不信賴人，人也就懷疑你。一個人處在疑團中，就無法獲得他人的效力。所以，想用一個人，開始就得慎重，務求相應。

太平真君四年（四四三年），皇太子拓跋晃跟隨父親拔跋燾征討蠕蠕。軍隊出動後，天師寇廉之問崔浩說：「這一次真的能消滅蠕蠕嗎？」崔浩說：「若論天時形勢，消滅蠕蠕是不成問題的。但從將領們的畏難情緒看來，恐怕他們是不會敢於乘勝深入的，因此很有半途而廢的可能。」

魏軍的突然大舉入侵，完全出乎蠕蠕的意料之外。軍至鹿渾谷，與敵大隊人馬狹路相逢。柔然人被驟至的魏軍嚇得不知所措，紛紛奔逃。在廣闊的原野上，被魏軍繳獲的畜產、車輛、穹廬多達數百萬，高車人也乘機襲擊蠕蠕前來降附拓跋燾，共計三十餘萬人，拓跋燾沿弱水一帶往西走去，進抵涿邪山。見到前面塵埃漫天，尚書令劉潔等認為，從塵埃揚起情況看，敵軍必人多勢眾，因此，恐遭敵人伏兵，反對繼續前進。

寇廉之回憶起了崔浩曾經說過的話，再三催促拓跋燾繼續窮追下去。太子拓跋晃也認為「塵埃那麼盛，是由於敵人懼怕奔逃造成的，假如安營紮寨，哪來這麼多飛塵？」因而主張應乘勝快速進攻，攻其不備，破之無疑。拓跋燾拿不定主意，因心存疑慮便沒有急著出擊，致使柔然大隊人馬從自己鼻子底下輕易溜掉。

後來聽柔然的被俘人員供認，當時柔然首領有病，躺在車上朝山南逃跑。身邊僅存數百人，人民和牲畜散布在方圓六十里的範圍內，根本無人統管。一氣跑了六、七日，也沒見追兵，才又慢慢集結起來。倘若魏軍再追一兩天，早已被一網打盡了。

這時拓跋燾方才十分後悔。拓跋燾為嘉獎崔浩多次獻計的功勛，給他加了侍中、特進、撫軍大將軍、左光祿大夫等頭銜，在一次宴會上，指著崔浩對高車的首領們說：「你們瞧瞧這個人吧，看他這個瘦弱的樣子，手不能彎弓持矛，肚腹中卻是滿藏甲兵，我前後打了不少勝仗，都是他引導的。」

文韜——

舉賢第十

名符其實就是選舉賢能的方法

久居高位，妨群賢路。一個人怎樣對待自己的職位與職責，薦舉賢能，自然是爲官之責，讓出職位，卻不是他人之責。

有堅定意志的人，事業終可成功。金玉滿堂，誰能守藏；富貴而驕，自取禍殃。世業完善之後便退出官場，才合於天道。

君子在沒有得到職位的時候，在修養心志中感到快樂；得到職位的，在辦好政事中得到快樂。

〔原 文〕

文王問太公曰：「君務舉賢而不獲其功，世亂愈甚，以致危亡者，何也？」

太公曰：「舉賢而不用，是有舉賢之名而無用賢之實也。」

文王曰：「其失安在？」

太公曰：「其失在君好用世俗之所譽，而不得眞賢也。」

文王曰：「何如？」

太公曰：「君以世俗之所譽者為賢，以世俗之所毀者為不肖，則多黨者進，少黨者退。若是則群邪比周而蔽賢，忠臣死於無罪，奸臣以虛譽取爵位。是以世亂愈甚，則國不免於危亡。」

文王曰：「舉賢奈何？」

太公曰：「將相分職，而各以官名舉人，按名督實，選才考能，令實當其名，名當其實，則得舉賢之道也。」

〔譯　文〕

文王問太公說：「君主致力於選用賢能，卻沒有什麼效果，社會更加混亂，以致陷國家於危亡，這是怎麼回事呢？」

太公說：「選拔了賢能之人而不能委以重任，這只有舉賢之空名，而沒有用賢之實。」

文王說：「是什麼原因造成了這種過失呢？」

太公說：「原因是君主只愛任用世俗稱贊之人，因而真正的賢才卻得不到。」

文王問：「這樣說是什麼意思？」

太公說：「君王認為被世俗所稱贊的一定就是賢能之人，被世俗所詆毀的就是不肖之徒，如此，朋黨多的人就能被任用，朋黨少的人卻被埋沒。這樣，奸邪勢力就會營私結黨而排擠賢良，無罪的忠臣卻被處死，奸臣用虛名卻能得到爵位。所以，社會只會更加混亂，國家也必將走向衰亡。」

文王說：「應該怎樣的選用賢能呢？」

太公說：「將相要明確自己的職責，根據自己所屬之內的官名，分別按各種官職的標準去舉薦人才，再以各種職位所要具備的要求去加以考核，以鑒別其才智的高低、能力的大小，讓他的德才與職位相稱，官職與德才相當。這樣，舉賢的方法就被掌握了。」

用人唯賢　舉賢唯用

人無完人，作為領導者，對人的長短要作辯證的分析，只有他的短處才能突出他的長處，人的長短總是相對立而言的。要知道，在此處為長，在彼處可能是短；此時是短，彼時可能是長。因此，不能把人的長短絕對化、凝固化。

寸有所長，尺有所短，人才亦如此。只要人才使用得當，用其所長，取長補短，形成優勢互補，就能取得最佳效益。要使人才使用得當，首先要做到知人，了解你使用的人才的長處與他所精通的專長。其次要有敢於使用人才的勇氣，敢於使用那些有所短，但確有所長的人才，委以與其長處相當的重任，充分發揮其長處的作用。用人的長處不要強求別人的短處；用人精通的地方，不要強求別人笨拙的地方，那麼他就是一位聰明的領導了。

不僅僅是用人唯賢，尤其貴在用賢於天下，用賢於天下，必須以禮爲先，也就是要禮賢下士。

李子雄少小時節即胸襟脫俗，常懷凌雲之志，二十歲就隨北周武帝併吞北齊，立下了赫赫戰功，由此可見其韜略不凡。稍後平定尉遲迥，討伐陳國，都有他橫刀躍馬，叱咤疆場，前後功勛無數，他的名聲也隨即如高山擊鼓，傳遍了上上下下、遠遠近近。

隋煬帝大業初年，漢王楊諒反於並州（今山西太原西南），隋煬帝打算征發幽州（今北京城西南）兵馬予以討伐，但又擔心當時的幽州總管竇抗有兩可企圖，決定另派人前去取而代之。這樣的事情要做得不露形跡，理想的人選是第一關鍵。到底派誰去較為合適呢？楊素在滿朝文武中只舉薦了一個人，就是休閑在家的李子雄。

用不著楊素陳述任何理由，煬帝就已下令宣子雄上殿，當場授予大將軍之官銜，要他以廉州刺史身份前去接管幽州兵權。李子雄趕到幽州，先在旅店暫住，臨時召募了千餘名壯士，準備巧取竇抗，然後派人通知這位一慣貴盛的幽州總管，說他受詔與幽州聯兵討伐楊諒，希望總管儘快來旅店相見，共商平亂大計。

竇抗倒也有防人之心，他拖了好幾天才姍姍來遲，同時為防萬一，身邊還帶了二千名鐵騎兵作為護衛。竇抗這一招早在李子雄的意料之中，所以非常鎮靜地出來迎接，並極口稱贊竇抗帶兵有方，部伍齊整；見竇抗已被自己的弦外之音激得臉上紅一陣白一陣時，他才邀請抗入店，又主動建議竇抗帶來的騎兵統統進店休息。竇抗被激得火起，只率領幾名貼身侍衛，就大踏步走進旅店。剛剛會定，李子雄就厲喝一聲「拿下」，那些伏兵們一擁而出，三下五除二就將竇抗及其貼身侍衛捆了個結結實實。

李子雄就這樣奪了竇抗的兵權，然後率領幽州的三萬步騎兵，從井陘（今河北井陘縣）進討楊諒，在抱犢山下力敗楊諒手下大將劉建，正式遷任幽州總管。

文韜——

賞罰第十一

用賞貴在守信，用罰貴在必行

將法擺在人之上，治政則易如反掌；將人擺在法之上，治政則難於登天！

明目張膽地作壞事，就會受到大眾的制裁；暗地裡搗鬼，就會受到良心的譴責。

禮義規範是用來聯絡維持上下關係，法律制度是用來賞罰且以表明勸導與懲戒。

〔原文〕

文王問太公曰：「賞所以存勸，罰所以示懲。吾欲賞一以勸百，罰一以懲眾，為之奈何？」

太公曰：「凡用賞者貴信，用罰者貴必。賞信罰必於耳目之所聞見，則所不聞見者，莫不陰化矣。夫誠暢於天地，通於神明，而況於人乎！」

〔譯文〕

文王問太公說：「為了勸人向善，為了激勵人而行獎賞；為了懲治罪惡，警戒別人而行懲罰。現在我想獎賞一人卻能鼓勵百人，懲罰一人而能警戒百人，那該怎麼辦呢？」

太公說：「獎賞就要守信，懲罰一定要實行。如能在耳聞目睹的情況下都能做到賞而有信，罰而必行，這樣，對於自己不知道的，沒看見的人也能起到潛移默化的作用。要想暢行於天地間，做人就要誠信，神靈都如此，何況人呢？」

賞信罰必　公而無私

賞罰就在於公正嚴明，貴族在法制內，執法公正無私。法度的施加，聰明人也不能辯論，勇敢的人也不能爭鬥。犯錯施刑連大臣也同樣，獎賞好事不遺漏普通平民。所以能公就無私。無私就無過失，就會無怨無恨。

要成就天下大事的人，必需要有寬恕、寬饒的度量，才能收到賞罰嚴明的功效。無論哪位領袖人物，對待他的官員百姓，只要有功勞，就是仇人也要賞。只要有才能，就是有怨恨也要任用。

然而，賞必須要重於罰。總的來說，賞罰二條乃是國家與軍隊的利器，領導人物的大法寶。就如同鳥兒的翅膀，獸的爪牙，是不可偏廢的東西。或輕或重，或寬或嚴，這是統治者運用的分寸。歷代的明君賢相名將，都非常重視這個原則運用的恰到好處，罰所以能示眾、懲惡、除去害群之馬。

東漢永元三年（九一年），西域龜茲、姑墨、溫宿都臣服漢朝。漢朝以班超為西域都護，徐幹為長史。班超和徐幹一起幫助龜茲國廢掉尤利多，另立白霸為王。班超居守龜茲它乾城，徐幹屯兵疏勒。西域只有焉耆、危須、尉犁三國尚未臣服於漢朝。

永元六年（九四年）秋，班超發動龜茲、鄯善等八國兵力共七萬人，加上吏士、商賈、賓客一千四百多人，一齊討伐焉耆。兵到尉犁邊境，班超分派使臣告訴焉耆、尉犁、危須三國：「班超都護來的目的，只是想鎮撫你們三國。如願改過從善，就應派權臣來迎接。都護會賞賜王侯以下每個人，辦完事就離開。現賜給各位國王彩帛五百匹以示誠意。」

焉耆王廣派左將北鞬支貢奉牛和酒迎接班超。班超盤詰鞬支：「你雖為匈奴侍子，而今操縱國之大權，都護來了，國王沒有及時迎接，都是你們的罪過。」有人認為應該誅殺來使，班超卻說：「並非你們說的那麼簡單。此人實權凌駕於國王之上，現在未入其境即斬其權臣，讓他們猜疑設備守險，怎麼能到達他們的城下呢？」於是賜給布匹，遣其還都。

焉耆王廣才與其左將一起到尉犁邊境迎接班超，並奉上珍寶財物。焉耆國在葦橋一帶設險，堵截連橋，不讓漢軍入境。班超改道而行，到達焉耆者城附近二十里的地方，在大漠中紮營。國王廣未曾料到，大感恐慌，想讓所有的人都進入山中實行自衛。焉耆國的左侯元孟以前曾到過漢朝京師，因而秘密派人將此事告訴班超。

班超處斬來人，以示他並不相信有這回事。於是約各國諸王來相會，並聲言有重賞。於是焉耆王廣、尉犁王汎及北鞬支等三十人一同來謁班超。國相腹久等七十餘人因為害怕被殺戮而逃走，而危須王也不來降。

待眾人坐定後，班超怒氣沖沖盤詰焉耆王廣：「危須王為什麼沒來？腹久等人為何逃跑？」於是令左右將士縛住廣、汎二人斬首，隨後縱火抄掠，斬首五千多級，活捉一萬五千人，牲畜馬、牛、羊共三十餘萬頭，改立元孟為焉耆王。班超留守焉耆半年，撫慰備至。從此西域五十多個小國家都歸順漢朝。

文韜——

兵道第十二

一是前進的基礎，近乎神化的境界

遍地菊花在寒風中顫抖，枯草在煙霧中搖曳，都是以前英雄爭霸的戰場。興衰成敗如此無常，而富貴强弱又在何方呢？每當想到這些，就會使人產生無限感傷。

兵者是不祥之器，不是有道德之人所使用的，只能在出於無奈時才動用。獲勝也不洋洋自得。獲勝後洋洋自得者，則是以殺人爲樂。以殺人爲樂者，是不能得志於天下的。

〔原文〕

武王問太公曰：「兵道如何？」

太公曰：「凡兵之道莫過乎一，一者能獨往獨來。黃帝曰：『一者階於道，幾於神。』用之在於機，顯之在於勢，成之在於君。故聖王號兵為凶器，不得已而用之。今商王知存而不知亡，知樂而不知殃。夫存者非存，在於慮亡；樂者非樂，在於慮殃。今王已慮其源，豈憂其流乎！」

武王曰：「兩軍相遇，彼不可來，此不可往，各設固備，未敢先發。我欲襲之，不得其利，為之奈何？」

太公曰：「外亂而內整，示饑而實飽，內精而外鈍。一合一離，一聚一散。陰其謀，密其機，高其壘，伏其銳。士寂若無聲，敵不知我所備。欲其西，襲其東。」

武王曰：「敵知我情，通我謀，為之奈何？」

太公曰：「兵勝之術，密察敵人之機而速乘其利，復疾擊其不意。」

〔譯文〕

武王問太公說：「用兵打仗要講究什麼原則呢？」

太公說：「統一指揮，就是用兵的原則。統一指揮，就能獨來獨往，不受任何制約。黃帝說：『用兵打仗要想就漸進入道的佳境，甚至達到出神入化的境界，軍隊指揮就要統一』。統一指揮作戰的原則，就是把握戰機；顯示它，重在利用態勢；而能否成功則在於君主的決策。因此古代聖君把戰爭稱作凶器，使用它是萬不得已。而今紂王只知國家還在，卻不知它將要滅亡，只知縱情享樂，卻不知禍殃正在降臨。如今存在的國家不一定就長久地存在，能否居安思危是關鍵；一時的享樂並不一定能長久享樂，能否樂不忘憂是關鍵。安危存亡的根本問題君王現在都已經考慮到，那些枝節問題還憂慮什麼呢？」

武王說：「在兩軍相遇時，雙方要設置堅固的守備，任何一方都不能率先發起進攻。如想偷襲敵人，又沒有更多的有利條件時，該怎麼辦？」

太公說：「外表要表現出混亂，內卻要嚴整；實際給養充足，外表卻要表現出缺糧；實際裝備精良，兵強馬壯，表面卻要裝出裝備殘破，士氣低落。讓兵士們忽合忽離，忽散忽聚，表現出很混亂。高築壁壘、埋伏精銳，把自己的企圖和計謀隱匿起來。如陣內的兵士寂然無聲，我軍的虛實與企圖敵人就不會知道。欲要進攻敵軍的東側，卻以部分兵力攻打敵軍的西側，以此來迷惑牽制敵人的兵力。」

武王問：「要是我軍的情況與計謀敵人都了解，那該怎麼辦呢？」

太公說：「要想取勝，對敵情的探察就要周密，要設法了解敵軍的意圖，抓住戰機，猛烈地打擊敵人，要做到出其不意，攻其不備。」

施以謀略　攻其不備

只有善於變通的人，才能成爲聖人。謀略的主要，也著重在於變通而有非常靈活的策動。

用兵在於以詭計做行爲。所以，能打卻裝作不能打，想打而裝作不打，要向近處卻裝作向遠處。敵人貪利，就以利引誘它；敵人混亂，就攻打它；敵人力量充實，就防備它；敵人力量強大，就避開它；敵人氣勢洶洶就阻攔它；敵人卑謙慎行，就驕縱它；敵人整休得好，就勞累它；敵人內部團結，就離間它；在敵人毫無防備時發動攻擊，在它意料的時機裡採取行動，這就是軍事家的奧秘，是不能預先傳授的。

不論是帶領部隊作戰，演變陣式，還是用於謀略等，所有天下的事情，有經必有權，有法必有變，經與法就是陽關大道，權衡與變通，就是謀略奇方。

然而謀略奇方在實際運用中，不知道權衡變通，只是死搬硬套，一點也不合乎現實，就是笨拙的下策了，用兵之道更是如此。

東漢永平十六年（七三年），奉車都尉竇固領兵攻打匈奴。班超為假司馬，率兵襲擊伊吾（今新疆哈密縣），在蒲類海（今新疆巴里坤湖）大獲全勝。竇固知班超有勇有謀，遂派遣他從事郭恂一道出使西域。班超一行初到鄯善國（今新疆若羌縣東米蘭），鄯善國王廣禮遇殷勤備至，但不幾天突然冷淡起來，愛理不理。班超預感到其中必有變故。

於是他對隨從官兵說：「大家是否感覺到了鄯善國王廣禮意淡薄了許多？這肯定有使者自匈奴來，威逼利誘。鄯善王廣狐疑難決無所適從。精明的人應在事情未發生之前就預見到，何況現在情況已經顯明，一定會發生意外變故。」

於是班超召來服侍他們的胡人，詐唬他說：「匈奴使者已經來了好幾天，現在在哪裡？」胡人驚恐萬狀，不敢再作隱瞞，把匈奴使者的詳細情況都告訴了他們。事不宜遲，班超將胡人扣押起來，召集隨從官兵三十六人，擺酒設宴，共商對策。酒酣之際，班超霍然而立，激動地對大家說：「現在我和你們大家一樣都身陷絕境，要立大功，才能求得富貴。現在匈奴使者來了沒幾天，鄯善王廣就對我們禮輕意薄。如今他有可能將我們交給匈奴，我們會死無葬所，骸骨為豺狼所食。我們該怎麼辦？」

大家都說：「我們都面臨絕境，是死是活都依從司馬。」

班超說：「不入虎穴，焉得虎子？當今之計，只能趁夜黑人靜火攻匈奴使者駐地，他們不知我們勢力有多大，必然會驚慌失措，我們可以趁機消滅他們。殺死了匈奴使者，鄯善王才會喪魂破膽，臣服於漢朝。這樣才能功成事立。」

大家都認為，事關重大，得與從事郭恂商量。班超氣沖沖地說：「成敗與否在此一決！郭從事為一文弱書生，知道這件事後必然會因害怕而毫無主張。我們死無名義，不是壯士所作所為。」大家異口同聲地說：「好。就這麼辦。」

當晚，夜黑風高，班超立即帶領官兵直奔匈奴使者住地四周，與他們約定說：以火燃為信號，大家拼命擂鼓，竭力呼喊，虛張聲勢。其餘的人手持兵弩埋伏左右，準備夾擊。班超順風縱火，前後鼓聲驟起，喊殺聲震天。匈奴使者夢中驚醒，來不及反抗就已被斬首，隨從被殺被燒者也有百餘人。

第二天，班超將此事告訴郭恂，郭恂大驚失色，隨後又面帶慍色，班超明白他的意思，解釋說：「事情緊急，並非班超故意擅作主張。」郭恂才轉怒為喜。於是將匈奴 使者首級出示鄯善王，舉國皆驚。班超曉之以理，撫慰國王。鄯善王終於答應與漢朝親善，派其親子隨同班超返漢朝。於是班超回報竇固，竇固非常高興，並為班超向漢朝皇帝請功。

武韜——

發啓第十三

禮賢下士，施惠百姓，以觀察天道的凶吉。

讓人感到不安，人家就不會感激你的恩德；讓人有愧，人家就會考慮你是否有好心。

啓發人的心靈，持守正義之道，則如太陽普照萬物，使萬民得益，天下歸服。

一個國家的興衰強弱，就在於人民能不能戮力同心，眾志成城，眾志成城則無所畏懼。

〔原　文〕

文王在酆召太公曰：「嗚呼！商王虐極，罪殺不辜。公尚助予憂民，如何？」

太公曰：「王其修德，以下賢惠民，以觀天道。天道無殃，不可先倡；人道無災，不可先謀。必見天殃，又見人災，乃可以謀。必見其陽，又見其陰，乃知其心；必見其外，又見其內，乃知其意；必見其疏，又見其親，乃知其情。行其道，道可致也；從其門，門可入也；立其禮，禮可成也；爭其強，強可勝也。全勝不鬥，大兵無創，與鬼神通。微哉！微哉！

與人同病相救，同情相成，同惡相助，同好相趨。故無甲兵而勝，無衝機而攻，無溝塹而守。大智不智，大謀不謀，大勇不勇，大利不利。利天下者，天下啓之；害天下者，天下閉之。天下者非一人之天下，乃天下之天下也。

取天下者，若逐野獸，而天下皆有分肉之心；若同舟而濟，濟則皆同其利，敗則皆同其害。然則皆有啓之，無有閉之也。無取於民者，取民者也；無取於國者，取國者也；無取於天下者，取天下者也。無取民者，民利之；無取國者，國利之；無取天下者，天下利之。故道在不可見，事在不可聞，勝在不可知。微哉！微哉！

鷙鳥將擊，卑飛斂翼；猛獸將搏，弭耳俯伏；聖人將動，必有愚色。今彼殷商，衆口相惑，紛紛渺渺，好色無極，此亡國之徵也。吾觀其野，草菅勝谷；吾觀其衆，邪曲勝直；吾觀其吏，暴虐殘賊，敗法亂刑。上下不覺，此亡國之時也。大明發而萬物皆照，大義發而萬物皆利，大兵發而萬物皆服。大哉聖人之德！獨聞獨見，樂哉！」

〔譯　文〕

在酆邑時，文王召見太公說：「哎！商紂王暴虐之極，濫殺無辜，要拯救天下百姓，那要怎麼辦呢？」

太公說：「君王要多修仁德，禮賢下士，給百姓以恩惠，以此來觀測天象之吉凶。如天象沒有災禍的徵兆，不能首先倡導征伐；世間沒有出現災難，亦不能策劃興師。要是遇上了天災，又出現了人禍，這時才能策劃征伐。一定要看到紂王公開的罪行，對他隱密的陰謀活動也要能了解，這樣他內心的秘密你才能識破；既要看到紂王在外的倒運逆施，對他內部的籌謀也要了解，這樣，才能掌握他的真情實感。實行吊民伐罪的政治主張，就一定能達到自己的目的；與進軍朝歌的洪流相合，一定能進入其大門；要想成功，就要設置一些順應民意的禮制；要戰勝強大的敵人，就要敢於同他們鬥爭。這種不需經過爭鬥，軍隊沒有損傷，而用智謀取勝的戰略，確實達到了用兵如神的境界。真是太奇妙了！

只要與民眾同疾苦，危難時才能相互救援；只要與民眾同情感，方能互相保全；只要與民眾的憎惡相同，才能互相幫助；只要與民眾的愛好相同，才能有共同的追求。就是沒有軍隊這樣也能取勝，雖然沒有衝車、弩機也能進攻，沒有溝壘也照樣能防守。不誇耀自己的智慧，這才是真正的大智，不輕易暴露自己的謀略的人才有深謀。不爭匹夫之勇的人才是真正的大勇，不顧個人私利才會謀取最大的利益。為天下人謀福利，這種人受天下人歡迎；危害天下，這種人受天下人的反對。天下是天下人所共存的，而不是一個人的天下。

奪取天下，如同追逐野獸一般，分享獸肉的願望人人皆有；又如同乘船過河一般，過了河，大家的目的地都到達了，如果失敗了，大家就得一同受害。這樣，他就能受到天下人的竭誠歡迎，而不會遭到反對。要想從百姓那裡獲得利益，對百姓就不能實行掠奪。要想從別國獲得利益，就不能分割別國的利益；人民擁戴你幫助你，是因為你沒有侵害他們的利益；別國擁護你幫助你，是因為你沒有侵害他們國家的利益；天下人都擁戴你幫助你，是因為你沒有侵害天下的利益。因此，這些道理妙在人不可見，這些事機妙在人不可聞，勝利妙在人不可知。這的確是奇妙啊！

鷙鳥想要攻擊目標的時候，首先必須斂翅低飛；猛獸撲捉獵物的時候，首先得貼耳伏地；聖人想要行動的時候，首先得以愚鈍的形象示人。商朝而今已是動亂紛紛，朝野上下猜疑，紂王又好色無度，這些就是要亡國的徵兆。我發現他們的田地裡，五穀還沒有野草茂盛；我發現他的群臣中，正直的還沒有奸邪的得勢，我發現那些為官者，不是暴虐殘酷，就是敗壞法紀。但是他們朝廷上下還執迷不悟，這是亡國的時候到了。

艷陽高掛，天下萬物就能沐浴到陽光，實行吊民伐罪的正義之舉，萬民都會得到利益，只要出動的是正義之師，天下人就會欣然歸附。聖人的仁德，偉大啊！他的見解獨到，誰也比不上。這難道不是最大的快樂嗎？」

弔民伐罪　以國取天下

自己身正，不用命令都行得通，自己身不正，有命令也難以實行。所以，作爲領袖人物來說，要能捨己從人，端正自己，然後才能端正他人。

作爲君主的人有所喜好，下面的人就更過甚。君主好私，下面的人都務行其私，君主貪利，下面所有的人都務行其利。以一個的私來敵天下人的私，以一人的利來敵天下人的利，必然是比不過了。務小利的人，大利得不到；爭小名的人，大名得不到。君主好公，而天下人都急於好公；君主好義而天下人都行義。以一個人的大公，而致使天下人都大公；以一個尚義，致使天下人都崇尚義；這樣的所得又怎麼樣？

只有天下的至誠，才能盡其本性，就能盡人的本性。如若不能盡己，只望盡於人，大衆必不跟從了，不誠於前，而叫誠後，大衆必懷疑而不信賴了。

劉宋武帝劉裕剛死，北魏太宗明元帝拓跋嗣便欲趁機攻取洛陽、虎牢（今河南滎陽汜水鎮西）、滑臺（今河南滑縣東）。司徒崔浩認為：「陛下不以劉裕僭位，而納其使貢，劉裕亦敬事陛下。今天不幸去世，乘喪伐之，假如得其城池，也不得好聽。君子不出兵討伐新喪之人。而且以我國實力，也不能一舉而定江南，最好是派人吊唁劉氏之死，安慰孤兒寡母，撫恤其凶災，布我之義於天下，才是仁義之舉！若能如此，則恩澤傳播於荊揚，南金象齒羽毛等珍寶，不求自至。劉裕剛剛死去，親信黨羽內爭尚未充分暴露，假若兵臨其境，必然暫息爭鬥，團結一致為生存而與我鬥爭，我難以奪取南征的勝利；不如暫緩出兵，等到其內部滋生仇隙，強弱爭權，變難必起，此時命將士揚威南征，不可勞士卒而收淮北之地。」

拓跋嗣已決計南伐，根本聽不進這些不同意見，對崔浩頗有斥責：「劉裕死而我伐之，又有什麼不可？」崔浩仍堅持己見：「姚光死，二子爭權，劉裕才趁機伐之。」拓跋嗣大怒，根本不聽崔浩之議。於是派奚斤率軍南伐。

奚斤的意見是先攻城，但崔浩又提出不同意見：「南方人擅長守城，蔡堅攻襄陽時，歷數年而不拔。我若以大國之力去攻區區小城，拖的時間長，勢必挫損軍勢，而敵人卻有足夠時間重整旗鼓。我弱彼銳，危險之道。不如分軍以略地，以淮河為限，任命守宰，收取租穀。滑臺、虎牢反在我軍之北，成為在我境內的劉宋孤城，當南來救援無望時，他們必沿黃河向東逃竄，若不逃走，便是囿中之物，取之甚易。」

但公孫表等堅持先圖取對方城池。奚斤等過黃河後，先攻滑臺，居然長時間未能攻下，甚至請求援兵，拓跋嗣聞言大怒，親自南巡以助軍威。

公元前四九六年，越王允常去世，其子勾踐繼位。吳闔廬想乘越王新立，全國舉喪的時候，攻伐越國。

此時的闔廬年事已高，性情則益發暴躁，剛愎自用。伍子胥等人勸諫他不應在此時發兵，但闔廬仍堅持己見，不聽大臣們的諫諍。他命令伍子胥和太子夫差留守吳都，自己親自率三萬精兵，伯嚭、專毅和王孫駱為護衛，從吳都南門出行，向越國進發。

越王勾踐聽到闔廬來犯，任命諸稽郢為大將，靈姑浮為前鋒，也親自統領大軍迎敵，吳越兩軍相遇後，各距十里安營紮寨。吳軍和越軍各有出戰，不分勝負。勾踐望見吳軍在陣地上隊伍整齊，戈甲精銳，士氣旺盛，嚴陣以待，心中大為吃驚。於是，他便派人組成左右兩隊各為五百軍士的敢死隊，各持大戟和長矛，一聲吶喊後，一齊殺奔吳陣。不料闔廬指揮鎮定，毫不慌張，他命令各陣角都派弓弩手分別把守，等越軍敢死隊一靠近，便利弩齊發，密如飛蝗，越國敢死隊大都死傷，而吳國陣地卻堅如鐵壁。

看到敢死隊潰敗回來，勾踐心裡十分焦急。此時，大將諸稽郢秘密向勾踐獻了一條計謀，勾踐聽後轉憂為喜。

第二天，天剛剛亮，就見到越軍轅門打開，從營中走出三百人，分為三行，全部裸露著上身，步履沉穩、神態安詳地向吳軍陣地前走去。當來到吳軍前面，為首的一位致詞說：「我們越王不自量力，得罪了上國，以致辛勞貴國兵眾來討伐下國，我們這些人不惜生命，願意以死來代替越王的過錯。」原來，這些人都是越軍帶到陣前的死囚犯人。只見他們說完上述的話後，拿出短劍，一個個刎頸而死。

吳國兵將從來沒有見過這種陣式，都吃驚地瞪圓大眼看著眼前發生的這幕怪劇。就在這時，越軍忽然鼓聲大作，號角齊鳴，重新組織的敢死隊在大將諸稽郢和靈姑浮的率領下，以迅雷不及掩耳之勢衝開吳陣，銳不可擋。勾踐率領的大軍隨後掩殺過來，吳軍大亂，來不急招架便倉惶逃竄。越軍乘勢追殺，靈姑浮在追擊中正好遇到闔廬，靈姑浮舉刀便砍，闔廬慌忙躲避，被大刀砍中右腳，傷了腳趾，連鞋也掉到戰車下面，幸虧吳將專毅及時趕到，闔廬才得以脫身。

越軍又是一陣掩殺，吳軍死傷過半。闔廬傷勢漸重，令即刻回軍。在回國途中，闔廬氣絕而亡。勾踐用死囚打頭陣，別出新招，終於打敗了闔廬。

武韜——

文啓第十四

施行政令使人們在不知不覺中潛移默化

大凡一種衰敗的景象往往是在很早的繁茂時就種下了禍根。大凡一種機運的轉變多半是在零落時就種下善果。一個真正擅長觀察事理的人，必須把全部精神都注入到事物當中跟事物結合成一體，才不致於只能看到事物的表面形跡而不明白真相。

〔原　文〕

文王問太公曰：「聖人何守？」

太公曰：「何憂何嗇，萬物皆得；何嗇何憂，萬物皆遒；政之所施，莫知其化；時之所在，莫知其移。聖人守此而萬物化，何窮之有，終而復始。優之游之，輾轉求之；求而得之，不可不藏；既以藏之，不可不行；既以行之，勿復明之。夫天地不自明，故能長生；聖人不自明，故能名彰。

古之聖人聚人而為家，聚家而為國，聚國而為天下，分封賢人以為萬國，命之曰『大紀』。陳其政教，順其民俗，群曲化直，變於形容；萬國不通，各樂其所，人愛其上，命之曰『大定』。嗚呼！聖人務靜之，賢人務正之，愚人不能正，故與人爭。上勞則刑繁，刑繁則民憂，民憂則流亡。上下不安其生，累世不休，命之曰『大失』。

天下之人如流水，障之則止，啓之則行，靜之則清。嗚呼，神哉！聖人見其所始，則知其所終。」

文王曰：「靜之奈何？」

太公曰：「天有常形，民有常生，與天下共其生，而天下靜矣。太上因之，其次化之。夫民化而從政，是以天無為而成事，民無與而自富。此聖人之德也。」

文王曰：「公言乃協余懷，夙夜念之不忘，以用為常。」

〔譯　文〕

文王問太公說：「聖人要遵循怎樣的原則才能治理天下呢？」

太公說：「聖人不用憂慮什麼，不要節制什麼，萬事萬物自能各得其所；用不著憂慮，不加節制，萬物會自然的繁榮生長。施行政令，它潛移默化的作用也沒有人知道；時間的存在，誰都不能感覺到它的移動。如聖人能遵循（無為而治）這一規律辦事，萬物自然會潛移默化。這樣循環往復，永無窮盡。

聖人應該孜孜不倦地探求優游自如，無為而治的治國之道；求索到，就得藏之於心；既然已經藏於心中，那就要去實行；既然已經實行，那麼其中的奧秘就無需昭告天下。萬物按其自然規律生長發育，並非天地向它們宣告了這種運動規律；聖賢成就其輝煌的功業，並不用炫耀自己。

古時候的聖人，把聚集起來的人們組成一個個家庭，再聚集許多家庭組成一個國家，然後由許多國家再組成了天下，然後分封賢人為各國的諸侯，這一切被命名為『大紀』，也就是統馭天下的綱紀。最後宣揚政教，順應民俗，以正直的風氣取代邪僻之風，以實現移風易俗。雖然各諸侯國的習俗有所不同，百姓卻能安居樂業，都尊敬年長者，以此為『大定』，就是天下太平的意思。哦！用清靜無為聖人可以治天下，用正己正人賢君可以治天下，既不能正己也不能正人，所以這樣愚昧的君主就會與民相爭。政令繁多，君主就要使用多種刑罰；人民憂懼是因為刑罰過多；憂懼就會使人民流散逃亡。上下不得安寧，世世代代都是動亂不止，就叫做『大失』，這樣重大的失誤就是政令造成的。

天下的人心所向如同流水一般，一經堵塞就會停止，要暢通就得引導它，要清澈不濁就必需使它靜下來。喔！太奇妙了！只要發現它的苗頭，聖人就能知道它的結局是怎樣。」

文王說：「要使人心安靜，應怎樣呢？」

太公說：「天的變化有一定的規律，百姓有一定的生業，要想天下太平安靜，就要能與百姓一道安於生業。順應天道人心來治理人民是最好的政治，教化百姓從善是其次。接受教化百姓就會聽從政令，因此，天道『無為』而能成就萬事萬物，不用別人的施捨，百姓而自能富裕。聖人的德政就是這樣。」

文王說：「我心中想的與你說的一樣，我會朝思暮想，永志不忘，以此準則來治理天下。」

人愛其所　各樂其所

「無爲而治」，是君學的最高標準。能夠達到無爲而治的人，是天下第一流的領袖人物。

要想取得天下而去強求它，他肯定不能得天下。天下的神器是不可強求，也不可執著。強求的人會失敗的，執著的人也會失敗的。無爲的人不是一事不做，在於不侵犯臣職，而善於守著君主自己的職責。所謂無爲的人，不是說引他不來，推他不去。是說他依從規律而做事，因資深而立功，推行著自然的勢力。

只有無爲的領袖人物，才有大智慧、大眼界、大氣度、大膽略。有大智慧就能看得透徹，有大眼界就能看長遠，有大氣度就能容納得下萬人及萬物，有大膽略就能提得起、放得下。要明道理全靠大智慧，知人善用，要靠大眼界，容人信人，要靠大氣度，提得起放得下要靠大膽略。知人困難，善於任用人更困難；容人困難，信得過人更困難；提得起難，放得下是難上加難。

自古以來，殺俘屠城的事經常發生，可以說這是釜底抽薪的辦法，因為其主要目的就是要從根本上消滅敵方的有生力量。北周末年，周大將軍于仲文巧取金鄉（今山東嘉祥縣南），麾下諸將就多勸他屠城，于仲文不同意，他說：「金鄉是席毗羅（周末叛臣尉遲迥手下大將）起兵之處，有不少叛軍將士的妻兒子女都在這裡，如果屠城，這些人就會因絕望而死戰，不如寬免他們的親屬，以此作為招降的手段。」諸將恍然大悟，都稱高見。

席毗羅得知于仲文已拿下金鄉，抓住了他的妻兒子女，氣得暴跳如雷，於是先按下攻打徐州的計劃，率領著十萬雄兵，氣勢洶洶殺回金鄉，決意以雷霆萬鈞之勢，將于仲文壓為肉餅。于仲文沒有被這種氣勢嚇倒，相反還非常從容地背城結陣，彷佛已勝券在握。他如此自信，當然有他自己的理由：

第一，席毗羅暴怒而來，已犯了心浮氣躁的大忌，部隊必然有失調度，又自認人多勢眾，必然驕傲輕敵，專用勇而不用謀；

第二，他未雨綢繆，已預先在離陣營數里遠的麻田中設下伏兵，有以少勝多妙用。

有此兩點，再加上官軍是以逸待勞，他還有什麼好怕的呢？結果席毗羅真的敗得很慘，很徹底：他的大軍剛剛投入戰鬥，麻田那邊就突然爆發出一陣驚天動地的人喊馬嘶聲，而滾滾塵埃則衝天而起，就如百萬雄兵殺到，那氣勢之大令人摧肝裂膽；席毗羅臉上變色，再回顧他的部隊時，只見一個個都無心戀戰，急匆匆只顧逃命，喊爹叫娘，亂成一片。

那邊于仲文又揮軍掩殺過來，恰似風捲落葉，席毗羅的大軍成片成片的倒下，其他人則慌不擇路，下餃子般地跳入洙水，淹死者不計其數。

這一仗下來，席毗羅是名符其實的全軍覆沒，將士們死的死，逃的逃，被俘的被俘，另一主將檀讓當陣被關進了囚車，就連他自己也被從躲藏的地方搜出來砍了頭。于仲文的部隊則處境完全不同，他們的損失很小，相對於這一輝煌戰果而言簡直可以忽略不計，而且黃河以南的叛軍據點已全部蕩平，大家將得到很好的休整。

武韜——

文伐第十五

文伐的方法有十二類

爭強好勝只會給自己帶來更多的恥辱，過於追求完美只會給自己帶來更多的憂愁。

遇事肯替別人著想，這是最高深的學問。如果別人要強，我就用柔軟取勝於他；他人如果用手段要弄我，我就用真誠感動他。

〔原文〕

文王問太公曰：「文伐之法奈何？」

太公曰：「凡文伐有十二節：

一曰，因其所喜，以順其志，彼將生驕，必有奸事，苟能因之，必能去之。

二曰，親其所愛，以分其威。一人兩心，其中必衰。廷無忠臣，社稷必危。

三曰，陰賂左右，得情甚深，身內情外，國將生害。

四曰，輔其淫樂，以廣其志，厚賂珠玉，娛以美人。卑辭委聽，順命而合，彼將不爭，奸節乃定。

五曰，嚴其忠臣，而薄其賂。稽留其使，勿聽其事。亟為置代，遺以誠事，親而信之，其君將復合之。苟能嚴之，國乃可謀。

六曰，收其內，間其外，才臣外相，敵國內侵，國鮮不亡。

七曰，欲錮其心，必厚賂之，收其左右忠愛，陰示以利，令之輕業，而蓄積空虛。

八曰，賂以重寶，因與之謀，謀而利之，利之必信，是謂重親。重親之積，必為我用。有國而外，其地必敗。

九曰，尊之以名，無難其身，示以大勢，從之必信；致其大尊，先為之榮，微飾聖人，國乃大偷。

十曰，下之必信，以得其情。承意應事，如與同生；既以得之，乃微收之；時及將至，若天喪之。

十一曰，塞之以道：人臣無不重貴與富，惡危與咎，陰示大尊，而微輸重寶，收其豪傑；內積甚厚，而外為乏；陰納智士，使圖其計；納勇士，使高其氣。富貴甚足，而常有繁滋。徒黨已具，足謂塞之。有國而塞。安能有國？」

十二曰，養其亂臣以迷之，進美女淫聲以惑之；遺良犬馬以勞之，時與大勢以誘之，上察而與天下圖之。

十二節備，乃成武事，所謂上察天，下察地，徵已見，乃伐之。」

〔譯文〕

文王問太公說：「文伐的方法有哪些呢？」

太公說：「文伐的方法有十二種：

其一，根據敵國君主的喜好，順從他的心意，使他產生驕傲自滿的情緒，這樣，他就會做出邪惡之事，如果抓住這個機會，以後必定能除掉他。

其二，對敵國君主寵愛的近臣表示親近，這樣，敵國君主的權威就會削弱。人如果懷有二心，他就會減退對國家的忠誠，敵方的國家裡沒有忠臣，那麼這個國家必然處於危險境地。

其三，對敵國君主左右身邊的人，在暗中要實行賄賂，與他們建立深厚的交情，讓他們身在自己的國中，心卻向國外。如此，禍患就會在敵國發生。

其四，設法使君主沉迷於淫樂，擴大他的享樂情趣，用大量的珠玉珍寶賄賂他，以美女取悅他，以卑詞討好他，曲意迎合他，他就會沉於享樂，而忘記與我爭鬥。

其五，對敵國的忠臣要尊敬，不能多給他禮物，他作為使者前來交涉時，要故意拖延他，他的意見不要聽從。想盡辦法讓敵國君主改派使者來更換他，對後來的要以誠相待，並親近、信任他，如此，敵國君主就會再一次與我們合作。

其六，收買敵國的內臣，離間敵國外使，如能尊重敵國中那些失意的忠臣，這樣的敵國不滅亡是很少。

其七，敵國君主對他國的圖謀要制止，要用大量的禮物賄賂他，他身邊的親信大臣要收買，偷偷地給他們好處，使他們君臣疏忽戒備，不重視生產，以致敵國國庫空虛。

其八，給敵國的君主贈送貴重的財寶，接著與他共同謀劃，謀劃的對他有利，我就必然能取得他的信任，使他聽命於我，這種不同一般的關係叫『重親』。雙方關係逐漸密切，敵國一定能為我所用。如果有自己的國家，而讓別的國家利用了，那麼，這個國家必然要衰亡。

其九，要用顯赫的名號尊崇敵國的君主，不能以棘手的問題難為他，使他有勢傾天下的感覺，使它感到我很順從他，並且可信；尊敬他，讓他狂妄，誇耀他的尊貴顯赫，巧妙的恭維他可與聖人比德，如此，他的政事就要荒廢，走向衰亡。

其十，要以卑下、恭順、誠信來對待敵國的君主，以取得他的友情與信任；辦事的時候順著他的心意，與親兄弟一般；取得他的友情與信任後，制約他就要微妙，時機一到，順從天意一樣滅掉他。

其十一，對敵國君主的視聽要用各種方法去閉塞：沒有不重視富貴、厭惡危害災難的臣民，所以，可以在暗中許以高官，秘密地把貴重財寶送給他，以此來收買敵國豪傑；我方國內有豐厚的積蓄，在外面卻要裝成貧乏的樣子；在暗中招賢納士，讓他們替我方獻計獻策；招募勇士，來提高我方的士氣。他們富貴的願望要盡量滿足，不斷地給他們增加賞賜。在敵人的營壘中我方的徒黨多了，完全可以使敵方君主的耳目閉塞。他的視聽已經被閉塞，雖然有自己的國家，卻不能保住它。

其十二，對敵國的亂臣要扶植，讓敵國君主的聰智迷惑，進獻美女，讓敵國君主沉迷其中，以迷惑他的意志；贈送一些良犬寶馬，使敵國的君主迷於遊樂而神形疲憊；又經常報告他形勢大好，讓他樂而忘憂。這樣，選擇有利時機，就可以與天下人一道將他除去。

如要進行軍事行動，這十二種方法必須全部掌握。這就是上察天時，下察地利，一旦各種有利的徵候都已顯露時，就可以起兵征討他。」

以順其志　彼將生驕

利用敵人的原理中，尚有誤敵、疑敵之法。或者是誤它的政事，或者是誤它的交往，或者是誤它的時機，或者是誤它的人民，或者是誤它的將帥，或者是誤它的法度，或者是誤它的謀略，或者是誤它的形式，或者是誤它的強盛。只要它為我所誤，因我而動，就是誤敵的方法盡到了。

誤可以使人失策，疑就能使人失去機會，總的來說，務必使我能誤敵人，而不使敵人誤我，疑惑敵人而不使敵人疑惑我，這樣才能收到致命敵人而不使敵人致命於我的好處，利用敵人而不使敵人利用我。

用兵要善於果斷取勝，多疑多慮就會失敗。所以疑惑敵人的方法，將帥必需掌握妥當。敵人疑慮重重，就會審度機會遲遲不敢進擊，事事而不能果斷。我乘他猶豫的時機，因應變化，決定策略，設置奇謀，就能夠取勝。

北周末年，突厥分裂為東西兩國，東突厥奉攝圖為正，西突厥則以大邏便為大可汗。西突厥東拒都斤，西越金山，龜茲、鐵勒、伊吾等部落及西哉諸胡前後歸附，國勢漸漸強盛，歷大邏便、鞅素特勤兩代，始終都與東突厥爭戰不已，同時也不買隋朝的帳，所謂朝貢自是無影可跡。隋文帝楊堅開皇年間，泥撅處羅可汗達漫繼承汁位，因統治無方，國勢漸衰。至隋煬帝楊廣大業初年，西突厥國內常有叛離之事發生，在與鐵勒的爭戰中亦屢遭大敗，達漫的處境的確不妙。隋朝看到了征服西突厥的機會，立即行動起來。

當時黃門付郎裴矩正在敦煌負責籠絡西域諸國的工作，得知西突厥國內動蕩不安而達漫思念母親的情感很熾熱，馬上就意識到正可從達漫之母向氏身上大做文章。

向氏本是中原人，在前夫泥利可汗鞅素特勤死後改嫁小叔子婆實特勤。隋文帝開皇末年她與婆實特勤來長安朝見，因遇達頭之亂而滯留京師，至大業初年仍未能返回突厥。

裴矩想到，達漫既然常常思念向氏，說明他們母子感情很深，隋朝只要緊緊控制住向氏，就可有效地脅迫達漫。裴矩把這一想法上奏煬帝，煬帝當即派崔君肅帶著國書前往西突厥，名義上是慰撫，實際目的則在於誘逼達漫向隋朝朝貢。崔君肅不負使命，開宗明義地向達漫陳述了三點利害關係：

其一，東西突厥自分裂以來，彼此仇視，年年爭戰，長達數十載仍未能分出勝負，說明雙方勢均力敵；

其二，現今東突厥啟民可汗染干擁兵百萬，尚且誠心誠意地臣服隋朝天子，動機顯然再明確不過，他是因自己力量不夠，想借隋兵共同消滅西突厥罷了；

其三，隋天子難違百官百姓的一致要求，已下詔準備向可汗開戰，幸虧可汗母親向氏在朝哭泣求哀，天子才破例按兵不動。

向夫人在天子面前許願說，只要聖朝派使者來召可汗，使可汗與啟民居於同等地位，享受同等待遇，可汗一定會應召入朝。天子是相信了向夫人的承諾才派我出使，當然不想事與願違。可汗如能稱藩拜詔，則國保永安，令堂亦能延壽延福，否則向夫人必因欺誑天子之罪而遭誅戮，貴國亦必將在大隋與啟民國的聯合進攻下土崩瓦解。崔君肅強調說：「我言盡於此，何去何從任憑可汗選擇。」達漫被崔君肅這一番虛虛實實，連蒙帶騙的大道理嚇得汗流浹背，連忙跪接詔書，表示願意向隋朝盡藩臣之禮。

崔君肅心裡暗笑，表面上仍很嚴肅，他一轉念，我何不說動達漫代替隋朝攻打葉谷渾？於是故意輕描淡寫地說道：「啟民內附大隋，受到先帝（指隋文帝楊堅）的嘉賞，終致兵強國富。而可汗歸附的速度慢了一點，想要與啟民爭寵的話，除了向天子表示自己的至誠之外別無良方。今可汗之國距京師過於遙遠，朝覲暫難實行，不妨立一大功以明臣節。」

達漫問怎樣立功，君肅說：「葉谷渾是啟民少子莫賀咄設的母舅，現今天子又嫁義成公主給啟民為妻，啟民因畏懼天子而與吐谷渾斷絕了親戚往來。吐谷渾怪罪聖朝從中作梗，擅自不修職貢，天子對此大為惱火，可汗若請誅滅吐谷渾，必能得到天子的許可。兩面夾攻，吐谷渾不敗何待？到那個時候，可汗再親自入朝天子，拜見老母，道路暢通無阻，該是何等風光得意！」達漫大喜說：「得君指教，茅塞頓開，真是感激不盡！」

於是派使者向隋朝稱臣，按例朝貢。由於隋朝已用同樣的計謀誘使鐵勒擊敗了葉谷渾，達漫自然無法按照崔君肅的要求立此一功了。

武韜——

順啓第十六

胸懷天下，然後才能包容天下。

當你窮困潦倒不得意的時候，仍舊不能忘記奮發向上的雄心壯志，這樣的人才算得上是真正有作爲的英雄人物。

當人們在駛進人生之河的寬闊水面之時，就應該考慮到狹窄之處怎麼做，當順流而下時應思索逆流中怎麼去做。

世界上最寬闊的東西是海洋，比海洋更寬闊的是天空，比天空更寬闊的是人的胸懷。

〔原文〕

文王問太公曰：「何如而可以為天下？」

大公曰：「大蓋天下，然後能容天下；信蓋天下，然後能約天下；仁蓋天下，然後能懷天下；恩蓋天下，然後能保天下；權蓋天下，然後能不失天下；事而不疑，則天運不能移，時變不能遷。此六者備，然後可以為天下政。

故利天下者，天下啓之；害天下者，天下閉之；生天下者，天下德之；殺天下者，天下賊之；徹天下者，天下通之；窮天下者，天下仇之；安天下者，天下恃之；危天下者，天下災之。天下非一人之天下，惟有道者處之。」

〔譯　文〕

文王問太公說：「把天下治理好該怎樣呢？」

太公說：「有覆蓋天下的度量，之後才能包容天下；有蓋過天下的誠信，之後才能約束天下；有蓋過天下的仁德，之後才能懷柔天下；有普施於天下的恩惠，之後才能保有天下；有控制天下的權力，才能不失天下；遇事要果斷，不能猶疑不決，就如同天體運行一般不能改變，如同四季的更換那樣不可更改。要想治理天下，這六個方面的能力都得具備。

因此，能為天下人謀利益的，他就能得到天下人的擁護；危害天下人的，他就要遭到天下人的反對；能讓百姓生活得好的，他就能受到天下人的感激；殺害天下百姓的，他就要遭到天下人的滅害；順應天下百姓心願的，他就能贏得百姓的歸附；使天下人窮困的，他就會遭到天下百姓的仇恨；使天下百姓安居樂業的，他就成為天下百姓的依靠；給天下人帶來危難的，他就被天下人視為災星。天下不是屬於哪一個人的，統治它的只能是有道德的人。」

利天下者　天下啓之

聖人都以天地爲規模，以天爲法則，因此可以立德而成就大。作爲最高領導人也應該是這樣子。要能大，能有天地規模，有天地氣象。沖漠無朕，讓人們不能識別出深淺。所以說，心要大、計劃要大、規模要大、行動要大；像這樣才能有大局觀念；像這樣，才能成爲一個眞正的最高領導人。

作爲領導人物，最可怕的是不能大。能大就可以有包容、有涵養、有承載、有超越。是我的人，我是這樣，不是我的人我也是這樣；喜歡我的人我喜歡他，討厭我的人也善待他；親近我的人我也親近他；疏遠我的人也親近他；贊美我的人我也贊美他，抵毀我的人我也贊美他；再說，敬重我的人，我也敬重他，不敬重我的人我也敬重他；愛我的人我愛他，不愛我的人，我也愛他；忠我的人我忠他，不忠我的人我也忠他；信任我的人我信任他，不信任我的人我也信任他。

能做到這些，不但能包容人，也能化育人。不僅能引導人，而且也能成就人。如能做到這樣，才能看得出他的偉大與高明，才能看出他的遠見與博愛。

唐高宗顯慶五年（六六〇年），蘇定方率水陸大軍十萬人，破百濟，形成對高麗的兩面夾攻形勢。留郎將劉仁願守百濟府城，左衛中郎將王文度為熊津都督，安撫其眾，自率大軍繼續進攻高麗。

不久，王文度病死，百濟原將領福信及浮屠道琛迎故王子扶余豐立之，率兵圍攻劉仁願。劉仁軌奉命擔任帶方州刺史，繼續統領王文席的部隊，並征發新羅兵援救劉仁願。福信等被迫撤圍，退保任存城，不久福信殺道琛，吞併他的部隊，招回叛逃的士兵，氣焰十分囂張。

這時蘇定方伐高麗，圍攻平壤，一直沒有攻下來。因而高宗下令劉仁軌率部開往新羅與金法敏商議去留之計。將士瘵都想回去，劉仁軌力排眾議說：「扶余豐猜忌多疑，表裡不一，不能長久堅持。我們應該原地堅守，等待時機，一舉將其消滅，不能輕舉妄動。」大家同意了他的看法。

當時扶余豐與福信以真峴城臨江高險，又當新羅通向百濟的要衝，加兵防守。劉仁軌率新羅兵乘夜逼近城牆，四面攀草而上。到第二天天亮，一舉將其攻克，從而打通了新羅的運糧之路。不久，扶余豐果然殺福信，派人向高麗及倭國求援。這時，右威衛將軍孫仁師奉命率軍渡海前來援助，士氣大振。

於是，諸將一起商定進攻方向，有人說：「加林城地處水陸交通要道，何不先進攻它？」劉仁軌不同意，他說：「兵法講究避實就虛，加林城地形險要，敵軍防守嚴密，難以攻克。而周留城，是敵人的巢穴，敵人頭目都集中在那裡，如果將其攻克，其他地方就會不攻自破。」於是唐軍兵分兩路，孫仁師、劉仁願及金法敏率領陸軍，劉仁軌與杜爽、扶余隆由熊津、白江與陸軍相會。遇倭國部隊進入白江口，唐軍四戰皆捷，燒毀敵船四百艘。扶余豐脫身逃走，他的寶劍被繳獲。

偽王子扶余忠勝、忠志率部與倭人投降，只有敵軍元帥遲受信據任存城沒有攻克。劉仁軌又讓敵軍降將沙吒相如、黑齒常之立功贖罪，攻克任存城，遲受信棄妻子隻身逃奔高麗，百濟餘黨全部平定。

武韜——

三疑第十七

使用謀略，必以周密為寶。

考察疑難政務，則如同區分朱色與紫色，辨別宮調與商調，稍不注意，就會將紅色與紫色誤作朱色，將靡沉的俗樂當做正統雅音。忠心耿耿的屬下反被君主懷疑，其原因是君主聽信讒言，從而作出錯誤判斷。小的迷惑可以改變人行進的方向，大的迷惑可以改變人的本性。

〔原　文〕

武王問太公曰：「予欲立功，有三疑：恐力不能攻強、離親、散衆，為之奈何？」

太公曰：「因之，慎謀，用財。夫攻強必養之使強，益之使張。太強必折，太張必缺。攻強以強，離親以親，散衆以衆。

凡謀之道，周密為寶。設之以事，玩之以利，爭心必起。欲離其親，因其所愛，與其寵人，與之所欲，示之所利，因以疏之，無使得志。被貪利甚喜，遺疑乃止。

凡攻之道，必先塞其明，而後攻其強，毀其大，除民之害。淫之以色，啖之以利，養之以味，娛之以樂。

既離其親，必使遠民，勿使知謀，扶而納之，莫覺其意，然後可成。

惠施於民，必無愛財。民如牛馬，數餧食之，從而愛之。

心以啓智，智以啓財，財以啓衆，衆以啓賢，賢之有啓，以王天下。」

〔譯文〕

武王問太公說：「我很想建功立業，有三個地方使我疑慮：其一是恐怕遇上強敵進攻的力量不夠；再者就是疑慮敵國軍臣關係難以離間；最後是恐怕不能瓦解敵國的軍隊。應該怎樣才能消除這些疑慮呢？」

姜太公說：「有三種方法，它們分別是：因勢利導，慎用計謀，巧用錢財。進攻強敵時，要使他變得驕傲張狂，首先要設法助長他的驕橫凶蠻，因為驕傲強橫就必遭挫折。過於狂傲必然導致失敗。進攻強大的敵人時。首先要助長他的強暴；想離間敵人的親信，首先就要收買敵人的親信；要瓦解敵人的軍隊，首先就得收買敵國的民心。

考慮周密對於運用謀略來說至關重要。用封官許願來俘虜敵人，用利益來誘使敵人，必然能引起敵人內部爭權奪利的紛爭。要離間敵國的君臣，要對敵國國君所寵愛的佞臣加以誇耀，要從這些佞臣著手，許以他們豐厚的利益，只要是他們想得到的東西都盡量滿足他，利用這些人去離間敵國君主與那些賢臣之間的關係，讓敵國的賢臣難以得志。我們只要多給敵國佞臣以利益，他們一定會高興，也會隨之消除對我們的疑慮。

要想攻擊強敵，必須首先閉塞敵國君主的耳目，然後才能對敵方強大的軍隊發動進攻，消毀他強大的國家，為民除害。腐蝕他就利用美色，引誘他就用厚利，迷亂他就用淫樂，供養他就用美味。

如果敵國君主同他們親信大臣的關係已被我們離間，那麼他必然會疏遠民眾，我們的離間計卻不能讓他知道，要讓敵國覺察不出我們的意圖，而進入我們設置好的圈套中，這樣，就勝利在望了。

對百姓一定不能吝惜財物，要厚施恩惠，百姓如同牛馬一般，平時要關心他們，這樣，他就能親近、順從你。智慧來源於心靈，財富又來源於智慧，養育民眾需要錢財，而那些賢才又是從民眾中湧現出來的，君王得到這些賢才的輔佐，就可以統一天下了。」

太強必折　太張必缺

所有天下事沒有不可因應的，也沒有不乘機的。不僅弱敵可以乘機，強敵也可以乘機；不僅敵虛可以乘機，敵實也可以乘機。或乘敵方的慾望，或乘敵方的謀略，或乘敵方的安全，或乘敵方的危險，或乘敵方的弊病。只要有敵方的存在，就沒有不可可乘的。

善於作戰的將領都能隨勢對應，而沒有固定的格局。敵人欺負我就驕縱它，敵人害怕我就恐嚇它。敵人勇敢而愚蠢就使它犯錯誤，敵人輕狂而浮躁就使它疲勞，敵人過於謹慎而畏懼，就使它疑慮多，敵人上下猜疑就離間它，敵人好用偷襲，就假裝沒有準備使它上當受騙。敵人好侵擾，就以利來引誘它，敵人好猛進，就設埋伏使它自落陷阱。敵人一意在退卻，就開闢險地而襲擊它。

凡是謀略的方法，都在因勢而把握好機會，乘時勢、乘有利而動的人，無往而不勝。

隋朝末年，皇帝荒淫無道；官吏橫暴貪婪，致使群雄並起，天下大亂。在這種社會大勢下，馬邑郡（今山西朔縣）鷹揚府校壁劉武周亦蠢蠢欲動，準備隨時伺機起兵。他的上司王仁恭枉平極為清廉，曾歷任呂州刺史、衛州刺史、汲郡太守，都以忠謹王事、愛民如子著稱，尤其汲郡民眾深受其惠政，在他離境那天萬民空巷，阻道挽留，一時傳為美談。

但此節不終，自他出任馬邑太守以來，也被濁世污泥染黑，貪財好利，賄賂來者不拒；當時饑荒盛行，百姓如饑餓的嬰兒哀哀待哺，他又不敢擅自開倉濟貧，賑恤百姓，所謂惠政自然無從談起。馬邑民眾困窘無助，對太守由期望甚殷到失望，又由失望到怨聲漸起，只是礙於太守以前的賢名，暫時未做進一步的非非之想，但騷亂無疑已經在暗中萌芽。對此，王仁恭耳目不靈，茫茫然一無所知，而有心摘花的劉武周，已經在睡夢裡不知笑醒了幾多回。

劉武周掐指一算，覺得是自己出擊的時候了。他本來就有一塊寢食難安的心病，因為他利用自己工作上的便利，已不止一次登堂入室，與王仁恭的巾身侍婢尋歡作樂，他如果不能儘快下手，這件事遲早會被王仁恭察覺，他劉武周也就終有吃不了兜著走的一天，因此，百姓們的不滿情緒正好成為他手中的奪命利器，只要再煽煽風澆澆油，就不愁火星不轟然燒成燎原之火。他很快就動作起來，在馬邑境內到處散布鼓惑人心之言，以激起民眾的公憤，稱時下父老鄉親們饑寒交迫，餓殍遍野，太守卻安坐府衙，對百姓的生死存亡不聞不問，簡直滅絕天理！在他的煽動下，一郡吏民果然更加怨怒，莫不攘臂奮氣，躍躍欲試。

在這時假公濟私，夙願必能一舉實現！劉武周暗喜，於是在大業十三年（六一七年）的某一天，突然率領同黨數十人衝入府衙，殺了太守王仁恭，然後大開府庫，賑濟饑民，一時滿郡百姓欣然從附，聚兵立達萬餘。劉武周躊躇滿志，自稱天子（年號天興），署置朝廷百官，發兵攻取鄰近郡縣，竟在短時間內成為西北一霸。

龍韜——

王翼第十八

君王統帥軍隊，必須有輔佐的人，以成就他的神威。

把縱容當作寬鬆，把省略當作簡政，則使政事荒廢，百姓受害。與其謀劃沒有絕對把握完成的功業，倒不如維護已經完成的事業。與其慎悔以前的過失，還不如好好預防未來可能發生的錯誤。

〔原文〕

武王問太公曰：「王者帥師，必有股肱羽翼，以成威神，為之奈何？」

太公曰：「凡舉兵帥師，以將為命，命在通達，不守一術。因能授職，各取所長，隨時變化，以為紀綱。故將有股肱羽翼七十二人，以應天道。備數如法，審知命理，殊能異技，萬事畢矣。」

武王曰：「請問其目？」

太公曰：「腹心一人，主潛謀應卒，揆天消變，總攬計謀，保全民命；
謀士五人，主圖安危，慮未萌，論行能，明賞罰，授官位，決嫌疑，定可否；
天文三人，主司星歷，候風氣，推時日，考符驗，校災異，知天心去就之機；
地利三人，主三軍行止形勢，利害消息，遠近險易，水涸山阻，不失地利；
兵法九人，主講論異同，行事成敗，簡煉兵器，刺舉非法；
通糧四人，主度飲食，備蓄積，通糧道，致五穀，令三軍不困乏；
奮威四人，主擇才力，論兵革，風馳電掣，不知所由；
伏鼓旗三人，主伏鼓旗，明耳目，詭符節，謬號令，暗忽往來，出入若神；
股肱四人，主任重持難，修溝塹，治壁壘，以備守禦；
通材三人，主拾遺補過，應偶賓客，論議談語，消患解結；
權士三人，主行奇譎，設殊異，非人所識，行無窮之變；
耳目七人，主往來，聽言視變，覽四方之事、軍中之情；
爪牙五人，主揚威武，激勵三軍，使冒難攻銳，無所疑慮；
羽翼四人，主揚名譽，震遠方，搖動四境，以弱敵心；
游士八人，主伺奸候變，開闔人情，觀敵之意，以為間諜；
術士二人，主偽譎詐，依托鬼神，以惑衆心；

方士二人，主百藥，以治金瘡，以痊萬病；

法算二人，主計會三軍營壁、糧食、財用出入。」

〔譯　文〕

武王問太公：「統領軍隊的君王，一定要得力之人來輔佐，從而造成非凡的威勢與無上的尊嚴，就應該怎麼做呢？」

太公答道：「身為三軍的統帥，並不在只精於某一種技能，而重在對整個情況的掌握與了解。他應當善用各種人才，隨時變化以適合需要，並用這個標準來確定用人的制度。因此，必須有七十二個得力的助手來輔佐將帥，用以順應天象。只有設置了助手，對天命才算了解，明白了各種事理。各種賢能之士，若能各盡其才，就可以圓滿地完成各項任務。」

武王道：「請您一條一條地講明白，好嗎？」

太公接著說：「腹心要一人，主要負責出謀劃策，以應付突然的變故，觀察天象，以消除災難，總管用兵大計，使百姓的生命安全得到保護；

謀士要五人，主要負責謀劃時局的安危，對尚未出現的情況與變化都要考慮周全，對將士的品行才能進行考察與評定，從而授與官職以明確賞罰制度，還要決定事情及一些疑難問題的實施與否；

天文要三人，主要負責觀察天象、氣候，對時間的推算、吉凶徵兆的考察、災害和意外事件的查驗、天意順逆的預測；

地利要三人，主要負責對三軍行進和駐止時地形情況的勘察、利弊得失變化的分析，對距離遠近、地形險易、江河水情以及山勢險阻的觀測，以保證作戰時不失地利；

兵法要九人，主要負責對兵法的講解、敵我態勢異同的探討、作戰勝敗條件的分析、各種兵器的點驗，以及對各種違法行為的檢舉；

通糧要四人，主要負責給養的籌劃，籌備儲存，糧道的疏通，五穀的徵集，以此保證全軍的糧草豐足；

奮威要四人，主要負責選拔有才能的勇士，挑選合適的武器裝備，策劃閃電式的果敢行動，給敵人以出其不意的打擊；

伏鼓旗要三人，主要負責軍中的旗鼓，明確軍中的視聽信號，要準備隨時改換符節，變換號令，以利於我軍神出鬼沒，忽來忽往；

股肱要四人，負責執行艱巨的任務，擔負重大的使命，構築壁壘，修築溝塹，來防禦敵人的攻擊；

通材要三人，對將帥的過失負責監督，對他的疏漏進行彌補，應對賓客，商討事情，消除災難，解決紛爭；

權士要三人，主要負責詭詐奇謀的實行，奇陣異兵的設置，無窮地變化著，敵人卻識破不出；

耳目要七人，主要負責與外界的往來，聞風聲，察動靜，要探明天下形勢，以對敵軍情況的掌握；

爪牙要五人，主要負責對我軍軍威的宣揚，以及對三軍鬥志的激勵，使全軍將士衝鋒陷陣，無所畏懼而敢於冒險犯難；

羽翼要四人，主要負責對將帥威名的宣揚，讓他的威名遠揚四方，震動鄰國，從而削弱敵軍的鬥志；

游士要八人，主要負責對敵方奸細的偵察，對敵國內部發生的變化要探聽清楚。這樣就可以操縱敵國的民心，敵軍的意思也能了解，有利於我方進行間諜活動；

術士要二人，主要負責詭詐的使用，借用鬼神之道來瓦解敵軍的鬥志，穩固我方的軍心；

方士要二人，主要負責各類藥品，治創療傷，診治疾病；

法算要二人，主要負責把軍隊營壘、糧食與財物的收支情況核算清楚。」

命在通達　不守一術

太公主張作戰指揮部應由七十二人組成。其人數分工爲：

腥心一人，主管；
謀士五人，領導核心；
天文三人，觀天象；
地利三人，察地形；
兵法九人，負責練兵；
通糧四人，負責後勤；
奮威四人，組建突擊隊；
伏鼓旗三人，負責通訊；
股肱四人，負責重地保衛；
通材三人，政治參謀；
權士三人，諜報參謀；
耳目七人，偵察測探；
爪牙五人，基層宣傳員；
羽翼四人，上層宣傳員；
游士八人，間諜；
術士二人，巫師；

方士二人，軍醫；

法算二人，經濟帳目管理。

由七十二人組閣而成的指揮機關——統帥部。這樣的分工及人事指揮安排，在冷兵器時代極爲先進。如此便啓發了後代人在戰爭中十分重視戰前計劃及指揮系統。

指揮系統中的各類人員，各司其職，各行其事，共同完成了指揮任務，就是戰勝敵人的可靠保證。在戰鬥中，統帥部的人員既要做好自己份內之事，又要緊密協同，這也是指揮機關的重要一環。惟有互相攜手合作，盡職盡責，才能克敵制勝。

北周末年，隋國公楊堅邁出了篡國的第一步，即獨攬大權，總理朝遷內外大事，在這一關鍵行動中，北周御飾大夫柳裘也起了不可忽視的作用。

起初，當劉昉、卷譯等人將楊堅推上舵手之位時，楊堅因有某種顧慮而遲疑不決，劉昉急傻了眼，就正告楊堅說，這種事情容不得推三阻四，隋公想做的話就當機立斷，假如實在不想做，那我劉昉自己可就上定了。接著柳裘也從旁推波助瀾，他說，機不可失，時不再來，現在時勢已經是這個樣子了，容不得猶豫遷延，必須早定大計，穩住政局，否則難免後悔莫及，這就叫天予不敢，反受其咎啊。

楊堅聽大家都這麼說，就只得少數服從多數，入朝輔政了。然後據說是眾望所歸，周靜帝在楊堅同黨的脅持下，下詔禪讓皇帝位，楊堅又假惺惺地多次謝絕。燕郡公盧賁與楊堅早有深交，楊堅入朝輔政也虧他披荊斬棘，此後就一直作為楊堅的心腹常伴左右，總管侍衛。

這時他見楊堅對如此不易到手的帝位還再三推辭，大不以為然。他對楊堅說：「北周王運已盡，其政權不可能再維持下去了，而他隋國公卻是天人共贊，應及時順應天意民心，接受禪讓，早日登基，否則夜長夢多，天賜良機不要，只怕望福成禍呢！」

楊堅深以為然，等到靜帝再一次下詔禪位並將傳國璽紱送到他面前時，他就毫不客氣照單全收，欣然做起隋朝開國皇帝來了。

龍韜——

論將第十九

所謂五種德才就是
勇、智、仁、信、忠

光明磊落的人格和節操，可以說都是在暗室漏屋的艱苦環境中磨練出來的。
凡是一種足可治國安邦的偉大政治韜略，都是從小心謹慎的事態中磨練出來的。
高超的智慧兼有普通的勇氣，比出眾的勇氣兼懷普通的智慧，有著更大的作用。

〔原　文〕

武王問太公曰：「論將之道奈何？」

太公曰：「將有五材十過。」

武王曰：「敢問其目？」

太公曰：「所謂五材者：勇、智、仁、信、忠也。勇則不可犯，智則不可亂，仁則愛人，信則不欺，忠則無二心。

所謂十過者：有勇而輕死者，有急而心速者，有貪而好利者，有仁而不忍人者，有智而心怯者，有信而喜信人者，有廉潔而不愛人者，有智而心緩者，有剛毅而自用者，有懦而喜任人者。勇而輕死者，可暴也；急而心速者，可久也；貪而好利者，可遺也；仁而不忍人者，可勞也；智而心怯者，可窘也；信而喜信人者，可誑也；廉潔而不愛人者，可侮也；智而心緩者，可襲也；剛毅而自用者，可事也；懦而喜任人者，可欺也。

故兵者，國之大事，存亡之道，命在於將。將者，國之輔，先王之所重也。故置將不可不察也。故曰：兵不兩勝，亦不兩敗。兵出逾境，期不十日，不有亡國，必有破軍殺將。」

武王：「善哉！」

〔譯　文〕

武王問太公道：「要以怎樣的原則來評論將帥呢？」

太公說：「作為一個將帥要具備五種美德，避免十種錯誤。」

武王問道：「那些具體內容又是指怎樣？」

太公答道：「這五種美德就是：勇敢、明智、仁慈、誠信、忠實。要想不受侵犯就要勇敢，不受擾亂就要明智，想去愛人就得仁慈，不受別人欺騙就要誠信，能不懷二心就得忠實。這十種缺點是：勇敢卻輕於赴死，暴躁又急於求成，好利而又貪婪，仁慈卻又流於縱容，聰明卻膽小怕事，誠信卻輕易相信別人，廉潔卻近乎刻薄，有謀卻遇事優柔寡斷，堅強卻剛愎自用，懦弱卻又喜歡依靠別人。對勇敢卻輕於赴死的人，可以用激怒的方法戰勝；對暴躁卻又急於求成的人，拖垮他可以用持久戰術；對貪而好利的人，可以對他行以賄賂；對仁慈而流於縱容的人，可以用計使他疲憊；對聰明而膽小怕事的人，可以設法脅迫他；對誠信卻輕易相信別人的人，對他可採用欺騙的手法；對廉潔而又近於刻薄之人可以輕慢、侮辱他；對有謀卻又優柔寡斷的，對他可採取突然襲擊；堅強而喜剛愎自用的，可在言語上吹捧、奉承他；對懦弱無能卻喜歡依賴別人的可以設法哄騙他。

戰爭，是國家大事，國家的存亡都繫於將帥一身。歷代君王對將帥都很重視，因為他是國家的輔佐，所以任命將帥時都要慎重考察。因此說：交戰的雙方不可能都勝，也不可能都敗。軍隊只要超越國境，不出十天，不是有國家遭到了滅亡，就是有某支軍隊被戰敗，連將帥的頭都被砍了。」

武王說道：「你講得太好了！」

存亡之道　命在於將

勇敢、智慧、仁慈、誠信、忠實，是爲將者的五種德才。將帥的五德十過乃是以將帥的基本品質而提出的。歷代領導人都注重將帥的選擇，對將帥的品德提出過嚴格的要求。

從用人而言，最好是以其所學，施其所長，適宜於量才使用。傅子說：「大凡人才可分爲九品：一叫德行，以立道爲本；二叫理才，用以研究事體的機要；三叫政才，以經典而治本；四叫學才，以綜合經典文獻；五叫武才，以參軍旅事務；六叫農才，以發展農業生產；七叫工才，以製作改進各種器材；八叫商才，以振興國家的經濟；九叫辯才，以增長討論問題。」所以無德的人不能用，不仁的人不能用，無才缺能的人不能用，貪得爭功的人不能用，結黨營私的人不能用，固寵嫉賢的人不能用，恃寵而排擠他人的人不能用，愛利藏諸己的人不能用。作爲大將大帥以身行事，必須有公正清廉的節操，有惻隱之心，有明瞭通達的見識，有剛強堅毅的氣概，有儆戒害怕的心理。

大統三年（五三七年）春，東魏將領高歡帶兵入侵西魏龍門，屯軍蒲坂，並在渡口架三座浮橋欲西渡黃河；又派其部將竇泰進軍潼關；高敖曹圍攻洛州（今河南洛陽東北），三路軍隊呈犄角之勢向西魏都城長安進攻。西魏存亡繫於一旦。

文帝元寶炬派宇文泰抵抗。宇文泰率軍至廣陽（今陝西臨潼縣），對各路將領說：「現在高歡三路圍攻我們，又在黃河上設立浮橋，看來目的是渡軍黃河，阻擋牽制我軍，致使竇泰能西攻長安。敵人人多勢眾，我軍處於劣勢，如果與其相持太久，受其牽制，則高歡計謀得逞，於我們將十分不利。自從高歡起兵關東以來，竇泰一直是高歡軍隊的前鋒，其麾下多精兵良將，銳不可擋。這次又是一路長驅直入，如入無人之境，可能因屢勝而驕，而驕兵必敗。因此如果我們先出其不意，奇襲潼關的竇泰，一定能夠取勝。攻下竇泰，高歡失其前鋒，肯定不戰自退。」諸將者說：「現在高歡離我們已經很近了，不打近在眼前的高歡而遠襲竇泰，如若有絲毫差錯，後悔恐怕也來不及。」

宇文泰胸有成竹，說：「高歡前兩次進攻潼關，我只不過出軍霸上（今陝西西安東），而這次高歡大舉進逼，我軍也還沒有出城郊。敵人一定以為我們只不過固守長安而已，絕對不可能遠襲潼關。又由於竇泰士氣正盛，定有輕我之心，乘此機會攻擊竇泰，哪有不成功的？高歡雖然在黃河上架設浮橋，但黃河水急浪高，想一下子把千軍萬馬移至河西，談何容易？在近五天之內，我想高歡不會出兵，在此期間，我一定拿下潼關，請大家不要疑慮。」

於是宇文泰率六千騎兵還至長安，並四處揚言將退軍保衛隴右。又在長安見過魏帝，以造成西保隴右的聲勢。

不久宇文泰即帶兵偷偷東進，清晨到達小關（今陝西潼關縣東，北去舊潼關十裡）。竇泰軍隊聽說宇文泰率軍突然來到，都驚慌失措，匆匆逃往山上，草草成列迎擊，被宇文泰攻破，全軍覆沒，竇泰本人被殺。而高敖曹此時正好攻下洛州，抓獲西魏洛州刺史泉企，聽說竇泰兵敗被殺，即將所帶輜重付之一炬棄城東逃。這時遠在蒲坂的高歡見三軍已折其二，自知無所作為，只好撤橋退軍，長安之圍遂告解除。

龍韜——

選將第二十

人的外表和內在不一致的情況有十五種。

剛一踏上竹筏，就能想到過河之後竹筏便沒用，這才是懂得事理不為外物所牽掛的道人。如果騎驢還在找驢，那就變成了既不能悟道也不能解脫的和尚了。

不憑自己強大的權勢而驕傲，恩寵有加也不洋洋得意，無故受辱不惱怒、懼怕，不貪財利，不沉緬於美色，視死如歸，以身殉國，完成自己的生平之志。

〔原　文〕

武王問太公曰：「王者舉兵欲簡練英雄，知士之高下，為之奈何？」

太公曰：「夫士外貌不與中情相應者十五：有賢而不肖者，有溫良而為盜者，有貌恭敬而心慢者，有外廉謹而內無至誠者，有精精而無情者，有湛湛而無誠者，有好謀而不決者，有果敢而不能者，有嗃嗃而不信者，有恍恍惚惚而反忠實者，有詭激而有功效者，有外勇而內怯者，有肅肅而反易人者，有嗃嗃而反靜愨者，有勢虛形劣而外出無所不至、無所不遂者。天下所賤，聖人所貴，凡人莫知，非有大明，不見其際，此士之外貌不與中情相應者也。」

武王曰：「何以知之？」

太公曰：「知之有八徵：一曰問之以言，以觀其辭；二曰窮之以辭，以觀其變；三曰與之間諜，以觀其誠；四曰明白顯問，以觀其德；五曰使之以財，以觀其廉；六曰試之以色，以觀其貞；七曰告之以難，以觀其勇；八曰醉之以酒，以觀其態。八徵皆備，則賢、不肖別矣。」

〔譯文〕

武王問太公說：「君主興師討伐，應該怎樣挑選智勇兼備，而有德才之人為將呢？」

太公說：「人的外表與內在有十五種不相符的情況：有的不肖之徒從外面去看像很賢良；有的盜賊從外貌看卻好像很善良；有的內心傲慢外表卻表現恭敬；有的內心不真誠卻表現出廉謹的樣子；有的內無真才實學卻表現出精明的樣子；有的內心並不誠實，外表卻表現出渾厚；有的內心優柔寡斷卻表現出多謀的樣子；有的其實無信用，外表卻裝作老實；有的行事忠信可靠，外表卻表現出猶豫不決；有的做事有功效，言辭卻表現出過激；有的實際懦弱卻貌似勇敢；有的實際是平易近人卻表現出嚴肅；有的內心溫和厚道而外表嚴厲；有的受命出使沒有到不了的地方，沒有辦不成的事，卻外表虛弱，相貌醜陋。被天下人都看不起的人，卻能得到聖明君主的器重。外表平凡之人沒有誰了解他的才能，只有慧眼才能識別出來，這就是人的外表與內心有所不同的種種情況。」

武王問道：「識別他們有哪些辦法呢？」

太公說：「可以由八種方法來驗證他們：第一是看他能否解釋清楚你提出的問題；第二是仔細追問，觀察他的應變能力；第三是由間諜去偵察他，看他是否忠誠；第四是明明知道的卻故意問他，看他是否有所隱瞞，以此來觀察他的品行；第五是讓他去管理財物，以此觀察他是否廉潔；第六是用女色去誘惑他，看他是否堅貞；第七是讓他處於困難和危險的境地，觀察他是否有冒險犯難的勇氣；第八是把他灌醉，觀察他是否能保持常態。一個人是賢還是不肖，透過這八種方法的考驗，就可以區別清楚了。」

天下所賤　聖人所貴

人生得一知己難，然而眞正能得一賢人，用賢於自己的人又何嘗不難呢？作爲領袖人物觀察的不明白，提拔的不明顯，用而又疑，使其職位低下，俸祿微薄。

國家之所以得不到賢士的情況大概有五種阻隘：領袖人物得不到賢士，有諂諛之人在身邊，這是一阻；談及到的事情不見使用，這是二阻；壅塞掩蔽，必因近於惡習，然後才覺察，這是三阻；審問時言辭用法過度，這是四阻；執掌事務又要專攬國家大權，這是五阻。五阻不陳，領導者就會蒙蔽於官民的情況，閉塞了賢士道路。

聖君明主，如同江海無所不受，如同天地無所不容，所以能當百川之主，從而安泰長久。善於選拔人材的人，必然是遵循天理，順從民情，明賞懲罰，循名責實，觀察周密慎重。所以說：不能以成敗得失論英雄，用人也不宜以成敗得失論去留。

晉大將軍王敦謊稱清君側，除奸佞，於晉元帝永昌元年（三二二年）率軍向京都挺進；甘卓很清楚王敦此舉的真實目的無非是顛覆晉室，另建王氏朝廷，所以當王敦派人邀請他聯軍北上時，他假意答應，其實心裡並不想助紂為虐。王敦上船，升帆待發，卻不見甘卓的影子，正在疑惑，卻見甘卓帳下參軍孫雙前來傳話，甘卓要他打消原來的念頭，萬萬不可逆天而行。

王敦吃一驚，因為在他的如意算盤中，有甘卓精兵相助，無異於猛虎添翼，討平京師簡直易如反掌；想不到甘卓臨時毀約，一下子使他陷入進退維谷的境地！但吃驚歸吃驚，他的念頭仍然轉得很快，他覺得即使不能將甘卓納入自己的陣營，也決不能讓他站到自己的對立面中，否則無形中又增加了一支難以對付的勁敵。他讓孫雙回去告訴甘卓，他這次發兵絕對不含個人野心，一切都是盡人臣職責而已，如果甘卓能鼎力相助，共同鏟除「奸凶」，事成之後一定薦封甘卓為公爵。孫雙將王敦的許諾回報甘卓，甘卓猶豫不決。

有人建議甘卓不妨先假意答應王敦的請求，等他一到京師就發兵聲討；也有人力勸甘卓當機立斷，倡順除逆，借機建立匡扶社稷的萬世不朽之功名；參軍李梁則勸甘卓做壁上觀，王敦或朝廷得勝，他的實力都絲毫不受損失，還可坐收漁利。鄧騫指責李梁的說法純屬胡說八道。他指出，如果朝廷得勝，甘卓有坐視國難，不盡人臣之義之罪；如果王敦得勝，甘卓又有許諾在前，毀約在後之罪，到時絕對不會輕易放過不提。這時候談什麼坐收漁利，還不如說是自取其禍！他接著強調，甘卓早已威名在外，兵力也比王敦多出一倍，此時憑借威名強兵，興師討逆，才是真正的必勝之策。

鄧騫的分析不謂不精闢，甘卓也默認他講得很有道理，但他仍在猶豫。直到王敦的參軍樂道融拿王敦的一慣行為來提醒他，他才拿定主意，向遠近軍鎮府且發布討伐王敦的檄文。不出鄧騫所料，王含守武昌（今湖北鄂城），和王敦遙相呼應，但他手下的將士一聽到甘卓即將兵臨城下，都棄城奔逃。武昌不攻自破，征西大將軍陶侃也已派兵前來相助。形勢不能說不好，但令人奇怪的是，甘卓到豬口以後卻按兵不動，像是在等待著什麼。王敦聽到甘卓大軍已到豬口，大為驚懼不安，隨後又打聽到甘卓在那裡徘徊不前，估計他心裡有所顧慮，連忙派甘卓的侄兒甘卬前去求和，詭稱只要甘卓回師襄陽（今湖北襄樊），他絕不危害朝廷。恰好這時京師方面的朝廷軍隊吃了敗仗，名臣周顗、戴若思遇害，甘卓有些心灰意冷，儘管秦康、樂道融等人力主應乘勝進軍，不可半途而廢，甘卓仍一意孤行，率軍返襄陽。主簿何無忌等人又勸甘卓提高警惕，嚴防王敦暗箭傷人，甘卓也不聽，反而放鬆戒備，終於被王敦同黨暗殺。

龍韜——

立將第二十一

國君答應主將的請求，
主將才辭別君主率軍出征。

做學問的人必須在嚴整中見渾厚，在簡易中見精明。一個人的高尚品德是一生事業的基礎。善於作將帥的人，不逞勇武；善於征戰的人，不輕易發怒；善於戰勝人的人，不與敵人正面交鋒，善於用人的人，對人謙恭。

〔原文〕

武王問太公曰：「立將之道奈何？」

太公曰：「凡國有難，君避正殿，召將而詔之曰：『社稷安危，一在將軍，今某國不臣，願將軍帥師應之。』

「將既受命，乃命太史卜，齋三日，之太廟，鑽靈龜，卜吉日，以授斧鉞。君入廟門，西面而立；將入廟門，北面而立。君親操鉞持首，授將其柄，曰：『從此上至天者，將軍制之。』復操斧持柄，授將其刃，曰：『從此下至淵者，將軍制之。』『見其虛則進，見其實則止，勿以三軍為衆而輕敵，勿以受命為重而必死，勿以身貴而賤人，勿以獨見而違衆，勿以辯說為必然。士未坐勿坐，士未食勿食，寒暑必同。如此，士卒必盡其死力。』

將已受命，拜而報君曰：『臣聞國不可從外治，軍不可從中御。二心不可以事君，疑志不可以應敵。臣既受命專斧鉞之威，臣不敢生還。願君亦垂一言之命於臣！君不許臣，臣不敢將。』

君許之，乃辭而行。軍中之事，不聞君命，皆由將出，臨敵決戰，無有二心。若此，則無天於上，無地於下，無敵於前，無君於後。是敵智者為之謀，勇者為之鬥，氣厲青雲，疾若馳騖，兵不接刃，而敵降服，戰勝於外，功立於內，吏遷士賞，百姓歡悅，將無咎殃。是故風雨時節，五穀豐熟，社稷安寧。」

武王曰：「善哉！」

〔譯文〕

武王問太公說：「任命將帥的儀式應是怎樣？」

太公說：「遇到國家有危難，君主就要避開正殿，而在偏殿召見主帥，向他下達詔令說：

『國家安危，繫將軍一身，現在某國反叛，望將軍領軍伐之。』

主帥受命後，國君就命太史占卜，並戒齋三天，然後至太廟，鑽龜甲，選擇吉日，授與將帥斧鉞。到了吉日，進入太廟大門，國君面朝西方而立。進入太廟後的主將，面朝北方而立。國君親手把鉞的頭部拿著，並把鉞的柄部交給主將說：『此後軍中大小事務由您全權處理。』接著，又親手握著斧柄，把斧刃交給主將說：『此後軍中下至更深層的一切事務，由您一人裁決。』並誠懇地告誡將軍見到敵人虛弱時就要進攻，遇到堅實的敵人就要停止前進。不能因為我軍人多就輕敵，也不能認為接受了重大的使命就要去拼命，不要以為自己身居高位就輕視別人，不能以為自己意見獨到就違背眾人的意願，不能把一切巧辯之詞當作一定正確的理論。不可比士兵先坐，不可吃在士兵之前，不論何時都要與士兵同甘共苦。如此，士兵才能拼死效力、奮勇作戰。

接受了任命，主將拜謝並回答君主說：『聽說外部不能干預國事，不可由君主在朝廷遙控指揮軍務。不能忠心耿耿地侍奉君主的臣子就懷有二心，不能專心對敵必定有顧慮。既然我已經領命執掌軍事大權，使命沒有完成就不敢生還。請您賜言準許我按照以上講的話去做！您如果不答應我，這個主將我也不敢擔任。』

國君答應了主將的要求，隨後，主將就領兵出征。以後軍中一切事務，全部由主將決定，可以不聽命於君主。與敵決戰，上下無有二心。這樣，主將上就不受天時的制約，下就不受地形的限制，也沒有敵人在前面阻擋，也沒有君主在後面相掣肘。因而那些賢能之人都願意為主將獻計獻策，勇敢的士兵都願為主將去拼搏，士氣高昂直衝霄漢，行動敏捷猶如奔馳的快馬，士兵沒有交戰而敵人就被降服了。於國內立下了戰功，於國外戰勝了敵人。官兵們晉升的晉升，該獎賞的獎賞，人民都歡慶愉悅，主將也沒有禍殃。所以就風調雨順，五穀豐登，國泰民安。」

武王贊道：「您講的真好啊！」

社稷安危 一在將軍

身爲將帥，肩負著國家安危的重任，將帥出師作戰，手中操縱著至高無上的權力，自然，君主對將帥的挑選是禮儀降重、態度慎重。

所以，這又面臨的是一個用人的問題，也就是說，讓聰明的人盡其智慧，有才能的人盡其才能，勇敢的人效其死，賢哲俊士效其忠，各盡其能，各得其所。選賢用賢，千萬不可嫉賢，盡量選擇高於自己的大賢才爲佳。古代劉邦自知不及項羽很遠，之所以能得天下，全在善用人才，他說：「運用策略在帷幄之中，能決勝於千里之外，我遠不及張良；鎮守國家，安撫百姓，犒軍運糧，我遠不及蕭何；統領百萬大軍，戰必勝，攻必克，奪必取，我遠不及韓信。」

用人的方法，以選拔賢才，薦舉正直作爲大根本，然而除去奸邪，亦最好急要。國家得不到賢才正直的人，就會趨向於亂亡。奸佞在朝，貪官用政，國家就會漸漸衰落。所以，因人擇官，容易傾向於因人變制，因人易法，因人設官的毛病。爲官擇人，以法制爲準繩，自然大有作爲。

北魏高祖孝文帝元宏拜元英為使持節、假鎮南將軍、都督征討義陽（今河南信陽一帶）的各路人馬。梁武帝蕭衍司州刺史蔡道恭聽說元英快來，便派驍騎將軍楊由率城外居民三千餘家，在城的西南賢首山建了三道屯兵之柵，權作表裡之勢。元英一到，便指揮各隊人馬圍住賢首山之壁壘，燒掉蕭軍柵門。楊由見狀，擺起了水牛陣，驅趕事先準備的水牛由柵內猛衝過來，兵卒則尾隨其後。魏軍被突然衝擊的牛驚住，紛紛躲閃，元英只好指揮將士後退，但很快調度兵卒重新圍住賢首山之敵。

當天晚上，蕭軍柵內一位叫任馬駒的殺掉楊由，柵民全部降魏。蕭衍又遣平西將軍曹景宗、後將軍王僧炳等率步騎三萬救義陽，魏將元逞、曹文敬據樊城禦敵，元英率眾為犄角進擊，大破王僧炳後，又在士雅山構建營壘，與曹景宗相持，暗中調兵遣將，埋伏在周圍山谷，並向曹軍顯出自己怯戰之態。蕭軍受此迷惑，蕭將馬仙琕率萬餘將卒偷襲元英。元英命令各部只許敗不許勝，等退至平地，統軍傅永等伏軍齊出，蕭軍見勢不妙，各自奔逃，魏軍乘勝追擊，斬首二千三百餘級。馬仙琕不甘失敗，再戰，又敗，連連損兵折將，蕭道恭憂懼而死。

龍韜——

將威第二十二

主將以殺高位者樹威信，以獎卑位者體現嚴明。

用超世俗的眼光去觀察，就會發現其本質是永恒不變的。

將領是國家的中流砥柱，他們的威名震撼著邊疆少數民族，其武威更是受天下人佩服。

莊重而不傲慢，威嚴而不凶猛，誅大為威，賞小為明，以獎懲實現令行禁止。

〔原　文〕

武王問太公曰：「將何以為威？何以為明，何以禁止而令行？」

太公曰：「將以誅大為威，以賞小為明，以罰審為禁止而令行。故殺一人而三軍震者，殺之；賞一人而萬人說者，賞之。殺貴大，賞貴小。殺其當路貴重之臣，是刑上極也；賞及牛豎、馬洗、廄養之徒，是賞下通也。刑上極，賞下通，是將威之所行也。」

〔譯文〕

武王問太公說：「將帥以什麼樹立威信、體現嚴明，以什麼來實現令行、禁止呢？」

太公答道：「將帥要樹立威信就要誅殺地位高的人，要體現聖明就要獎賞地位低下的人，要想實現令行、禁止，獎罰就要適當。所以，如殺一人就能震驚三軍，那麼，這個人就一定要殺；如賞一人就能讓萬人歡心，那麼，這個人就一定要賞。誅殺貴在不畏權勢，哪怕是身居要職影響很大的人物；獎賞貴在不問低賤，哪怕是牧牛喂馬的僮僕。這說明賞賜能到達最下層的人物，刑罰對於最上層也不例外。這樣，主將的威信就會樹立起來，這也是樹立威信的關鍵。」

刑上極、賞下通

威與信，就像鳥兒的兩個翅膀，缺少一個，就不能在天空翱翔。正名就能立威，審視就能立法，嚴令就能立信，高顯尊貴所以立勢。名不正則威不立，威不立則法不行，法不行則令不信，令不信則勢不成。

作爲將帥，不莊嚴就不威，不嚴肅就不威，不端重就不威，沒有豐富的學識則不威。威有外在之威，內在之威，都能經由修養可達到。

人沒有威信就不會有人相信，國君沒有威信就會失去國家。商鞅在治理秦國時，害怕他的措施不能見信於人民，便在國都的南門，樹起一根三丈高的木樁，若有人把它扛到北門，賞十兩黃金，人們只看不動手。於是又說，哪個扛到北門，賞五十兩黃金，有一勇敢者把木樁扛到北門，果然得到五十兩賞金。這年太子犯法，因太子不便施刑，便施刑於他的老師。所以說威信要靠賞罰來樹立。

裴行儉善於用兵。儀鳳二年（六七八年），突厥十姓可汗阿史那匐延都支及李遮匐，煽動蕃落，入侵安西，連和吐蕃。唐朝很多官員主張發兵討伐。

裴行儉建議說：「吐蕃叛亂，干戈未息，李敬玄、陳審禮失敗喪師，怎麼能再對西方用兵？現在波斯王死了，他的兒子在京充當人質，希望派使者前往波斯冊立，就會要路過二蕃部落，到時候見機行事，一定能有所成功。」

唐高宗聽從了他的意見，命裴行儉冊送波斯王，兼任安撫大食使。走到西州（今新疆葉魯番東南高昌廢址），當地官吏百姓到郊外迎接。

裴行儉召集當地豪傑子弟千餘人隨自己西行。於是揚言哄騙他的部下說：「現在天氣炎熱，戈壁灘上熱得難受，要等秋涼以後，才能慢慢行動。」結果被都支探聽到了，以為裴行儉真的暫時不會行動，就不做防備。

裴行儉又召集安西四鎮諸蕃酋長豪傑說：「回想昔日曾來此遊玩，不曾厭，雖然回到京師，一刻也沒有忘記。現在趁著這次西行，想故地重遊，誰能跟隨我野獵？」當時蕃酋子弟投募者將近一萬人。裴行儉假裝打獵，訓練部隊，幾天以後就加速前進。

離都支部落十餘里時，先派都支親近的人前去問安，外表裝成一副很清閑的樣子，不像是討襲。繼而又派人跑去召他相見。都支起先與遮匐共同謀劃，秋中準備與唐朝使者相對抗，現在突然聽說唐軍到了，束手無策，只好親自率領兒侄、首領等五百餘騎到營地來拜見，裴行儉就把都支擒獲。

這天，傳送都支的令箭，諸部酋長都來請命，一起將他們拘送碎葉城。又從部隊中挑選精騎，輕裝晝夜前進，準備捉拿遮匐。途中果然碰到都支回來的使者與遮匐使者同來。裴行儉將他們抓獲，將遮匐使者釋放，讓他先去向他的主人說明白，並告訴他都支已經被抓。遮匐一聽非常害怕，馬上前來投降。

裴行儉將都支、遮匐俘虜回來了。唐高宗非常高興，誇他文武兼備，提升他為禮部尚書兼檢校右衛大將軍。

勵軍第二十三

將帥有三個制勝的方法。

取得某種成就的人，未必做每件事都合乎原則；做每件事都合乎原則的人，未必懂得根據實際情況靈活變通。

不失時機地對部屬的善行、功績，即使是小善小功，都予以精神或物質獎勵，是一種有效的人心掌握術。

用道德的力量去激勵、感化部屬，與部屬戰士同生死、共患難，則士氣大振。

〔原　文〕

武王問太公曰：「吾欲令三軍之眾，攻城爭先登，野戰爭先赴，聞金聲而怒，聞鼓聲而喜，為之奈何？」

太公曰：「將有三勝。」

武王曰：「請問其目？」

太公曰：「將，冬不服裘，夏不操扇，雨不張蓋，名曰禮將。將不身服禮，無以知士卒之寒暑。出隘塞，犯泥塗，將必先下步，名曰力將。將不身服力，無以知士卒之勞苦。軍皆定次，將乃就舍；炊者皆熟，將乃就食；軍不舉火，將亦不舉，名曰止欲將。將不身服止欲，無以知士卒之饑飽。將與士卒共寒暑、勞苦、饑飽，故三軍之眾，聞鼓聲則喜，聞金聲則怒。高城深池，矢石繁下，士爭先登。白刃始合，士爭先赴。士非好死而樂傷也，為其將知寒暑、饑飽之審，而見勞苦之明也。」

〔譯文〕

武王問太公說：「要想讓三軍的官兵，攻城時爭先恐後；野戰時，爭當先鋒；聽到停止的號令就憤怒；聽到進攻的號令就興奮，有些什麼辦法呢？」

太公答道：「將帥有三個方法可以勝敵。」

武王問道：「那就請您講講具體內容，好嗎？」

太公答道：「作為一個將帥，要冬天不穿皮衣，夏天不用扇子，下雨不打傘，這樣的將帥叫『禮將』。如果將帥不能以身作則，就不能體會到士兵的冷暖。遇到隘口要塞，越過泥濘的道路時，將帥必須先下車步行，這種將帥稱『力將』。如果將帥不能身體力行，士兵的勞苦他也就體會不到。將帥就營帳，要等到軍隊全部宿營就寢；將帥就食，要等到士兵的飯全部做好；軍中沒有火，將帥也不能點火照明。這樣的將帥稱作『止俗將』。不能對自己的欲求加以克制，這樣的將帥就難體會到士卒的饑飽。將帥能與士卒共寒暑、勞苦、饑飽，那麼，這樣的士兵就能做到有進軍的號令就興奮，有停止的號令就憤怒。攻城的時候，哪怕是有槍林箭雨，士卒也會爭搶登城；野戰肉搏，士卒也毫不畏死。士兵也並非好死樂傷，是因為將帥無微不至地關心著他們的冷暖、饑飽，對他們的勞苦體貼有加，士卒也就心甘情願為主帥盡力報效。」

冬不衣裘　夏不操扇

仁以立人，禮以待人，恩以懷人，威以服人。用仁禮可以達到恩威並濟，用恩威可以達到仁禮並行。這些都是對待人們的大道。

身爲將帥應做到莊重、寬厚、誠實、勤敏、慈惠這五條。莊重就不致於遭受侮辱，寬厚就會得到大衆的擁護，誠信就會得到他人的信用，勤敏就會得到工作效率，慈惠就會使喚他人。

曾國藩認爲治理軍隊用恩威不如用仁禮。他說：「統帥軍隊的道理用恩不如用仁，用威不如用禮。用仁就是所謂想立而立人，想達而達人。對待士兵如同對待弟子的心理，希望他有成就，希望他發達，他就會知恩。禮就是所謂無衆寡，無大小，無輕慢，泰然而不驕傲。著裝嚴整，容貌尊嚴，使人一望就怕他，保持著敬意，面臨著莊嚴，在無聲無形之中，常保嚴肅不可侵犯的樣子，人們就知道威了。」

將帥磨勵自身，做全體戰士的榜樣，俗話說：「榜樣的力量是無窮的。」它比來自於權勢、法的約束力量大得多。將士同甘共苦，同舟共濟，處處以身作則，是激勵部下的最佳方法。

崔彭的武略怎樣，隋高祖楊堅是再清楚不過的，還在他出任北周相專擅朝政的時候，心思細密的崔彭就極為出色地替他完成了一件關鍵性的大事，因此，他對他的印象十分深刻。那時北周的陳王宇文純坐鎮齊州（今山東濟南），手握重兵，楊堅擔心他會不利於自己的篡國計劃，就派崔彭帶著兩名騎兵去征陳王入朝。崔彭知道這件差使危險性不小，弄不好就會把事情搞砸，自己丟了性命倒還不算什麼，就怕陳王察覺丞相機關，真的鋌而走險，造起反來。謹慎無差，得先用調虎離山之計將陳王請出州城再走下一步妙棋。崔彭反覆推敲了各種方案，最終有了最可靠的辦法。

看看距離齊州尚有三十里遠近，他就詐病住進了當地客店，派人去對陳王說：「天子有詔書下達殿下，崔彭負詔而來，現突患重病，不能再往前走，有勞殿下屈駕光臨。」

陳王果然懷疑其中有詐，為防萬一，遂帶著大隊隨從趕往崔彭的臨時住處。崔彭見陳王有備而來，就知他已起疑心，恐怕不會那麼輕易就跟著離鎮入朝，於是又心生一計，騙陳王說：

「請殿下回避耳目，我有絕密消息相告。」

等到陳王揮退了隨從，他又道：「我要宣讀詔書了，請陳王下馬接旨吧。」

陳王一想也是，父皇聖旨是如何尊嚴，宣詔時兒臣怎能高高在上，藐視君臣尊卑規則！這個念頭一轉，他忘了危險，跳下馬來準備受詔。崔彭於是一改剛才的滿臉和氣，命令自己帶來的兩名騎士：「陳王抗詔不遜，給我拿下！」騎士得令，如餓鷹抓雞，立即將陳王枷鎖起來。對付陳王帶來的隨從，那就更簡單了，他獨自走出去，吩咐他們：「陳王有罪，奉詔征入朝廷查問，其他人各安其責，不得輕舉妄動！」

陳王的隨從們對剛才發生的事情一無所知，聽崔彭這麼一說，大為驚愕，紛紛掉轉馬頭回州城去了。等一切都妥妥貼貼，崔彭才押著陳王，從容回京覆命。楊堅非常高興，金口一開，就將崔彭從門正上士提升為上儀同，以表褒獎。

龍韜——

陰符第二十四

君主與主將之間的秘密通信叫陰符。

用惡言媚語毀謗或誣陷他人的小人，就像點點浮雲遮住了太陽一般，只要風吹雲散，太陽自然重現光明。用甜言蜜語阿諛奉承他人的小人，就像從門縫中吹進的邪風侵害肌膚一樣，使人在不知不覺中受到傷害。

軍事上的事務必須保守機密，保守機密，事情就能成功，泄露了秘密，往往招致失敗。

〔原文〕

武王問太公曰：「引兵深入諸侯之地，三軍卒有緩急，或利或害。吾將以近通遠，從中應外，以給三軍之用，為之奈何？」

太公曰：「主與將有陰符凡八等：有大勝克敵之符，長一尺；破軍擒將之符，長九寸；降城得邑之符，長八寸；卻敵報遠之符，長七寸；警衆堅守之符，長六寸；請糧益兵之符，長五寸；敗軍亡將之符，長四寸；失利亡士之符，長三寸。諸奉使引符，稽留等，若符事泄，聞者、告者皆誅滅。八符者，主將秘聞。所以陰通言語，不泄中外相知之術。敵雖聖智，莫之能識。」

武王曰：「善哉！」

〔譯　文〕

武王問太公說：「領兵到諸侯國境內去作戰，如果軍隊遇到突然的情況，或是有利於我軍，或對我軍有害。我想經由捷徑與前方溝通，以國內去策應國外，來滿足三軍的需要，有什麼辦法呢？」

太公答道：「陰符——也就是君主與將帥之間秘密的通信工具。共有八種：長一尺的陰符，表示我軍大勝，全殲敵人；長九寸的陰符，表示擊破敵軍、擒獲敵將；長八寸的陰符，表示敵人全部投降，我軍已占領城邑；長七寸的陰符，表示擊退敵人，敵人已遠逃；長六寸的陰符，表示激勵將士民衆堅守；長五寸的陰符，表示請求送糧食、增加兵力；長四寸的陰符，表示軍隊戰敗、將領傷亡；長三寸的陰符，表示戰鬥失利、士兵死亡。如果傳送陰符的人延誤了報告時間，或是泄露了機密，聽到機密與泄露機密的人都要處死。只有君主與將帥方能秘密掌握這八種陰符。這是一種秘密通報信息，不泄露內外機密的通信方法，就是對方有絕頂聰明之人也，這裡面的秘密他也不能識破。」

武王高興地說：「真是太好了！」

陰符凡八等

在古代戰爭中，君主與將帥互通消息，一般都是用「陰符」。也可以說陰符是密碼的始祖形式。

軍事活動都以保密作爲兵家常規，尤其重要的是戰前對作戰地區的地形地勢了解，我方兵力部署的虛實，敵方戰鬥部署的了解等等情況，都非常機密，又是非常想了解的。因此，情報的機密性是衆所周知的，甲方獲得乙方的某種情報時，首先要考慮的是情報的傳遞。許多情況是：獲取情報的人，並非決策作戰的人，所以，情報的秘密傳遞，受到歷代兵家的極端重視。

在獲取情報之後，做出決策之前，了解談事情的人以越少越好，知道的時間越短越有利，則越具有保密性。姜太公提供的「陰符」傳遞方法，有效地保證了傳遞內容的秘密性，即使被敵人截獲，也難以破譯出來。

商鞅是衛國人的後裔，很有才氣，喜好刑名之學。他離開魏國到秦國後，得到秦孝公的重用，實行了一系列的變法措施，使秦國一躍而為天下霸主。商鞅則也因此而官至丞相。秦國稱霸的第二年，齊國大敗魏軍於馬陵，魏將龐涓被殺。於是，商鞅對孝公說：「魏在秦之東，只隔一道黃河，而且控制著整個崤山以東，這對秦國十分不利。我們不如趁魏新敗於齊發兵擊魏，逼魏東移後，秦國則可控制崤山和黃河的險要地形，對今後出兵東下各國諸侯是很有利的，那時您就可稱帝了。」

孝公覺得有道理，就派公孫鞅率兵擊魏。此時，魏則派公子卬迎戰。當兩軍對壘後，衛鞅著人送了一封信給公子卬說：「我在魏國時和你是好友，現在卻為敵對的兩軍將領，我不忍心互相攻打，而想和你歡宴訂盟，共議撤兵事宜，讓秦、魏二國軍民都得以安寧。」

魏將公子卬信以為真，於是便來秦營與商鞅見面會盟。但在會盟結束而後舉行案會的時候，商鞅即令預先埋伏的兵士突然逮住了公子卬。旋即對魏軍發起攻擊，大敗魏軍。魏惠王看到自己的國家接連被齊、秦所伐，不得已將黃河以西的土地全部割讓予秦，以此作為求和於秦的條件。商鞅破魏後，秦孝公就把於、商一帶的十五邑封給他以作賞賜，這就是衛鞅之所以稱商鞅的來歷。（《史記・商君列傳》）

龍韜——

陰書第二十五

凡是密謀大計，宜於用陰書，不能用陰符。

萬物的道理太奧妙，玄機中還藏著另外的玄機，變幻中又會發生另外的變幻。不可知道的東西太多了，許多事往往用盡心思仍一無所獲。治理軍隊，就要使軍隊像秘藏於地底下那樣隱蔽，像處於高深莫測的天上那樣難以捉摸，使其存在於無形之中。

〔原文〕

武王問太公曰：「引兵深入諸侯之地，主將欲合兵行無窮之變，圖不測之利。其事煩多，符不能明，相去遼遠，言語不通，為之奈何？」

太公曰：「諸有陰事大慮，當用書，不用符。主以書遣將，將以書問主，書皆一合而再離，三發而一知。再離者，分書為三部；三發而一知者，言三人，人操一分，相參而不相知情也，此謂陰書，敵雖聖智，莫之能識。」

武王曰：「善哉！」

〔譯　文〕

武王問太公說：「領兵進入諸侯國的境內，國君與將帥都想集中兵力機動靈活地進行軍事活動，以求取出敵不意的勝利。這裡面的情況複雜，變化太大，用陰符難以說明，相互又隔的很遠，不能面授機宜，這種情況該怎麼辦呢？」

太公答道：「關於密謀大計、重大決策的傳達都要使用陰書，而不用陰符。君主可用陰書告知將帥，將帥也可以用陰書請示君主。這種陰書都是『一合而再離，三發而一知。』『一合而再離』，就是將一封信分成三部分；『三發而一知』，就是分別派三人去送，而每人只拿其中的一部分，彼此相互參差，信的內容連送信的人都不了解，這種書信就叫陰書。敵人再聰明，也不能識破其中的秘密。」

武王高興地說：「您講的太好了！」

有陰事大慮 以書遣將

凡是有重大作戰計劃，或者是要修改以前的作戰方略，用「陰符」又不足以說明問題，這時只好用密碼通信的方式請示上級。

然而這種秘密書信的傳遞方式又怎樣進行呢？姜太公的方法是：把一封書信分成三個部分，「三發而一知」。也就是派出三個人分別送出，每人只拿其中的一部分，而且三部分的內容又相互參差不齊，每個送信的人都不了解信的內容，三部分不結合起來，任憑敵人有多聰明，即使截擊了其中一部分，也無法了解其內容，這在當時可以說是一個了不起的發明。

後代後儂不僅把姜太公這方面的經驗繼承了下來，而且還有突破性的發展，致使歷代兵家中又增了一個書戰的課題。三國時期建興八年中，諸葛亮同魏將曹眞大戰於祁山，且占了有利地勢。諸葛亮準備出擊，打垮曹眞，不久偵察兵回來報告：曹眞大病，正在治療。諸葛大喜，心生一計，便寫了一封嬉笑怒罵、最富有刺激性的信讓降兵捎去。曹眞讀後，氣憤塡胸，又是重病連身，立刻就一命嗚呼了。

隋煬帝大業末年，突厥始畢可汗上承其父啟民可汗的十數年文治武功，部落漸漸強盛。隋朝右光大夫裴矩對突厥的強盛深為憂慮，他認為突厥人現在雖未寇邊，但若不及時設計削弱其力量，終有無窮後患，因此他向煬帝獻策，將一名宗女嫁給始畢之弟叱吉設，並拜授叱吉設為南面可汗，以分化始畢可汁的強大實力。

這一計劃由於叱吉設膽小不敢接受而失敗，則時還導致了始畢可汁對隋朝心生怨恨。裴矩大是懊喪，試圖找到其中失敗的原因，他終於發現，原來是其他雜居於突厥境內的胡人在突厥人面前搗鬼所致。

他心裡又萌發了新的主意，於是再對煬帝說：「突厥人本來純樸不過，最易離間，現在情況變了，他們從狡猾的雜胡那裡學到了許多可惡的東西，致使我們的妙計受挫，在群胡之中，據說史蜀胡悉奸計最多，他又深受始畢寵幸，如果不趕快將他誘殺掉，今後對我朝的危害一定不輕。」

煬帝說：「很好，這事就交給你去處理。」

但怎樣才能使胡悉自投羅網呢？裴矩暗暗思忖，貪財好利應該是人類的共性，誘殺計劃不妨就從這個方面入手。裴矩開始行動了，他派人去通知史蜀胡悉，稱大隋天子拿出了不少珍稀之物，眼下全部集中在馬邑（今山西朔縣），有意與塞外互通有無。

胡悉心癢難耐，深感這麼好的機會真是千載難逢，如果錯過只怕一輩子都要後悔；他同時還想到，突厥人口太多，千萬不能讓他們搶在前面，否則最好的買賣就沒有我們的份了。

胡悉有了這種私心，當然不會捨得去通告始畢了，他只管率領自己的部落，帶著所有的畜群，風風火火地向馬邑布置好伏兵，專等羊入虎口。

胡悉完全沒有這種思想準備，冒冒失失就鑽進了裴矩的圈套，只聽得一聲鼓響，四周剎那間劍戟如林，亂箭如雨，所謂的互市場所頓成血腥屠宰場，胡悉還未來得及掉轉馬頭，身上就已連中數箭，其中箭穿胸而過，眼看著就是神仙在場也救他不活了。

始畢身邊的智囊突然被殺，隋朝方面自然得做出一個較為像樣的交待，一紙瞞天過海的詔書是早就擬好了的，煬帝只是臨時在後面加蓋了象徵權力的皇帝大印，就派人送給正在那裡悶悶不樂的始畢可汗。詔書大意是：史蜀胡悉率眾前來投奔，說他不堪與可汗共事，請求我朝收留。但我大隋向以仁義治國，突厥又係我朝臣屬，我們豈能容忍這種背主逆舉？所以先替可汗誅之，以正國法。

龍韜——

軍勢第二十六

運用正奇應變戰機在於將帥的無窮智慧。

憑借著風勢駕駛船隻，可以行程一千里而不停止，如果放縱風帆而不收住它，必定有翻船被淹死的危險。順乎時勢，把握時勢，有時甚至要製造某種形勢或氣勢，是一條十分重要的謀略。

用兵之道貴在神速，乘敵措手不及的時機，走敵人意料不到的道路，攻擊敵人沒有戒備的地方。

〔原　文〕

武王問太公曰：「攻伐之道奈何？」

太公曰：「勢因於敵家之動，變生於兩陣之間，奇正發於無窮之源。故至事不語，用兵不言，且事之至者，其言不足聽也，兵之用者，其狀不足見也，倏而往，忽而來，能獨專而不制者，兵也。

夫兵聞則議，見則圖，知則困，辨則危。故善戰者，不待張軍；善除患者，理於未生；善勝敵者，勝於無形；上戰無與戰。故爭勝於白刃之前者，非良將也；設備已失之後者，非上聖也；智與衆同，非國師也；技與衆同，非國工也。事莫大於必克；用莫大於玄默；動莫神於不意；謀莫善於不識。夫先勝者，先見弱於敵而後戰者也，故事半而功倍焉。

聖人徵於天地之動，孰知其紀，循陰陽之道而從其候，當天地盈縮，因以為常；物有生死，因天地之形。故曰，未見形而戰，雖衆必敗。

善戰者，居之不撓，見勝則起，不勝則止。故曰，無恐懼，無猶豫。用兵之害，猶豫最大。三軍之災，莫過狐疑。善戰者，見利不失，遇時不疑。失利後時，反受其殃。故智者從之而不釋，巧者一決而不猶豫。是以疾雷不及掩耳，迅電不及瞑目，赴之若驚，用之若狂，當之者破，近之者亡，孰能禦之。

夫將有所不言而守者，神也，有所不見而視者，明也。故知神明之道者，野無衡敵，對無立國。」

武王曰：「善哉！」

〔譯　文〕

武王問太公說：「進攻作戰要遵循哪些原則呢？」

太公答道：「作戰是依據敵人的行動而經常變化著的，隨機應變要根據雙方陣勢的變化而變化，將帥有無窮的智慧，就能熟練運用奇兵正兵。因此，用兵的謀略不可言傳，軍事機密不能泄露，事關機密的談論也不能讓別人聽到，不能讓別人發現我的作戰行動計劃，忽來忽去，獨斷專行而不受制於人，這就是用兵的重要原則。

敵人知道了我軍在興兵，就會研討對付我軍的計略；我們的行動被敵方發現了，他們就會謀劃殲滅我們；我軍的部署一旦被敵人掌握，我們就會遭到困擾；我軍的虛實與動向一旦被敵人察明了，就會給我軍帶來很大的危害。因此，善於指揮作戰之人，在敵軍陣勢沒有展開時就已取勝；善於消除隱患之人，能夠在禍患萌芽之前就制止它；善戰之人，能在未戰之時就已取勝；不戰而屈人之兵就是最高明的戰法。因此，一個好的將領，不會去拼死力戰，在白刃戰中取勝；最聰明的人，不會在失利之後才去設防加強守備；被稱為一國良師之人，他的才智必然與一般人不同；能稱之為國家的能工巧將，他的技藝與一般人絕對不一樣；戰則必勝對於軍事是很重要的，嚴守軍事機密對於指揮也至關重要；出敵不意對於作戰行動相當重要；謀略上不被敵人識破也是關鍵。所有的未戰而先勝的，都是開始示弱於敵人，以後才發動進攻，就可以收到事半功倍的效果。

聖人觀察天地的變化，反覆尋求它的變化規律，可以依據陰陽的互相轉化，季節的輪換，晝夜的長短來見機行動，可以依照天體運行的規律作用兵的依據。萬事萬物的盛衰，都是隨天地的變動而變動。因此，即使士兵再多如不依據形勢去作戰，必定還要失敗。

善於用兵作戰之人，在等隊等待時機時也不會被外界的現象干擾，有利時機一到立刻出兵，無取勝的把握馬上就停止進攻。因此，不能懼怕，也不要猶豫。猶豫是用兵的大害。狐疑，往往會給三軍帶來災禍。會用兵作戰之人，一理有利於己方的戰機就決不會放過，也不會遲疑。失去了有利條件與有利戰機，自己反而會遭殃。所以，一旦有戰機明智的將帥就不會放過，一旦決定下來聰明的將帥就會毫不猶豫。這樣的軍隊行動起來就如同迅雷一般讓人不及掩耳，如閃電一般讓人不及瞬目，前進時猶如驚馬狂奔，打起仗來如同發狂一般。所有的阻擋都能衝破，靠近他的也要遭到滅亡，這樣的軍隊誰能抵禦？

不動聲色而胸有成竹，這樣的將帥可靠稱之為『神』，情況尚不明顯卻能看出端倪的可稱之為『明』。如果神、明之道將帥都能把握，那麼，也就沒有誰能與他抗衡了，也沒有敢於同他為敵的國家。」

武王說道：「你講的太好了。」

勢因敵動　奇正無窮

料定戰爭的勝負，在於未開戰之前，而不在開戰之後。

《孫子兵法》中認爲：打勝戰的軍隊，總是先有了必勝的把握，然後才同敵人交戰；打敗仗的軍隊，總是先同敵人交戰而後企求僥倖取勝。善於用兵作戰的人，必須先修明政治，確保必勝的法度，所以能掌握勝敗的主動權。敵我之間的勝負早已存在，惟有聰明的人，才見於未形，所以說凡是興兵作戰，貴在先知。

能料敵策敵的人，除了能了解敵我之外，凡是天時、地利、人和的局勢，陰陽、隱顯之數，人力、財力之數，各方面的情況，都得面面俱到。天玄子說：「古代善通謀略的人，料人以謀人，料事以謀事，料敵以謀敵，料友以謀友。並且能料軍以謀軍，料戰以謀戰，料國以謀國，料天下以謀天下。再加上料時以謀時，料機以謀機，料勢以謀勢，料變以謀變。必須全知都存在自己的心中，而神明它的數理，再運用於智慧之中，才能算無之策，意無不中，謀則必勝。」若是僅憑自己的力量，盲目應敵，取勝的把握根本談不上的。

周法尚出仕於陳國，爵位雖不是很高，官卻做得不小，可是他似乎命中注定要離鄉背井，並與故國為敵。事情的起因不過是一點個人恩怨，長沙王陳叔堅對周法尚不滿意，就告他準備謀反。而陳宣帝也不明是非，居然先將法尚的兄長法僧關進了大牢，再發兵去抓法尚。法尚迫不得已，過江投奔北周，並且受到了周宣帝的優寵。陳宣帝這一下更加相信陳叔堅所言不虛，謀反固然罪名不輕，而叛國更是罪不容誅！北周公然收容陳國叛臣，豈非根本沒將我這江南大國放在眼裡？此時不出兵討伐，更待何時！陳宣帝窩著一肚子怒火，當即命令樊猛渡江殺向北周領地，以敲山震虎的方法，務必迫使北周交出法尚，帶回國都明正。

周法尚知道兩國之間的這場戰爭主要是為自己而起，心裡深感不安，為了報答周宣帝的厚遇，他主動挑起了擊退入侵陳兵的重擔。法尚的作戰力量當然也以跟隨他一起過江的陳國將士為主，從絕對實力看很難與樊猛的精兵分庭抗禮，所以勝負的關鍵在於智謀的運用是否得當。他的「罪行」已在陳國上下成為定論了，但他手下的將士們仍可能成為挽救的對象，這種「可能」，恰好也就是他全套計劃中的一個重要部分。於是他召集屬下商議，直到結果明朗。第二天，法尚手下一位名叫韓明的部曲督統從軍營中飛馳而出，日夜兼程趕往樊猛大營。見到樊猛，韓明似乎不勝悲憤，痛斥法尚居心險惡，竟軟硬兼施脅迫他們這些下屬同投敵國，以做為他自己向北周皇帝獻媚取寵的工具。

他對樊猛說：「法尚叛投北周，果然高官厚祿一起來，北周皇帝又是讓他做順州刺史，又是封他為歸義縣公，另外還賜給他良馬、妓女以及金銀財寶不計其數。而我們這些人呢，除了跟著他背個叛國的惡名，此外一無所獲。況且，即使北周皇帝將金山銀山堆在我們面前，將傾國傾城的美女推進我們房裡，我們到底還是忘不了自己的祖國啊！所以這一段時間以來，大家都在竊竊私議，準備找機會逃歸陳國。若將軍帶兵前來，那是再好不過，我敢肯定，只要兩軍對陣，我們這些人沒有一個會替法尚賣命，相反還會臨陣倒戈，與將軍同擊叛國之賊。」

韓明說完，猶然嘆恨不止。樊猛於是率兵急速推進，以為獲勝已在反掌之間。法尚一計得逞，又添新招，他裝出一種非常害怕樊猛的樣子，見陣兵一來，便頻頻退縮，似乎不敢交戰，但求自保。法尚的畏縮猶如給樊猛注入了一劑迷魂湯，以至於在進軍的同時完全忘記了應有的警惕，只一味地向前猛趕。法尚心裡暗喜，決定趁樊猛清醒以前再一悶棍將他擊暈，他確實已有充分的把握做到這一點，因為他事先已在偏僻的淺水灣布置了行動敏捷的小艇，又在古村北面埋伏了一支精兵，專等著樊猛大戰，才幾個回合，他又抽身出局，假裝不是樊猛對手，棄舟上岸，向古村方向撤退，同時故意放慢速度，以誘惑樊猛跟蹤追擊。

樊猛肚子裡哪有法尚那麼多花花腸子？他腦子裡始終只有一個念頭，就是能儘快抓住法尚，回去報功領賞，再加上法尚頻頻施放的煙幕早已使他神智不清，思維不靈，就好像鬼迷心竅一樣，不管前面是陷阱是深淵都一律往下跳。這一跳下去當然就跌得很慘：他趕到古村以北就立即遭到法尚伏兵的迎頭痛擊，再想退回船中時又發現船上已全部換上了北周的旗幟。這個仗還怎麼打呢？他只得匆匆跳入水中逃命，在茂密的蘆葦中，無比傷心地看著自己帶來的士兵被法尚殺死或俘虜，最終沒有一個人有他這麼好的運氣。

龍韜——

奇兵第二十七

設置奇兵，虛張聲勢，誘騙敵人。

遠離親人，專注人事，則表明領導者要賢明、公正、勤謹，政策寬仁，使民有道。

一個行為邪惡不正的人，雖然用盡心機妄想逃避災禍，可是上天卻在他巧用心機時奪走他的靈魂。

上天對於權力的運用真是神奇無比，變化莫測頗具玄機，人類平凡無奇的智慧在上天面前實在無計可施。

〔原文〕

武王問太公曰：「凡用兵之道，大要何如？」

太公曰：「古之善戰者，非能戰於天上，非能戰於地下，其成與敗，皆由神勢。得之者昌，失之者亡。夫兩陣之間，出甲陳兵，縱卒亂行者，所以為變也；深草蓊翳者，所以逃遁也；溪谷險阻者，所以止車御騎也；隘塞山林者，所以少擊眾也；坳澤窈冥者，所以匿其形也；清明無隱者，所以戰勇力也；疾如流矢如發機者，所以破精微也；詭伏設奇，遠張誑誘者，所以破軍擒將也；四分五裂者，所以擊圓破方也；因其驚駭者，所以一擊十也；因其勞倦暮舍者，所以十擊百也；奇伎者，所以越深水、渡江河也；強弩長兵者，所以逾水戰也；長關遠候，暴疾謬遁者，所以降城服邑也；鼓行喧囂者，所以行奇謀也；大風甚雨者，所以搏前擒後也；偽稱敵使者，所以絕糧道也；謬號令與敵同服者，所以備走北也；

戰必以義者，所以勵眾勝敵也；尊爵重賞者，所以勸用命也；嚴刑重罰者，所以進罷怠也；一喜一怒，一與一奪，一文一武，一徐一疾者，所以調和三軍制一臣下也；處高敞者，所以警守也；保險阻者，所以為固也；山林茂穢者，所以默往來也；深溝高壘，積糧多者，所以持久也。

「故曰，不知戰攻之策，不可以語敵；不能分移，不可以語奇；不通治亂，不可以語變。故曰，將不仁，則三軍不親；將不勇，則三軍不銳；將不智，則三軍大疑；將不明，則三軍大傾；將不精微，則三軍失其機；將不常戒，則三軍失其備；將不強力，則三軍失其職。故將者人之司命，三軍與之俱治，與之俱亂。得賢將者，兵強國昌；不得賢將者，兵弱國亡。」

武王曰：「善哉！」

〔譯文〕

武王問太公道：「用兵作戰，它最重要的法則是什麼呢？」

太公說：「古代善於用兵之人也並非能戰過上天，勝於大地。他的成功與失敗，在於能否造成神秘莫測的勢態，造成了這種態勢就會興旺，不能造成這種態勢就要敗亡。在兩軍對壘列陣時，把鎧甲御下，武器放下，讓行列故意混亂，放縱士兵，可以用這一切去引誘敵人；占據草木旺盛的地區，以利於撤退與隱蔽軍隊；占據平坦開闊的地段，是有利於同敵人比勇鬥力；行動起來如同飛箭，突擊如同發機，以利於突破敵人周密的設防；埋伏巧妙，設置奇兵，誘惑敵人，虛張聲勢，以利於消滅敵人的軍隊，俘虜敵軍的將領；分而合擊，以利於攻破敵軍的圓陣或方陣；要想達到以一當十的目的，就要乘敵驚慌失措時進攻；在敵人疲勞、宿營的時候進攻，以實現以十當百的目的；用奇巧的辦法架橋、修纜索，以利於越過深水、跨越江河；於遠方設置關卡派置斥候，行動起來迅捷而又詭詐，以利於襲取敵方的城邑；故意喧嘩鼓噪前進，以利於奇計的施行；頂著風雨前進，是為了攻前襲後、前後夾擊敵人；假冒敵人的使者，以切斷敵人的糧道；假用敵方的旗號、穿著敵方一樣的服裝，是為準備撤退；

在作戰時，對士卒喻以大義，以便鼓舞士氣戰勝敵人；升官進爵，提高獎賞，以利於官兵拼死效力；嚴刑重罰的實施，以便鞭策督促疲憊的軍隊堅持戰鬥；在用人的時候要有喜有怒、有賞有罰、有禮有威、有慢有快，以便協調三軍的意志，統一下屬的行動；占領視野開闊的高處，以利於警防和守備；堅守險阻要地，是為了固守陣地；占領有茂密山林的地形，以便於隱蔽行動；加強深溝高壘的構築，多積糧草，以更於持久作戰。

因此說，如果攻戰的策略不懂，也就不用談與敵作戰；不懂分進合擊、靈活機動的用兵，出奇制勝也就談不上；不知曉軍隊治亂的關係，應變也就無從談起。所以，將帥不仁慈，就得不到三軍將士的擁戴；將帥不勇敢，三軍將士的戰鬥力也會消無；將帥不機智，就會使三軍將士產生疑懼；將帥不明斷，就會使全軍遭到慘敗；將帥考慮問題如果不細緻，就會使三軍失去戰機；將帥缺乏警惕，就會使三軍疏於戒備；將帥不堅強有力，就會使三軍玩忽職守。所以軍隊的主宰即是將帥，如果他精明，三軍就有所治，如果他表現無能，三軍就會動亂。要想兵強國昌，就必有賢能的將帥；兵弱而國亡，往往是沒有賢能的將帥所致。」

武王說：「講得好啊！」

其成與敗　皆由神勢

所謂奇兵就是指運用神奇的部隊。使兵員在戰術上運用神奇莫測的形式對付敵人，就能獲得以奇制勝的戰績。姜太公在本章中提出了二十六種神奇作戰勢態：

1.放縱士兵，亂其行列——誘敵；　2.隱藏到深草叢中——退逃；

3.占領險要地勢——阻擊車、騎；
4.占領狹隘叢林地——以少擊眾；
5.占領湖澤窪地——隱蔽；
6.開闊地列陣——同敵拼搏；
7.迅猛對敵——擊破敵方計劃；
8.伏奇兵誘敵——擒敵將；
9.分進合擊——破敵方、圓陣；
10.乘敵驚駭攻擊——以一擊十；
11.敵疲、乘黃昏攻擊——以十擊百；
12.架橋索道——渡水出擊；
13.設強弩——隔水防陣；
14.設偵察、暗哨——進攻城池；
15.擊鼓喧鬧——亂敵耳目；
16.冒大雨進軍——攻襲敵前後；
17.僞裝敵軍——斷敵糧道；
18.用敵旗號——撤退；
19.對官兵明大義——激勵士氣；
20.重賞——鼓勵部隊；
21.重罰——激勵疲勞部隊；
22.講賞罰，講禮威——統一意志；
23.搶占高地——加強防禦；
24.守險阻要地——固守；
25.搶占叢林地——隱蔽企圖；
26.深溝高壘——防禦、備糧，打持久戰。

戰爭，是人類爭鬥中最壯偉的大藝術，根本沒有固定的定律、模式可言，其本身是以層出不窮的變幻自我之形式出現，任何一位軍事家也難把握住它。

祖逖為晉惠帝時名將，馳騁沙場，常以巧計獲勝。後伐反賊陳川，兩軍同據一座城池，東西相對，彼此未能將對方趕出城外。對壘四十餘天，雙方糧草都已所剩無幾，而這種情形下誰先露出糧食耗盡的跡象誰就必敗無疑。祖逖擅長詭詐，他讓兵士以土代米裝在大布袋子裡運上他們所占據的東臺，又讓幾個人挑上真米裝作不勝重負的樣子在街道歇擔休自己，受石季龍委派留在這裡與陳川協同作戰的桃豹派人搶獲了這幾擔大米，以為祖逖糧食仍很充足而他們自己卻已食不果腹，人人都有些底氣大減。

此時石勒又派劉夜堂趕著上千頭驢子給桃豹運送糧食，祖逖攔路打劫，一粒不剩地搶回自己軍營。桃貌等人看到糧盡援絕，只得鞋底抹油，悄悄溜走。祖逖又步步緊逼，將石勒原先占領的黃河以南土地，全部收復，石勒從此以後不敢打黃河以南的主意。

龍韜——

五音第二十八

宮、商、角、徵、羽是音樂的基本音階

施恩就能使人感恩，施威就能使人懾服，雙管齊下就會使所管之人從心裡到行為上徹底服從。

超脫凡塵俗世的方法，應該在人世間中磨練，根本不必離群索居與世隔絕。欲想完全明瞭智慧的功用，應在貢獻智慧的時刻去領悟。

〔原文〕

武王問太公曰：「律音之聲，可以知三軍之消息，勝負之決乎？」

太公曰：「深哉！王之問也。夫律管十二，其要有五音——宮、商、角、徵、羽，此其正聲也，萬代不易。五行之神，道之常也，可以知敵，金、木、水、火、土，各以其勝攻之。古者三皇之世，虛無之情，以制剛強。無有文字，皆由五行。五行之道，天地自然，六甲

之分，微妙之神。其法：以天清淨，無陰雲風雨聲，夜半，遣輕騎往至敵人之壘，去九百步外，偏持律管當耳，大呼驚之，有聲應管，其來甚微。角聲應管，當以白虎；徵聲應管，當以玄武；商聲應管，當以朱雀；羽聲應管，當以勾陳；五管盡不應者，宮也，當以青龍。此五行之符，佐勝之徵，成敗之機。」

武王曰：「善哉！」

太公曰：「微妙之音，皆有外候！」

武王曰：「何以知之？」

太公曰：「敵人驚動則聽之。聞枹鼓之音者，角也；見火光者，徵也；聞金鐵矛戟之音者，商也；聞人嘯呼之音者，羽也；寂寞無聞者，宮也。此五者，聲色之符也。」

〔譯　文〕

武王問太公說：「從音樂的聲音中，能知曉三軍力量的增減、判斷決戰的勝負嗎？」

太公說：「您提的問題高深啊！十二律管主要由五個基本音階組成——宮、商、角、徵、羽，這都是音律中的純正之聲，它千載百年也不會改變。五行的變化神妙無比，是天地變化的自然法則，以此可以推斷敵人的變化，如同金、木、水、火、土，各以其相生剋的關係取勝。

古代三皇用『虛無』克制剛強，那時沒有文字，一切都按五行生剋之法行事。這種方法是天地演變的自然法則，六甲之分是十分微妙的，這種方法是：如天氣晴朗，沒有陰雲風雨，可半夜派遣輕騎前去敵人的營壘，距敵九百步之外，都拿著律管對著耳朵，對敵人高聲疾呼，以此來驚動敵人。敵人的回聲就能在律管中反應出來，這種回聲很微弱。如果反應的是角聲，白虎神當位，攻打敵人要從西方；如果反應的是徵聲，玄武神當位，攻打敵人應從北方；如果反應的是商聲，朱雀神當位，攻打敵人應從南方；如果反應的是羽聲，勾陳神當位，攻打敵人應從中間；如所有律管均沒有回聲則是宮聲的反應，青龍神當位，攻打敵人應從東方。這是五行相生相剋的幫助制勝的象徵，能預兆勝敗。

武王說：「您講的好啊！」

太公說：「只要有微妙的律音，都有外在的徵兆！」

武王說：「想知道它要用什麼辦法呢？」

太公說：「如敵人受到驚動，就要仔細觀察並細心的傾聽，有鼓聲就是角聲的反應；有火光是徵聲的反應；有金屬矛戟的聲音是商聲的反應；有敵人呼嘯的聲音是羽聲的反應；如果敵人寂靜無聲就是宮聲的反應，這五種音律與外在的音色是完全一樣的。」

律管十二　其要有五音

冷兵器時代，怎樣預測敵情呢？

我方與敵人交鋒，總有聲音反映，我們憑借一些響動來判斷敵情，本是務實的、樸素的作法。於是利用「宮、商、角、徵、羽」五音對應敵人傳來的聲音來判斷預測敵情的方法，應運而產生。

音樂的作用切不可小覷，四面楚歌，使西楚霸王自刎烏江，「玉樹後庭花」，讓陳後主爲人臣虜。靡靡之音，銷魂蝕骨，極易使人鬥志渙散，進取之心喪失，古人的教訓不可謂不深刻。然而，燕趙悲歌依然要唱；高山流水、陽春白雪亦不能不聞。

三國時代，吳國將領陸遜奉孫權之命，掌六郡八十州，兼荊楚各路軍馬，抵禦蜀軍入侵。卻說劉備自號亭布列軍馬，直至川口圍至夷陵界，接連七百里，前後四十營寨，晝則旌旗蔽日，夜則火光耀天。韓當見蜀軍到來，差人報告陸遜。陸遜怕韓當輕舉妄動，自己急忙騎馬飛奔而來親自觀看，正好看見韓當立馬於山上，遠望蜀兵漫山遍野而來，軍中隱隱有黃羅蓋傘。韓當認為軍中定有劉備，就要出兵攻擊。

這時，陸遜卻勸說道：「劉備舉兵東下，連勝十餘陣，銳氣正盛，今只乘高守險，不可輕出，出則不利。但宜獎勵將士，廣布守禦之策，以觀察他的變化，而今對方馳騁平原曠野之間，自己正在得志之時，我們堅守不出，對方必定移兵於山林樹木之間，到時，我們再施奇計戰勝他們。」

劉備見吳國軍隊不出擊，心中焦躁不安。

馬良勸道：「陸遜是深有謀略之人，現如今陛下遠征來攻戰，從春到夏，他們不出兵，是想觀看我軍的變化。請陛下探察後再做決定。」

劉備說：「他有什麼謀略？只是膽怯之輩。以往多次敗戰，現如今怎敢出兵？」

此時，先鋒馮習說：「今天天氣炎熱，軍隊停留於火熱之中，用水極其不便。」

劉備隨即命令各營均移到樹木茂盛的山林之地，靠近溪水山澗的地方，等夏天過去，到秋天時再拼力舉兵進攻。

馬良又說：「如果我軍一行動，若是吳兵突然襲擊，我們怎麼辦？」

劉備說：「我命令吳班引領萬餘弱兵進住吳寨平地，我自己親自選精兵八千埋伏在山谷中，如果陸遜發現我軍移營，必定乘勢來襲擊，我們就令吳班詐敗，陸遜要是來追擊，我則領兵突然出來，斷其歸路，那小子就可被擒獲了。」

文武官員均賀道：「陛下神機妙算，諸臣都趕不上啊！」

話說韓當、周泰得知劉備移兵至陰涼的山林之中，急忙來報告陸遜，陸遜大喜，就親自領兵來察看動靜。但見平地聚集不到一萬人，大多數都是老弱病殘者，族旗上寫著幾個大字：「先鋒吳班」。周泰說：「吾預料等兵如兒戲也。願同韓將軍分兩路擊之。如若不勝，甘願受軍令處之。」陸遜看了很久，用鞭指著另一處說：「前面山谷中，隱隱約約有殺氣起，山谷中一定有兵埋伏，故意在平地設下這些弱兵，用來誘惑我軍。諸位切切不可出兵。」

話未說完，只見蜀兵全副武裝，護擁著劉備而過。吳兵見了，全都膽戰心驚。

陸遜說：「我之所以沒聽諸位出兵之言，正是因為這個。今伏兵已經出洞，十天之內必定攻破蜀兵。」

諸將都說：「破蜀應當在開始的時候，現在蜀軍連管五、六百里，堅守三十七、八個月，各要害之處都已固守，怎能攻破？」

陸遜說：「各位不曉兵法。劉備是蓋世的英雄，足智多謀，他的士兵剛剛聚集，法度精甚；現在固守時間長久了，不得我便，士兵疲憊，意志受損，我軍取勝，正應該在這個時候。」諸位將領才都嘆服。

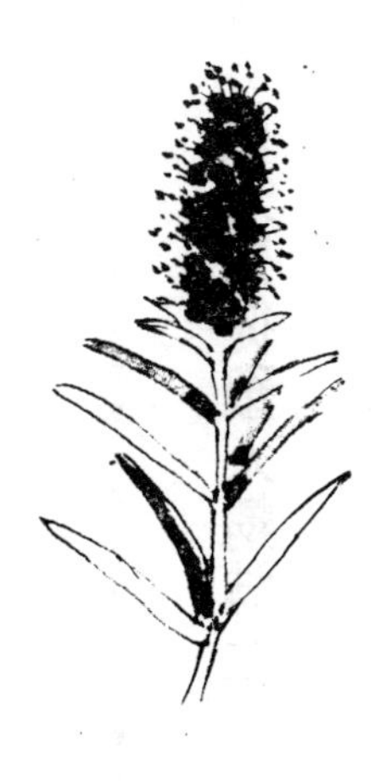

龍韜——兵徵第二十九

勝敗的徵兆，首先是從敵人精神上表現出來。

一個人只有在遭遇變亂之後才會思念太平時的幸福。能預先知道僥倖獲得的幸福是災禍的根源，即愛惜生命而又能預先明白有生必有死之理，這樣才算是超越凡人的真知卓識。善於居功的人，將大的美名讓給別人自己卻不去爭取。

〔原文〕

武王問太公曰：「吾欲未戰先知敵人之強弱，預見勝負之徵，為之奈何？」

太公曰：「勝負之徵，精神先見，明將察之，其效在人。謹候敵人出入進退，察其動靜，言語妖祥，士卒所告。凡三軍說懌，士卒畏法，敬其將命，相喜以破敵，相陳以勇猛，相賢以威武，此強徵也；三軍數驚，士卒不齊，相恐以敵強，相語以不利，耳目相屬，妖言不止，衆口相惑，不畏法令，不重其將，此弱徵也；三軍齊整，陳勢已固，深溝高壘，又有大風甚雨之利，三軍無故，旌旗前指，金鐸之聲揚以清，鼙鼓之聲宛以鳴，此得神明之助，大勝之徵也。行陳不固，旌旗亂而相繞，逆大風甚雨之利，士卒恐懼，氣絕而不屬，戎馬驚奔，兵車折軸，金鐸之聲下以濁，鼙鼓之聲濕如沐，此大敗之徵也。

凡攻城圍邑；城之氣色如死灰，城可屠；城之氣出而北，城可克；城之氣出而西，城必降；城之氣出而南，城不可拔；城之氣出而東，城不可攻；城之氣出而復入，城主逃北；城之氣出而覆我軍之上，軍必病；城之氣高出而無所止，用兵長久。凡攻城圍邑過旬，不雷不雨，必亟去之，城必有大輔。此所以知可攻而攻，不可攻而止。」

武王曰：「善哉！」

〔**譯　文**〕

武王問太公說：「要想在未戰之前先知敵人的強弱，見到敵人的徵候，該怎麼辦呢？」

姜太公說：「勝敗之徵候，一開始就是從敵人的精神上表現出來，明智的將領可以覺察到，而要想以此徵兆去打敗敵人，卻在於人的主觀努力。慎重的偵察敵人進退出入情況，對它的動靜仔細觀察，認真考察其語言的凶吉和士卒互相討論的事件。三軍喜悅，士卒畏法紀、尊重將帥的命令，如破敵互相都很高興，士卒間以勇猛相傳頌、以威武為美善，這些就是軍隊戰鬥力強的表現；若三軍接連受驚嚇，士卒都散敵無序，互相互以敵人的強大來恐嚇、散布一些不利於戰爭的消息，互相打聽，謠言不止，將士上下互相欺瞞，不畏法令，不重視將帥，這些都是軍隊虛弱無鬥志的表現；三軍上下步調一樣，有堅固的陣勢、深溝高壘，又有風雨等有利的氣候條件，三軍不待命令而旌旗前指，金鐸之聲高昂而清亮，鼙鼓之聲婉轉又清亮，這都是得到了神明的相助，是取得勝利的徵兆；陣腳不穩固，旌旗混亂而且相互纏繞，又逢不利的氣候條件，士卒驚恐，毫無鬥志，軍馬驚駭到處亂跑，兵車斷軸，金鐸之聲混濁而低沉，鼙之聲沉悶又不響，這些就是大敗的預兆。

大凡爭城圍邑，若城上的雲氣為灰色，此城就要遭到毀滅；若城上的雲氣出而向北，此城可被攻破；若城上的雲氣出而向西，此城定要投降；若城上的雲氣出而向南，此城就牢不可破；若城上的雲氣出而向東，此城不可進攻；若城上的雲氣出而又入，此城守將定要逃亡敗北；若城上的雲氣出而覆蓋我軍，我軍定有不利；若城上的雲氣高而不停留，此為長久用兵的徵兆。大凡攻城圍邑，若過十天還沒有打雷下雨，應該馬上撤軍，該城定有賢能之人輔佐。如此，就可明白當進攻就進攻、不進攻就停止的道理了。」

武王說：「您講得妙啊！」

知敵強弱　預見勝負

戰爭勝負的徵兆，從部隊士氣的盛衰，陣勢的嚴整，紀律的嚴馳三大方面，可以預見部隊作戰的勝負之數。

戰爭勝負的徵兆，從部隊人員的精神上首先就能表現出來。如果「戰士畏懼法令，尊從領導者的意志，以破敵爲幸，以勇猛爲榮，以威武爲譽，這是勝者的徵兆。如果全軍不斷受驚，戰士行動散亂，傳播不利戰爭的謠言，將士相互欺蒙，不怕法令，不尊重領導，這必是敗兵之兆。

其次就是從部隊列的陣勢中能觀察出勝敗之兆，再者就是用「望氣」之法，以便觀測出戰爭勝負之兆。從一位將領來說，儘可能掌握敵人的動向都是決策戰機時至關重要之事。秘密派出偵察兵、間諜之類深入敵方是一個方面，再者作直觀分析更爲有益與來得快。姜太公提出的觀「士氣」，觀「陣勢」，觀「雲氣」之法，皆爲直觀「兵徵」以作決策之法。當今世界的「情報科學」已遠超前人的想像，如情報組織、情報網絡、秘碼傳遞等方面已是飛速發展，人們大量重視公開的材料，公開的現象也是借「兵徵」之法之鑒。

湖南原為劉備的蜀漢所有，歸關羽管轄。孫權命令呂蒙領兵向西攻取長沙、零陵、桂陽三郡。呂蒙即率大軍啟程，將勸降的文書發布給長沙、桂陽二郡。二郡守將望風歸降東吳，只有零陵太守郝普守城不降。劉備親自從蜀郡來到公安，派遣關羽爭奪這三個郡。當時孫權駐紮在陸口，派遣魯肅率領一萬人駐紮在益陽抗拒關羽，派人送快信給呂蒙，讓他放棄零陵，急速返回益陽援助魯肅。當初，呂蒙已經奪取平定了長沙郡，應當前往零陵郡，經過鄡縣時，南陽人鄧玄之與他同車，鄧玄之是郝普的老朋友，呂蒙想讓他誘郝普投降。

接到孫權的信後，呂蒙將來信秘而不宣，夜裡召集手下將領，授以計謀，議定第二日早晨攻打零陵城。又對鄧玄之說：「郝普忠而不智，他不知道現在的形勢，劉備在漢中，關羽在南郡，他的大本營已被孫規的部隊攻破，他們現在不能自保，焉有能力來救零陵？況我軍士卒精銳，都有為國抗爭的決心，郝普自不量力，真如雞蛋碰石頭，您去見他時，請對他曉之以理，陳述目前這種利害關係。」

鄧玄之去見郝普，詳細地敘述了呂蒙的意見，郝普由於懼怕而聽從了。鄧玄之先出城向呂蒙匯報，說明郝普隨後就會到來。呂蒙即布置四員大將，各挑一百精銳共四百人，等郝普一出城，立即進去守住城門。不一會郝普出了城，呂蒙迎上去執手問候，和他一起下船。寒暄完畢，取出孫權寫給他的信給郝普看，撫掌大笑。郝普一看信，才知道自己被騙，原來劉備駐紮在公安，關羽駐紮在益陽，距離自己並不遠。呂蒙此計成功，即把後事留給部下孫皎，當天率軍趕赴益陽，將關羽趕走。湖南即為東吳領地。

龍韜——

農器第三十

戰時的器械完全可以從百姓平時的生產工具中籌集。

對他人仁厚的人就是對自己寬恕的人。處理事情常常要在事前留出一點餘地，這就叫「預見」；又能在事後留出一點餘地，這就叫「寬裕」。使別人能夠受到更多的情義就可以成全美德。

〔原　文〕

武王問太公曰：「天下安定，國家無事，戰攻之具，可無修乎？守禦之備，可無設乎？」

太公曰：「戰攻守禦之具盡在於人事。耒耜者，其行馬、蒺藜也；馬、牛、車、輿者，其營壘、蔽櫓也；鋤耰之具，其矛戟也；蓑、薛、簦、笠者，其甲冑、干盾也；钁、鍤、斧、鋸、杵臼，其攻城器也；牛馬，所以轉輸糧用也；雞、犬，其伺候也；如婦人織紝，其旌旗也；大夫平壤，其攻城也；春鏺草棘，其戰車騎也；夏耨田疇，其戰步兵也；和刈禾薪，其糧食儲備也；冬實倉廩，其堅守也；田里相伍，其約束符信也；里有吏，官有長，其將帥也；里有周垣，不得相過，其隊分也；輸粟收急，其廩庫也；春秋治城郭，修溝渠，其塹壘也。故用兵之具，盡在於人事也。善為國者，取於人事，故必使遂其六畜，闢其田野，安其處所，丈夫治田有畝數，婦人織紝有尺度，是富國強兵之道也。」

武王曰：「善哉！」

〔譯文〕

武王問太公說：「如天下太平，國無戰爭，野戰、攻城的器械，不修整行嗎？那些防守的設施，可以取消嗎？」

太公答道：「完全可從百姓平時的生產工具中去籌集戰時的攻守器械、耒耜，可當作拒敵的障礙物拒馬、鐵蒺藜；用作後勤運輸工具或戰時營壘屏障器材的有馬、牛、車、輿；可當作戰時的矛戟的有鋤、耰等；可當作戰時的盔甲與大小盾牌的有蓑衣、雨傘、斗笠；作攻城器材的有钁、鍤、斧、鋸、杵臼；可以用牛馬來轉運糧食用具；用來報時和警戒的有雞、犬；婦女紡織的布帛可用於製作旌旗；攻城可借用男子平整土地的技巧；春天割草斬荊的方法，可借用為對付敵人戰車和騎兵的技術；夏天耘田鋤草的方法，可借用於對付敵軍步兵的技術；秋季收割莊稼與柴草，是為戰時儲備糧秣；冬天有滿倉的糧食，是準備適應戰時的長期堅守；同村同里的人，平時相編為伍，也就是軍隊在戰時編組與管理的依據；里設長史，官府設長官，也就是在戰時的軍官；里有圍牆，不可翻越，如同部隊的駐地有區分一樣；運輸糧食，收割飼草，就如同戰時後勤的充實；春秋修築城敦、溝渠，如同在戰時修築工事。因此說，戰時的器械，完全可在百姓平時的生產工具中籌取。善於治國之人，對百姓的日常生活都很關注。因此設法讓人民繁殖六畜，開田墾地，安居樂業，男子種田有規定的畝數，婦女紡織也要達到規定的尺度，這就是富國強兵的方法。」

武王說：「您講得太好了！」

鋤耰之具　其矛戟也

只要是高明的領導人物，都深知「農兵合一」，耕戰結合，「寓兵於農」的重要性。無不以這種平戰結合、寓兵於民來富國強兵。

在天下無事、國泰民安的時候，把軍事組織轉化爲生產組織。今日的軍工企業也可利用其設備，化軍用爲民用。一旦有戰事，就可以充分利用農業及平時的機械用品，以此來減輕農民的負擔，適應戰爭的需要。

耕戰的結合，不但奠定了堅實的物質基礎，二者的轉換，還能充實戰時的後勤裝備。這種作法，對於社會經濟的發展十分有利。所以說，戰爭用的各種器材，都在人民的生產生活之中，善於治理國家的君主，戰時所需取於平時。

楊勇為皇太子之時，雲定興有女為東宮昭訓，且深受楊勇專寵。雲定興父憑女貴，官運亨通，富貴逼人。後楊勇無辜被廢，雲定興也就跟著淪落，有詔將他除名配發少府做工。這一大起大落的變化使雲定興心理很不平衡，非常希望有東山再起之日。要達到這一目的，必須有人做自己的靠山，最後他瞄準了宇文述，因為這個人是朝中舉足輕重的權貴，尤其備受隋煬帝青睞。他知道，巴結宇文述並不是一件輕而易舉的事情，這人權勢薰天，家裡富比皇宮，一般的珍寶根本無法取得他的歡心，因此必須出奇制勝。

雲定興早先在女兒雲昭訓那裡得到了一襲明珠絡帳，他至此把它當做第一塊敲門磚獻給了宇文述，從而建立起了普通的交遊關係，然後每逢時令佳節，都及時饋贈，對宇文述的特殊嗜好有了較為深刻的了解。

宇文述喜歡穿著奇裝異服到處炫耀，雲定興就挖空心思給他設計製作出一件樣式打破常規的馬韉（即襯托馬鞍的墊子），給宇文述裝飾坐騎。由於這種馬韉的後角部位空出了三寸露白，顯得虛實有致，所以一出世就有不少人競相仿效，稱之為許公缺勢（宇文述爵封許公，故有此名）。

天氣漸漸轉寒，雲定興問宇文述入宮宿衛是否有耳冷之感，宇文述說確實如此，雲定興於是又特別為他創製一種新穎頭巾，其主要功能，在於能有效地為雙耳保暖。這種頭巾推出不久，也立即變成被許多人搶著仿造的流行服飾，人們美其名曰許公袙勢。

這兩樣新東西使宇文述出盡了風頭，心裡自然感謝雲定興的盡才盡忠，為了對雲定興有所酬報，宇文述向煬帝推薦雲定興擔任少府工匠的管理及指導工作，大造兵器。這雖然不是什麼了不得的官職，卻是雲定興重新步入仕途的關鍵環節，只要這些兵器質臻上乘，宇文述就能見機行事，幫助雲定興實現求官的願望。

大業五年（六〇九年），隋煬帝在出師討伐夷狄以前，大舉檢閱隋軍的軍事裝備，發現新造兵器無論質量、造型還是銳利程度都堪稱上乘，忍不住極口稱贊，宇文述連忙進奏說：「這都是雲定興一個人的功勞。」煬帝龍心大悅，當即任命雲定興為少府丞。以此為基礎，雲定興在短短數年之內接連高升，重新飛黃騰達起來。

虎韜——

軍用第三十一

攻守戰具的種類和數量，是關係到軍隊威力的大問題。

在寧靜的安定環境中，才能發現人生的真正境界。志向太大而心力勞苦，力量弱小但任務艱巨，恐怕都會失敗。武器裝備的優劣，直接關係到部隊的戰鬥力。

〔原文〕

武王問太公曰：「王者舉兵，三軍器用，攻守之具，科品衆寡，豈有法乎？」

太公曰：「大哉，王之問也！夫攻守之具，各有科品，此兵之大威也。」

武王曰：「願聞之。」

太公曰：「凡用兵之大數，將甲士萬人，法用武衛大扶胥三十六乘，材士強弩矛戟為翼，一車二十四人推之。以八尺車輪，車上立旗鼓。兵法謂之震駭，陷堅陳，敗強敵。

武翼大櫓矛戟扶胥七十二具，材士強弩矛戟為翼。以五尺車輪，絞車連弩自副，陷堅陳，敗強敵。

提翼小櫓扶胥一百四十四具，絞車連弩自副，以鹿車輪，陷堅陳，敗強敵。

大黃參連弩大扶胥三十六乘，材士強弩矛戟為翼。『飛鳧』、『電影』自副。飛鳧赤莖白羽，以銅為首，電影青莖赤羽，以鐵為首。晝則以絳縞，長六尺，廣六寸，為『光耀』；夜則以白縞，長六尺，廣六寸，為『流星』。陷堅陣。敗步騎。

大扶胥衝車三十六乘，螳螂武士共載，可以擊縱橫，可以敗強敵。

輜車騎寇，一名電車，兵法謂之電擊。陷堅陳，敗步騎寇夜來前。

矛戟扶胥輕車一百六十乘，螳螂武士三人共載，兵法謂之霆擊，陷堅陳，敗步騎。

方首鐵棓維朌重十二斤，柄長五尺以上，千二百枚，一名天棓。大柯斧，刃長八寸，重八斤，柄長五尺以上，千二百枚，一名天鉞。方首鐵槌，重八斤，柄長五尺以上，千二百枚，一名天槌，敗步騎群寇。

飛鉤長八寸，鉤芒長四寸，柄長六尺以上，千二百枚，以投其衆。

三軍拒守，木螳螂劍刃扶胥，廣二丈，百二十具，一名行馬。平易地，以步兵敗車騎。

木蒺藜，去地二尺五寸，百二十具，敗步騎，要窮寇，遮走北。

軸旋短衝矛戟扶胥百二十具，黃帝所以敗蚩尤氏。敗步騎，要究寇，遮走北。

狹路、微徑、地陷，鐵械鎖參連，百二十具。敗步騎，要究寇，遮走北。

狹路、微徑，張鐵蒺藜。芒高四寸，廣八寸，長六尺以上，千二百具，敗步騎。

突暝來前促戰，白刃接，張地羅，鋪兩鏃蒺藜、參連織女，芒間相去二寸，萬二千具。曠野草中，方胸鋌矛，千二百具，張鋌矛法，高一尺五寸。敗步騎，要究寇。遮走北。

狹路、微徑、地陷，鐵械鎖參連，百二十具。敗步騎，要究寇，遮走北。

壘門拒守，矛戟、小櫓十二具，絞車連弩自副。三軍拒守，天羅落鎖連，一部廣一丈五尺，高八尺，百二十具。虎落劍刃扶胥，廣一丈五尺，高八尺，五百二十具。

渡溝塹飛橋，一間廣一丈五尺，長二丈以上，著轉關軲轆八具，以環利通索張之。渡大水，『飛江』廣一丈五尺，長二丈以上，八具，以環利通索張之。『天浮』鐵螳螂矩內圓外，徑四尺以上，環絡自副，三十二具。以天浮張飛江，濟大海，謂之天潢，一名天舡。

山林野居，結虎落柴營，環利鐵鎖，長二丈以上，千二百枚；環利大通索，大四寸，長四丈以上，六百枚；環利中通索，大二寸，長四丈以上，三百枚；環利小微縲，長二丈以上，萬二千枚。

天雨蓋重車上板，結枲鉏鋙，廣四尺，長四丈以上，車一具，以鐵杙張之。

伐木大斧，重八斤，柄長三尺以上，三百枚；棨钁，刃廣六寸，柄長五尺以上，三百枚；銅築固為垂，長五尺以上，三百枚；鷹爪方胸鐵耙，柄長七尺以上，三百枚；方胸鐵叉，柄長七尺以上，三百枚；方胸兩枝鐵叉，柄長七尺以上，三百枚。

芟草木大鐮，柄長七尺以上，三百枚；大櫓，刃重八斤，柄長六尺，三百枚；委環鐵杙，長三尺以上，三百枚；杙大鎚，重五斤，柄長二尺以上，百二十具。

甲士萬人，強弩六千，戟、盾二千、矛、盾二千，修治攻具、砥礪兵器巧手三百人，此舉兵軍用之大數也。」

武王曰：「允哉！」

〔譯　文〕

武王問太公說：「君王興師，三軍的武裝器械、攻守器材的種類與數量有哪些規定呢？」

太公答道：「您提的這個問題太大了！攻守器材的種類與數量是軍隊威力強弱的關鍵問題。」

武王說：「您就把詳細內容講給我聽。」

姜太公說：「大凡用兵作戰，所要的武器裝備都有個大概的標準。統帥應當備配甲士萬人：要三十六輛裝有大盾牌作掩護的武衝大車，有勇敢精銳的士卒用強弩、矛、戟在兩邊護衛，用二十四人推行一車。車輪有八尺高，車上備有旗鼓。這種車在兵法上稱為『震駭』，可以用它攻破堅陣，打敗強敵。

要七十二輛裝有大盾牌和矛戟的武翼戰車，兩邊有勇士持強弩、矛、戟護衛，其車輪有五尺高，並安有絞車連弩，可用它來破堅陣、敗強敵。

要一百四十四輛備有小盾牌的提翼戰車，並安有絞車、連弩，這種車只有一個輪子，用它可以破堅陣、敗強敵。

要三十六輛備有大黃參連弩的大戰車，兩邊有勇士持矛、弩、戟護衛著，還附有被稱為『飛鳧』、『電影』的兩種旗幟。『飛鳧』用紅色的杆，白色的羽，用銅做旗竿頭；『電影』用青色的杆，紅色的羽，用鐵做旗竿頭。白天掛的旗幟是大紅色的絹做的，長六尺寬六寸，叫作『光耀』；夜裡掛的旗幟是白色的絹做的，長六尺寬六寸，稱之為『流星』。可以用這種車破堅陣，打敗敵人的步兵、騎兵。

要三十六輛備有大盾作掩護的衝車，車上裝有螳螂武士，以之可以縱橫衝擊，打敗敵人。

『輜車寇騎』為備有帷蔽的輕快戰車，又名『電車』，兵法上稱之為『電擊』，用它可以擊破敵人的堅陣，擊敗乘夜前來偷襲的敵人步騎。

要一百六十輛備有矛戟盾牌的輕戰車，每車乘有三名螳螂武士，兵法稱之為『霆擊』，用它可以破擊堅陣，擊敗敵人的步兵。

要一千二百根大方頭鐵棒，重十二斤，柄有五尺多長，又名『天棓』。一千二百把長柄斧，刃有八寸長，重八斤，柄有五尺多長，又名『天鉞』。一千二百把方頭鐵錘，重達八斤，柄有五尺多長，又名『天槌』。可用它擊敗敵人的步、騎兵。

要一千二百枚飛鈎，飛鈎有八寸長，鈎尖四寸長，柄長六尺以上，可用它投向敵方以鈎傷敵人。

要一百二十輛裝有盾牌和螳螂前臂的戰車來拒敵防守，這種車寬二丈，名曰『行馬』。步兵可用它在平坦開闊的地帶阻擋敵人車、騎的前進。

要一百二十具木蒺藜，安設它要高出地面二十五寸，可用它來阻止敵方的步、騎兵，攔截窮途末路、撤逃的敵人。

要一百二十輛裝有矛、盾牌、戟還可以旋轉的戰車，曾經黃帝用它打敗過蚩尤。用它可以擊敗敵方的步、騎兵，阻攔企圖逃跑的敵人。

在窄路、小道上設置鐵蒺藜，其刺長四寸，寬八寸，每具長六尺以上，共有一千二百具，可以用它來阻擋敵人的步、騎兵。

黑夜，敵人突然前來挑戰，展開肉搏時，應張設地羅，撒布兩頭有芒尖的鐵蒺藜和名為參連織女的障礙物，這種芒間相距二寸，共有一萬二千個。於曠野上作戰，要配備一千二百把胸鋋矛。設置鋋矛時，要讓它高出地面十五寸。用這些器械，可以來阻止敵人的步、騎兵，阻擋陷於窮途末路、想要逃跑的敵人。

在窄路、小道、低窪地帶，可以設置鐵鎖鏈，共一百二十具。用它可以阻止敵人的步、騎兵，阻攔勢窮力竭、想要逃跑的敵人。要用十二具矛、戟、小盾，並附有絞車連弩，以此來據守營門，三軍守備時，要設置天羅網、竹籬笆、鐵鎖鏈，每具有十五尺寬，八尺高。戰車上配備裝有遮蔽物和劍刃盾牌，每輛有十五尺寬、八尺高，共五百二十輛。

備有跨越溝塹的飛橋，每間有十五尺寬，二十多尺長，飛橋上裝有八具轉關轆轤，架設用鐵鎖鏈。

渡江河使用的飛天，有十五尺寬，二十多尺長，共用八具，架設用鐵鎖鏈。共有八具水上交通用具天浮鐵螳螂，外圓內方，外徑有四尺多，並有三十二套結構用的環絡。用天浮架設的飛江可以渡過大河，叫做天潢，也叫天舡。

軍隊紮營於山林地帶，要用竹木結成柵寨，一定要準備一千二百條二十尺以上的鐵鏈；大號的鐵鏈，環徑有四寸，每條有四十尺多長，三百條；小號的鐵鏈，每條有二十尺多長，要一萬二千條。

下雨天，輜重車上要蓋兩層頂板，木板的兩端要刻上槽，使它們互相吻合，每塊木板四尺寬長四十多尺，每車要一具，再用鐵釘固定在車頂上。

要三百把伐木大斧，八斤重，柄有七尺多長；要三百把棡钁，刃寬六寸，柄長五尺多；三百把名為鷹爪的齊胸鐵耙，柄長七尺多；三百把齊胸鐵叉，柄長七尺多。

三百把剪除草木用的大鐮刀，柄長七尺多；三百把大櫓刃，重八斤，柄長六尺；三百個帶環的鐵橛長三尺多；一百二把釘鐵橛的大錘，重五斤，柄有二尺多長。

萬人的軍隊，要有六千張強弩的裝備，二千套戟與大盾牌，二千套矛和盾牌，三百名修理作戰器具和製造兵器的能工巧匠，作戰需要的裝備器材的大略數字就是這些。」

武王說：「一切照你的辦！」

攻守之具　各有科品

自古以來兵家都十分注重武器裝備的作用。對它的尺寸、重量都有所規定，一個不了解軍事裝備的性能、作用與威力的將帥，決不是一個好將帥。

「磨刀不誤砍柴工」說的也就是這個道理。部隊有了精良的裝備，它們就可能對敵人形成巨大的心理壓力。因此，武器裝備的優劣，可以直接影響軍隊的戰鬥力，在古代的許多戰爭中都可以證明，就是現在也同等重要。

一個國家，擁用了精良的武裝設備，他國就不敢輕易與我爲敵；一個部隊擁有了精良的武器裝備，將士作起戰來才能充分發揮各種器械的威力。

洪武三十一年（一三九八年），朱元璋駕崩，皇太子朱標早殤，皇太孫朱允㶢繼位。燕王朱棣借口「靖難」舉兵。建文元年（一三九九年），老將耿炳文為大將軍，帥師討伐燕王，進駐真定。燕王占領鄚州後，正準備趁耿炳文剛到真定立足未穩，奇襲真定。這時耿炳文手下一個部校叫張保的來投降燕王，告訴燕王說，耿將軍率軍三十萬，十三萬已到真定，半數駐紮在滹沱河北岸，另一半在南岸安營，兩部隔河遙相呼應。燕王擔心一打起來，耿炳文令兩部互相聲援，就不好應付。於是就派張保裝著被俘逃脫，告訴耿炳文，說是燕王大軍即日就會來攻打真定，使其儘快把南岸的部隊調往北岸。

燕王部將不解其意，燕王說：「你們有所不知，開始我們不知耿軍的虛實，想趁他立足未穩，偷襲他們。現在我們已經知道他們的部署，耿軍要是與我們打起來，南北互援，要取勝就難了。不如讓他知道我們的打算，讓他調動布置我們再乘機進攻。」

果然耿炳文得知燕王要打真定後，下令南岸諸軍北渡滹沱河，集中兵力，抵擋燕王軍。正值耿炳文調兵之時，燕王率大軍殺將過來。耿炳文軍不成列，混亂之中，耿軍競奔入城，城門狹窄，擠死踩死的都不可勝數，被殺三萬餘人。耿炳文被打得大敗，退守城中，不敢迎戰。燕王圍城二日，想到真定一時難以攻下，帶著戰利品棄城而去。

耿炳文因真定一敗，傳到宮中，被免職。

三陣第三十二

用兵時有天陣、地陣、人陣。

事情偶然遇上合乎己意就是最佳境界，東西出於天然才能看出造物者的天工。世間千萬種動物，共生共存，無一不是一任天機，以一己之專長而得自我的天地。士君子高談闊論、誇誇其談，但所說的都不切實際，重要的是適用，要能做成事。

〔原　文〕

武王問太公曰：「凡用兵為天陳、地陳、人陳，奈何？」

太公曰：「日、月、星辰、斗杓，一左一右，一向一背，此為天陳。丘陵水泉，亦有前後左右之利，此為地陳。用車用馬，用文用武，此為人陳。」

武王曰：「善哉！」

〔譯 文〕

武王問太公說：「用兵時所謂的天陣、地陣、人陣，應該怎樣解釋呢？」

太公說：「天陣，就是根據日、月、星辰，北鬥星在我左右前後的運行情況及相互關係來布陣的。地陣，就是利用丘陵、水泉及我前後左右的地形條件而布的陣。人陣，就是依據所使用的兵種與戰法的不同來布的陣。」

武王說：「您講得真好啊！」

用文用武 皆爲人陣

行兵布陣，此乃古代軍事家們必備的能力，也就是軍事指揮員的必修課題。可以說，歷代有名的軍事家都是布陣的行家高手。

在《孫臏兵法》中，有大量篇幅談到陣法，其中《八陣》中講了八種基本陣法的意義和原則；《十陣》中講了各種陣法的組織方法和動用措施。八種陣法即是：一、方陣，用於截斷敵人；二、圓陣，用於聚結隊伍；三、疏陣，用於擴大陣地；四、數陣，收攏集中部隊；五、錐行陣，用於突破敵陣；六、雁行陣，便於發揮弩箭威力；七、鈎行陣，左右翼彎形如鈎，便於改變隊形；八、玄襄陣，多置旌旗，疑惑敵人。加上水陣火陣共十種。後人多以八陣爲基礎，分合演變成八八六十四陣。

對於陣法的運用，岳飛認爲：「陣而後戰，用兵之妙，存乎一心。」太公列出的這三種陣法，憑借著天文背景列天陣，憑借著地利背景布地陣，憑借著敵陣軍械實力、文武力量配備布人陣。在冷兵器時代，沒有統一布陣能力，只憑將領單個的勇武是難以戰勝敵人的。

唐光化元年（八九八年），幽州盧龍節度使劉仁恭派他的兒子劉守文襲擊滄州，義昌軍節度使盧彥威棄城逃跑。劉仁恭以劉守文為義昌軍節度留後，上表請求朝廷任命，遭到唐昭宗的拒絕。於是，劉仁恭父子率幽州、滄州的步騎十萬，號稱三十萬向南進攻魏、鎮二州。

進到貝州（今河北省清河縣西北）時，大肆洗劫、屠殺。魏博節度使羅紹威向朱全忠求救，朱全忠派大將本思安、葛從周率兵救援，屯軍內黃。劉仁恭仗著自己人多勢眾，根本不把李思安放在眼裡，下令說：「李思安懦弱無能，應當先打敗他們，再去攻取魏博。」於是令劉守文與單可及率精兵五萬，沿清水而上。李思安在內黃設下埋伏，然後親自帶兵迎戰，交戰不久，即佯裝不敵，向北逃跑。劉守文率兵跟蹤追擊，到內黃時，李思安又重新整頓部隊還擊劉守文，事先埋下的伏兵也一齊出擊。劉守文措手不及，部隊頓時亂作一團，潰不成軍，單可及當場被斬，劉軍全軍覆沒，只有劉守文一人落荒而逃。

葛從周則率邢州與洛州的士兵和魏博將領賀德倫等出館陶門，在晚上夜擊劉仁恭，連克劉仁恭八個營寨，劉仁恭大敗而逃。經此一擊，劉仁恭從此一蹶不振。

虎韜——

疾戰第三十三

急速突圍就能取勝，
拖延時間則會失敗。

把急迫的心情放在空閑的時候，免得忙時出錯，也免得事前擔心。擔當大任，只要一雙腳跟站得穩就行。

在可能出現的種種困難面前，往往要有那種不向逆境低頭、愈困愈勇的精神。

〔原 文〕

武王問太公曰：「敵人圍我，斷我前後，絕我糧道，為之奈何？」

太公曰：「此天下之困兵也。暴用之則勝，徐用之則敗。如此者，為『四武衝陳』，以武車驍騎驚亂其軍而疾擊之，可以橫行。」

武王曰：「若已出圍地，欲因以為勝，為之奈何？」

太公曰：「左軍疾左，右軍疾右，無與敵人爭道，中軍迭前迭後。敵人雖衆，其將可走。」

〔譯　文〕

武王問太公說：「如果我軍被敵人包圍，我軍前後左右的聯繫也被切斷，糧道也被切斷，此時，該怎麼辦呢？」

太公說：「這種軍隊的處境是最困難的。此刻，要想勝利就要迅速突圍，行動緩慢就要失敗。處於這種境地，要把軍隊布置成『四武衝陣』，護衛前後左右的都布置了戎車，首先用強大的戰車與驍勇的騎兵，把敵軍的部署打亂，隨後迅猛出擊，如此突圍就可以暢行無阻。」

武王說：「假如我軍重圍已突破，要想乘勢再擊敗敵軍，爭取戰鬥的勝利，那該怎樣呢？」

太公答道：「我軍的左翼迅速地攻擊敵人的左翼，我軍的右翼迅速地攻擊敵人的右翼，不能同敵人爭奪道路，並用軍中作主力輪番突擊敵軍，或攻敵前，或抄敵後，雖然敵軍人多，也能打敗他。」

左軍疾左　右軍疾右

包圍與突圍是戰爭中很常見的事兒，大凡作戰中，採取包圍敵人進行作戰這一戰術的要點在於：進行四面合圍時，必須讓出一條道路，使敵人有逃生保命的幻想，這樣就會使被圍困的敵人士氣低落，不能全心全力來防守，這樣被圍困的敵人就會被打敗。

孫子提出「圍師必闕」，的作戰思想，其旨意就是說，在包圍敵人，應當留有缺口，避免敵人作困獸之鬥。

孫子認爲在占地爲先的情況下，可以適當給守城之敵留餘地，有求生的可能，其鬥志必然瓦解。不然置之死地之後，對我方反而不利，不僅達不到目的，損失還會過多。

太公認爲：我軍受敵包圍之後，應立即組織好部隊，進行反突圍戰鬥，主要強調在一個「快」字訣，用迅雷不及掩耳之勢向敵人壓過去，並用中軍反向突擊，敵人包圍圈尚未連結好，就被我軍打破，也有可能由此一擊，從而打敗敵人。

後梁開平二年（九〇八年），晉王李克用病死，年方二十四歲的李存勖繼承王位。同年，後梁大軍圍攻晉之潞州（今山西長治）。因攻方主將指揮失當，再加上駐守亂柳的晉將周德威略過人，這場攻守大戰持續數月之外仍無結果。後梁太祖朱晃大是惱怒，親自率兵趕到澤州（今山西晉城縣）聲援，另派名將劉知俊率先鋒官范君寶、劉重霸駐兵長子，準備接替前線失職將領。

李存勖見朱晃對潞州志在必得，自問潞州守軍也難以與後梁援兵抗衡，乾脆以退為進，將周德威召回晉陽（今山西太原）。這一招還真見效，被蒙蔽的梁人以為晉人因恐懼而自動退縮，潞州已是垂手可得，於是增援大軍中道撤回，朱晃亦從澤州回洛陽等候捷報。

李存勖暗自高興，馬上著手部署下一步行動，他對諸將說：「梁人聽說我方新逢大喪，料定我們不能增兵潞州，首先就有一種高枕無憂的心理，再者他們會認為我李存勖年少繼位，軍事上毫無經驗，近期內難有作為，用不著對我提高警惕。在這種情況下，如果我方選擇精兵良將，倍道兼程趕赴潞州，正是以憤激之眾擊驕惰之師，有如摧枯拉朽，無往不利。據我看來，現在勝負易勢，解潞州之圍與奠定霸業，都在此一舉了！」

同年四月，李存勖誓師太原，很快就趕到潞州附近紮下營寨。五月，李存勖親率精兵埋伏在三垂岡下，利用昏霧漫漫的惡劣天氣向圍攻潞州的後梁軍隊發起了總攻。梁人大出意外，在晉人的猛烈攻擊下土崩瓦解，陣亡士兵竟達萬餘，連副招討使符道昭在內的三百餘名大將都做了晉人的俘虜，糧草輜重的損失更是難以勝計，是一場名符其實的慘敗。

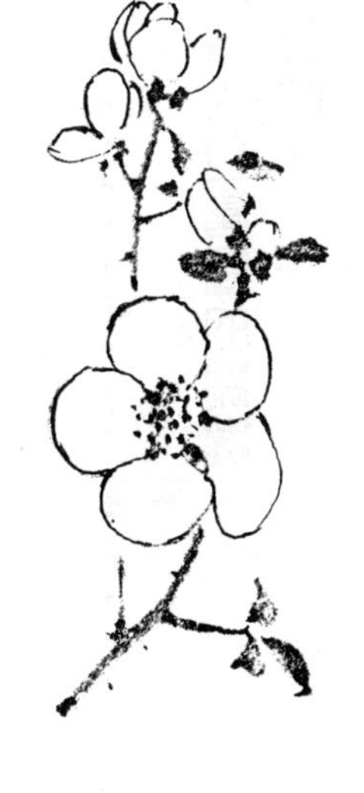

虎韜——

必出第三十四

能衝出敵人包圍圈的關鍵是奮勇戰鬥。

看得長遠並不難，難就難於回頭觀看。

如果上天用勞苦來困之我的身體，我就用安逸的心情來保養我疲憊的身體。

如果上天用窮困來折磨我，我就開闢我的求生之路來打通困境。

〔原　文〕

武王問太公曰：「引兵深入諸侯之地，敵人四合而圍我，斷我歸道，絕我糧食。敵人既衆，糧食甚多，險阻又固，我欲必出，為之奈何？」

太公曰：「必出之道，器械為寶，勇鬥為首。審知敵人空虛之地，無人之處，可以必出。將士人持玄旗，操器械，設銜枚，夜出。勇力、飛足、冒將之士居前，平壘為軍開道；材士強弩為伏兵居後，弱卒、車騎居中。陳畢徐行，愼無驚駭。以武衝扶胥前後拒守，武翼大櫓以備左右。敵人若驚，勇力、冒將之士疾擊而前，強卒車騎以屬其後，材士強弩隱伏而處。審候敵人追我，伏兵疾擊其後，多其火鼓，若從地出，若從天下，三軍勇鬥，莫我能御。」

武王曰：「前有大水、廣塹、深坑，我欲逾渡，無舟楫之備，敵人屯壘，限我軍前，塞我歸道，斥候常戒，險塞盡中，車騎要我前，勇士擊我後，為之奈何？」

太公曰：「大水、廣塹、深坑，敵人所不守，或能守之，其卒必寡。若此者，以飛江、轉關與天潢以濟吾軍，勇力材士從我所指，衝敵絕陳，皆致其死。先燔吾輜重，燒吾糧食，明告吏士，勇鬥則生，不勇則死。已出者，令我踵軍設雲火遠候，必依草木、丘墓、險阻，敵人車騎必不敢遠追長驅。因以火為記，先出者令至火而止，為四武衝陳。如此，則吾三軍皆精銳勇鬥，莫我能止。」

武王曰：「善哉！」

〔譯文〕

武王問太公說：「如我領軍進入諸侯國境內，被敵人從四面包圍了，糧道、退路均被切斷。敵人兵多糧足，占據了險要之地，又有堅固的防守，要想突圍出去，我軍該怎麼辦呢？」

太公說：「衝出敵人包圍的關鍵，奮勇戰鬥是第一位，其次就是兵器與器械也很重要。首先選敵方兵力薄弱的地方或無人防守的地方，乘機而擊就能突出重圍。要讓將士每人手持黑旗，拿著武器，口中銜枚，突圍要在夜間行動。走在前面的將士要勇敢有力、行動敏捷、敢於冒險，以掃平敵人的營壘，為全軍開道；居後的武士要有使用強弩的技能，在後面作掩護的伏兵；居中的是一些老弱士兵與車騎。部署完畢後，不可驚慌動亂，要沉著謹慎。同時在前後護衛的要有裝備大盾牌的武衝大戰車，在左右掩護的有裝備大盾矛戟的武翼戰車。敵人如有驚動，我方那些勇敢有力、敢於冒險犯難的將士就要迅速出擊，居中的老弱士兵與車騎要緊跟上，那些善使強弩的將士就要隱伏起來。敵人如果追上來，隱伏的將士就要迅速地攻擊敵軍的側後，並大量使用火光、鼓聲、亂敵耳目，讓敵人感覺到我軍好像神兵天降，三軍上下都奮勇作戰，我軍的突圍行動敵人就不能阻止了。」

武王又問：「假如前有大河、寬塹、深坑阻礙，我軍想要越過，卻沒有預備船隻，敵人屯軍築壘，阻攔我軍前進，斷絕我軍的歸路，敵人觀察、戒備的十分嚴密，一些險要地形也控制在他們手中，前面攔截的有敵人的戰車、騎兵，後面又有勇士追襲，這種情況該怎樣應付呢？」

太公說：「敵人對於大河、寬塹、深坑一般是不設防的，就是有人把守，也不會有多少兵力。這種情況下，我軍可利用浮橋、轉關與天潢渡過去。選派勇敢的力士、有技能的材士依照指定的方位去衝鋒陷陣，殊死戰鬥。把我軍所有的輜重、糧食燒毀，再明白地與將士申明：拼死力戰就有生路，畏縮不前只有死路一條。突圍出去的，令我軍的先頭部隊設置煙火信號，派出遠方斥候警戒，一定要占領叢林、墳墓、險阻的地形，如此，敵方的戰車與追兵一定不敢長驅遠追了。以煙火作信號，是為了讓先突圍的將士到有火的地方集結，以布成四方都有防備的『四武衝陣』。這樣，我軍的將士都精銳勇敢，敵軍也就無從阻止了。」

武王說：「您說的太妙了！」

器械為寶　勇鬥為首

突圍作戰必須沉著行動，謹慎小心地行事，最忌諱毫無目的、毫無計劃的亂衝亂突，蠻衝蠻打，結果將部隊搞得疲憊不堪，只好束手待斃。

突圍作戰，必須在突圍之前向全體官兵告明：惟有奮勇作戰才能生還，妥協消極只有死路一條，用「生路」的力量鼓舞士氣，使他們在精神上做好準備。

第一線集中全軍最精良的武器，最強壯、勇猛的士兵，突然以空前猛烈的行動，向指定方位奮力撲去，以便殺開一條血路，打開突圍口。在突圍時，毀去糧草與輜重，一則表示決心，二則減輕部隊的負荷。還有重要一點是不能對老弱病殘有半點放棄的念頭，把戰鬥力從戰士的心靈深處中提上來。

兵貴神速，突圍之戰，更要猛，更要速，突然發起的行動，又快又猛，敵人雖強大，也根本抵擋不住，何以談得上阻止我軍的行動呢？

明天啟元年（一六二一年），四川永寧土司奢崇明起兵作亂，不久便占據重慶。第二年二月，水西土司安邦彥，也揭竿而起，統領安位母子，糾集部眾，直撲貴陽。明朝遂派右僉都御史王三善，巡撫貴州。

王三善在平越募兵，停滯不前被劾。他不得不動員說：「省城危急萬分，不能久待，我們如果再不前去援助，以後省城失守，罪必至死，與其坐法論死，還不如馳往奮力殺敵，這樣還可望獲得一條生路。」

將士們齊聲贊成，遂分三道進兵貴陽，很快攻入貴陽城。後來，王三善又會師六萬進攻水西，連戰皆捷，於是他率部眾很快渡過渭河，直達大方。安邦彥逃入織金，安位和他的母親竄居火灼門。這時，王三善已廣發通緝令，要把他們捉拿歸案。安位母子害怕，派人去向總督楊述中乞降，楊述中當即允許，致信王三善，命令他馬上撤兵。

王三善認為元凶未懲，不能馬上議降。他們彼此辯論不明，反將軍務擱起。安邦彥偵察到這一情形後，一方面與四川烏撒土司安效良勾結，一面與悍黨陳其愚密商，讓他去詐降王三善。於是，陳其愚拚命取得王三善的信任後，便詐言安邦彥已遠逃，勢不足慮，不如撤還貴州。王三善因出師連連告捷，頗有驕心，且久駐大言，糧食將盡，就信了陳其愚的話，焚燒了大方廬舍，率兵東歸。

這時，陳其愚便將王三善所行的路線與計劃統統告訴了安邦彥，要他發兵追擊。等安邦彥大兵趕到，又派心腹馳報王三善，只說是陳其愚遇叛軍，速請回頭援助。

王三善遂返師往救，很遠看見東其愚躍馬狂奔，還以為他為叛軍所迫，一眨眼，王三善被他撞下馬來，才恍然大悟。王三善隨即將帥印擲付家人，自抽袖中大刀，橫頸欲自刎，被陳其愚奪下，後在亂戰中戰死。安邦彥丟下傷兵，率部眾逃得無影無蹤，後又在織金以守為攻，大敗官軍。

虎韜——

軍略第三十五

凡是軍隊在有重大行動的時候，都應事先學會使用各種器械。

軟弱膽小，懦弱無能，一天都不能站住腳。一個人立身處世，自當謙恭謹慎，抱負深遠，以圖進取，才能成就大事。如果滿足一時之利，胸無大志，既無自知之明，又無深謀遠慮之術，卻洋洋自得，旁若無人，其實不過是自欺欺人而已。

〔原文〕

武王問太公曰：「引兵深入諸侯之地，遇深溪、大谷、險阻之水，吾三軍未得畢濟，而天暴雨，流水大至，後不得屬於前，無有舟梁之備，又無水草之資，吾欲畢濟，使三軍不稽留，為之奈何？」

太公曰：「凡帥師將衆，慮不先設，器械不備，教不素信，士卒不習，若此，不可以為王者之兵也。凡三軍有大事，莫不習用器械。若攻城圍邑，則有轒轀、臨衝；視城中則有雲梯、飛樓；三軍行止，則有武衛、大櫓，前後拒守；絕道遮街，則有材士強弩，衛其兩旁；設營壘，則有天羅、武落、行馬、蒺藜；晝則登雲梯遠望，立五色旌旗；夜則設雲火萬炬，擊雷鼓，振鼙鐸，吹鳴笳；越溝塹，則有飛橋、轉關、轆轤、鉏鋙；濟大水，則有天潢、飛江；逆波上流，則有浮海、絕江。三軍用備，主將何憂。」

〔譯　文〕

武王問太公說：「率軍進入諸侯國境內，前面有深溪、大谷、難以通過的河流，我軍還沒有全部渡過去，可是此刻天卻降暴雨，洪水猛漲，後面的軍隊與前軍被水隔斷，既無船隻橋梁，又無堵水用的草料物資，用什麼辦法才能使三軍全渡過去呢？」

姜太公說：「大凡統領大部隊行動，就要事先制定計劃，預先準備好器械，士兵平時的訓練要實在、動作要熟練，如不能做到這些，這樣的軍隊就不能稱為王者之師。大凡軍隊有重大行動，都要事先學會使用各種器械。攻城圍邑，就可以用『轒轀』、『臨車』、『衝車』；觀察敵人城內的情況，就可以用『雲梯』、『飛樓』；如三軍行進或駐紮，就可以用『武衛』、『大櫓』等戰車掩護前後；截斷街道、阻斷交通，控制守衛兩側的勇士就要持強弩；設置營壘，就要在周圍布置『天羅』、『武落』、『行馬』、『蒺藜』等障礙器材；白天要登上雲梯遠望，報告敵情用五色旌旗；夜晚多點煙火，並擊響『雷鼓』，敲動鼙鼓，搖動大鐸，吹響胡笳；用『飛橋』、『轉關』、『轆轤』、『㚖洴』來越溝塹；用『開漢』、『飛江』來渡大河；用『浮海』、『絕江』等器材來逆流而行；一切軍需器材都準備齊全，主將也就沒有什麼可憂慮的了。」

器械不備 教不素信

大凡帥兵作戰，都必須事先作好思想與物資方面的準備，如果臨時抱佛腳、倉促上陣，總不免要出差錯。

一位演員，不論他是唱歌還是演戲的，要想在臺上風光，博取觀衆的掌聲，那麼，在臺下他就得刻苦訓練悉心準備。相反，沒有充分的準備而倉促上臺，不僅難得一顯身手，反倒會使自己處於窘迫的境地而出盡洋相。

勤能補拙。無論做什麼事情，能力差點不要緊，只要事先肯動腦筋，肯想辦法，有所準備，也能把事情做得妥妥貼貼，就是遇到有各類麻煩，也會像那有毒刺在身以防不測的蜂蠆一樣，對各種難堪的局面能應付自如。

自楊玄感起兵失敗，李密已不止一次與黑白無常擦身而過，經過幾個月的風雨漂泊，終於來到了東郡（今河南濮陽縣），投奔當時已擁有萬餘人馬的亂世英雄翟讓。但他沒想到自己仍有性命之憂。這主要是因為他曾是楊玄感的謀主，名聲太響，翟讓的手下覺得收留他有害無益，所以暗中勸翟讓速下殺手，免留後患。

李密大吃一驚，連忙透過王伯當向翟讓陳說致勝策略，希望以此改變翟讓的想法。翟讓急需人才，所以決定先試用李密，看看他究竟是騾子是馬。

試用很快就有了分曉，李密只稍稍出動了幾次，就將幾支小股豪傑進了翟讓的陣營。翟讓非常滿意李密的表現，同時也認定這位新來者確實不同凡響，以後凡商議大事都把李密找來，讓他成為謀略團的中堅人物。

李密針對軍隊的現狀，向翟讓獻計說：「現在兵馬已經越來越多，糧草卻缺乏來源，一旦曠日持久，人馬必定陷入饑廢交加的困境，大敵一來，結果只能是引頸就戮。從當前的形勢看，與其在東郡坐以待斃，不如直趨滎陽，休整士兵，廣積糧草，等到人強馬壯，再與別人爭雄不遲。」

翟讓當即採納，隨後攻破金堤關（今河南滎陽縣東北），打下滎陽郡境內多數城堡。滎陽太守楊慶以及通守張須陀率兵前來圍剿。曾多次栽在張須陀手下的翟讓聞風變色，準備拔腳開溜，遠避鋒芒。

李密說：「須陀只不過是一介武夫，有勇而無謀，再加上連打幾次勝仗，更加驕橫輕敵，這樣的人有什麼可怕的？你只管列陣以待，擊敗張須陀的事就交給我好了。」

翟讓無奈，只得部署人馬準備應戰。李密則分出千餘精兵，在樹林裡預先埋伏。雙方的戰鬥開始，翟讓果然又頂不住張須陀的攻勢，部隊已出現敗退的跡象；李密適時率領伏兵殺出，直撲敵人後陣，致使敵兵陣腳大亂，再與翟讓腹背夾攻，大敗隋軍，並當陣將張須陀斬於馬下。

從此以後，翟、李大軍威震河南，成為威脅隋王朝統治的一支最強大的力量。

虎韜——

臨境第三十六

派部分精兵偷襲敵後方，出其不意，攻其不備地騷擾敵人……

人先天都有改善環境的願望，先天都有表現自己才能的願望。環境的阻力越大，他所付出的創造力和開拓力越强，越急於充實自己，尋找出路。

一個人，擁有的越少，希望的範圍就越大，成功或收穫的意義也越寬廣，也越容易得到成功的鼓勵，並覺得一切都值得追求，都有意義。

〔原　文〕

武王問太公曰：「吾與敵人臨境相拒，彼可以來，我可以往，陳皆堅固，莫敢先舉。我欲往而襲之，彼亦可來，為之奈何？」

太公曰：「分兵三處：令我前軍，深溝增壘而無出，列旌旗，擊鼙鼓，完為守備；令我後軍，多積糧食，無使敵人知我意；發我銳士潛襲其中，擊其不意，攻其不備，敵人不知我情，則止不來矣。」

武王曰：「敵人知我之情，通我之謀，動則得我事，其銳士伏於深草，要隘路，擊我便處，為之奈何？」

太公曰：「令我前軍，日出挑戰，以勞其意；令我老弱，曳柴揚塵，鼓呼而往來，或出其左，或出其右，去敵無過百步，其將必勞，其卒必駭。為此，則敵人不敢來。吾往者不止，或襲其內，或擊其外，三軍疾戰，敵人必敗。」

〔譯　文〕

武王問太公說：「我軍與敵軍於國界線上對峙，我們都可以相互去攻擊對方。兩方的陣勢都非常堅固，哪一方都不敢先發動進攻，我想去襲擊敵人，又擔心敵人前來襲擊我軍，我應該採取怎樣的辦法呢？」

太公說：「把三軍分為前、中、後三部分：前軍負責深挖溝塹、高築壁壘，不要出戰，只布列旌旗，敲響鼙鼓，作好充分的準備；後軍負責糧食的積運，我軍的意圖不能讓敵軍知曉；派遣中軍精銳士兵去偷襲敵軍的小部人馬，出其不意，攻他個措手不及，敵人不了解情況，也就不敢前來進攻我們了。」

武王又問：「假若我軍情況已被敵人知曉，我軍的意圖他也了解，我們一有行動，敵人就清楚我們的意圖，而且深草之中有敵人埋伏的精銳兵士，在我軍必經之地進行阻攔，準備相機襲擊我軍防備不周的地方，這種情況應怎麼辦呢？」

姜太公說：「令我前軍每天都去向敵人挑戰，來懈怠敵人的鬥志；下令叫軍中的老弱士卒，拖曳樹枝，讓灰塵四起，擊鼓吶喊，來去不停。一會兒在敵人左邊出現，一會兒在敵人右邊出現，與敵人的距離要保持百步。反覆這樣，必定使敵方的將帥產生疲勞，士卒產生恐懼。如此，敵軍就不敢前來了。而我軍卻可以不停地往來襲擾敵軍，時而襲擊他的內部，時而攻打他的外部，如果三軍迅猛的發起攻擊，敵人必將遭到大敗。」

日出挑戰　以勞其意

善於用兵作戰的人，用奇攻擊敵人，不是用我的正。善於打勝仗的將領，用正攻擊敵人，不是用我的正，也就是奇正的相互變化。不僅僅是用兵，政治策略同樣離不開「詭道」。只有詭道善於取勝於無形之中，使敵人摸不著頭腦。

奇正的相互變化，要想達到最好的效果，全在於運用的靈活神妙。運用得當正謀也奇，奇謀也正。出奇所以能制勝，出奇不能作到「出其不意攻其不備」，就會奇夏爲正，巧變成拙。而勝敵的奇謀，反而被敵人所制，變成拙略敗策了。

策略計謀，必須周詳細密，立謀定略的目的是要致人，而不是致於人。能明白這些，做到這樣，方能克敵制勝。

金太祖完顏旻，本名阿骨打，一一一三年，金的先祖康宗烏雅束逝世，阿骨打襲位為都勃極烈（總治官，相當於冢宰），一一一四年，遼朝廷任命他繼承阿雅束為節度使。阿骨打任節度使後，派人去向遼朝廷索要阿疏，阿疏原是匕石烈部人，後來投奔了遼朝廷。遼朝廷拒絕將阿疏交出。派去的人回來，將遼國主沉溺於畋獵酗酒以及朝政廢弛等情況，報告了阿骨打。阿骨打於是下定決心，「終至於滅遼而後已」，在要衝地段加強防禦，積極修建城堡，製造軍用器械，待機而動。

遼方的統軍司得到情報後，派使者前往詰問說：「你們是不是有了異心呀？你們嚴密設防，趕造戰具，是想對付誰呀？」阿骨打答覆說：「設險自守，這是常事，有什麼可問的？我們是小國，對待你們大國從來沒有什麼失禮的地方。你們大國呢，不但對我們沒有什麼德澤，反而窩藏從我們這兒逃亡出去的人。像這樣對待小國，我們能不怨望嗎？你們如能交出阿疏，我們願意繼續朝貢，如若不然，我們豈能束手就擒受制於人！」

這樣一來，遼人便也開始加強戒備，命統軍蕭撻不野集結軍隊於寧江州。阿骨打派僕聒刺到寧江州去，表面上是再次去索要阿疏，實際上則是去觀察形勢。僕聒刺回來時報告說：「遼軍的人數太多了，簡直不知道有多少？」阿骨打很疑惑地說：「他們不是最近才下令征調軍隊嗎？怎麼可能一下子便集結這樣多的人呢？」便又派胡沙保去察看。胡沙保回來報告說：「遼軍已經集結起來的，只有四院統軍司與寧江州的部隊，另加渤海八百人。」阿骨打說：「這還差不多。」隨後對將佐們說：「遼人已經在防備我們了，我們必須先發制人，以免為人所制。」九月，進軍寧江州，到達寥晦城，各路部隊會合於來流水，共有二千五百人。

出師時，先後兩次禱於皇天後土，申告於天地，歷數遼人的罪惡，說他們對女真人是「有功不省，而侵侮是加」。同時向全軍宣布，能在戰鬥中立功的，原是奴隸的可以除掉奴隸身份，原來沒有官職的可以給予官職，有官職的可以遷升；倘若作戰不力，那便要「身死挺下，家屬無赦」。

經過一番組織動員之後，阿骨打的部隊人數雖少，戰鬥力卻很強。進入遼人區域後，渤海軍先向阿骨打的左翼發動進攻，部將斜也、哲垤等人立即奮起應戰。阿骨打制止他們說：「不要輕易出動，觀察一下形勢再說。」敵軍轉而進犯中軍，阿骨打親自彎弓了遼將耶律謝十，然後命令將士們出擊，務必戰鬥到全殲敵人為止。部眾勇氣百倍地向前衝殺過去，遼軍被擊退後四散奔逃，「相蹂踐死者十七八」。戰鬥結束後，許多人都來向阿骨打表示祝賀，並勸他即位稱帝，阿骨打說：「打了一次小勝仗便馬上自稱皇帝，那未免顯得太淺薄啦！」沒有採納大家的意見而繼續領軍向前推進，於十月攻克了寧江州，凱旋而歸。

虎韜——

動靜第三十七

窺探敵人的動靜，觀察敵人前來的徵候，設伏兵等待它。

一個好動的人就像烏雲下的閃電，霎時之間就消失得無影無蹤，又像一盞風前的残燈孤燭。

一個好靜的人就像已經熄滅了的灰燼，已經喪失了生機的樹木。只有緩緩而動的浮雲下和平靜的水面下，才能出現鷹飛魚躍的景觀。

〔原文〕

武王問太公曰：「引兵深入諸侯之地，與敵之軍相當，兩陳相望，衆寡強弱相等，未敢先舉。吾欲令敵人將帥恐懼，士卒心傷，行陳不固，後陳欲走，前陳數顧，鼓噪而乘之，敵人遂走，為之奈何？」

太公曰：「如此者，發我兵去寇十里而伏其兩旁，車騎百里而越其前後，多其旌旗，益其金鼓。戰合，鼓噪而俱起，敵將必恐，其軍驚駭，衆寡不相救，貴賤不相待，敵軍必敗。」

武王曰：「敵之地勢，不可以伏其兩旁，車騎雙無以越其前後，敵知我慮，先施其備，我士卒心傷，將帥恐懼，戰則不勝，為之奈何？」

太公曰：「微哉！王之問也。如此者，先戰五日，發我遠候，往觀其動靜，審候其來，設伏而待之。必於死地，與敵相遇。遠我旌旗，疏我行陳，必奔其前，與敵相當。戰合而走，擊金無止，三里而還，伏兵乃起，或陷其兩旁，或擊其前後，三軍疾戰，敵人必走。」

武王曰：「善哉！」

〔譯　文〕

武王問太公說：「率兵進入諸侯國境內，如果敵我勢力相當，兩軍隔陣相望，兵力的多少與強弱都差不多，任何一方都不敢首先採取行動。要想讓敵人的將帥恐懼、士氣低落、行陣不穩，後陣的兵士想逃離，前陣的士卒只顧朝後看，然後，擂鼓吶喊助威，乘勢追擊，迫使敵軍逃跑，應該怎樣做呢？」

太公說：「想做到這樣，我軍就必得派遣一部分人馬繞道於敵後十里的地方，埋伏於道路兩旁，再派戰車騎兵遠出百里，迂迴於敵陣的前後，下令軍中多插旌旗，多備戰鼓。待雙方交戰後，擊鼓吶喊，各軍同時發起進攻，敵軍將帥必定驚恐，士兵一定害怕，敵軍中大小部隊不能互相救援，官兵也不能相互照應，如此，他們必定要遭到大敗。」

武王又問：「假如敵方的地勢不便於我方的兵士在其兩側埋伏，我方的騎兵與戰車也無法繞至敵軍的後方，而且我軍的意圖被敵人發現，他們已經有了準備，我方士氣低落、將帥恐懼，就是與敵人一拼也不能取勝，對這種情況該怎麼辦呢？」

太公說：「你這個問題提得太好了！遇到這種情況，在戰前五天，就要派斥候去遠方觀察敵人的動靜，細察敵人進攻我軍的徵候，設下伏兵以待敵人的進犯。與敵軍交戰一定要選擇對他們不利的地形，疏散我方的旌旗，我軍列陣的距離也要拉開，必須派遣一支與敵人相差不大的兵力去進攻敵人，剛一交鋒就要撤退，故意鳴金收兵，退後三里再回來反擊敵軍，伏兵此刻要趁機而出，或襲擊敵軍兩側，或抄襲敵軍前後，全軍奮勇速戰，敵人必然要逃跑。」

武王說：「您講的太對了！」

視其動靜　設伏待之

「動」與「靜」爲軍事行動相對的狀態，而迂迴與埋伏又是動與靜的具體結合。靜靜地埋伏，使敵人不知不覺。擔負埋伏的部隊如同在「九地之下」，「設伏而待之」。如果誘惑敵人前來，我軍主力快速迂迴到敵人後方，使敵人震駭，我方伏兵突然出現，全線出擊迎戰敵人，這樣敵人必須敗逃。

兩軍相對，迂迴與埋伏作戰的戰術是戰鬥中慣用的方法。在本篇中具體描述了怎樣派遣部隊，秘密繞到離敵十里之處，分伏兩旁，伺機待命。在現代戰爭中，非常注重作戰計劃，同時，應有幾個作戰方案，以保整個戰鬥計劃能達到目的。作戰計劃必須考慮到敵人每一個可能的行動，從而制定出必要的防範措施。

「設兵伏擊」一般情況下都要根據地形特點配備軍隊的數量。尤其是要以弱勝強，更得好好運用「設兵」迂迴的戰術，占據了有利地形，將戰術與地形很好地利用起來，即使是弱兵，也能戰爭強敵。

北魏孝莊帝永安二年（五二九年），萬俟丑奴起兵，關中震動，掌握北魏朝權的爾朱榮欲派賀拔岳討伐。賀拔岳私下對其兄講：「萬俟丑奴是個很難對付的勁敵，若這次師出無功，則脫不了罪責；如能克定，恐怕讒言控告也會由此而生。」於是請派一名爾朱氏的人為元帥，自己為副帥。爾朱榮大喜，派其子天光為帥。

當時萬俟丑奴自己親率兵圍攻岐州，派大行臺尉遲菩薩、僕射萬俟行丑同向武功，南渡渭水，攻其外圍柵欄，爾朱天光派賀拔岳率一千騎兵增援。尉遲菩薩攻克柵欄以後，帶步、騎兵二萬到渭水北岸。賀拔岳帶幾十名輕騎，與尉遲菩薩隔渭水談話，賀拔岳稱贊他揚國威，尉遲聽後沾沾自喜，命令省事傳話。省事仗著隔了渭水，出語不遜，賀拔岳氣憤不過，拔箭便射，少事應弦而倒。

這時天色已晚，各自回營。賀拔岳回營後，在沿渭水河南岸，分派精兵幾十人為一處，隨地形不同隱蔽。

第二天率百餘騎，先與尉遲軍隔水相同，再向東行走。敵軍見賀拔岳兵馬始終不多，隔岸隨著東走。賀拔岳逐漸前行，原先伏置的騎兵，漸漸會合，隊伍越來越大。敵軍沒有注意賀拔軍有所增加，走了約二十里後，到了水淺敵軍可渡的地方，賀拔岳突然策馬東奔，似欲逃跑，敵軍見賀拔軍要逃，便丟下步兵，南渡渭水，輕騎追擊。賀拔岳往東走了十餘里，在山崗埋下伏兵等待尉遲到來。

賀拔岳身先士卒，率兵急攻，敵軍退走，賀拔岳號令部下，敵人下馬者可不殺，敵軍見後紛紛下馬，過不多久，便俘三千人，馬也全部繳獲無遺，尉遲被活捉。接著北渡渭水，步兵跟著投降一萬多。

金鼓第三十八

「金鼓」是軍隊前進與撤退的號令。

一個人有惻隱之心，必有仁慈之愛。為人處世，治政做官，唯仁是取，唯愛而施，方可得天下。

以戒為固，以怠為敗，身體力行，以自己為榜樣帶動下屬，如此則是一名好官。

重人心、重禮義、重誠信，豈能令不行、禁不止？

〔原　文〕

武王問太公曰：「引兵深入諸侯之地，與敵相當，而天大寒甚暑，日夜霖雨，旬日不止，溝壘悉壞，隘塞不守，斥堠懈怠，士卒不戒，敵人夜來，三軍無備，上下惑亂，為之奈何？」

大公曰：「凡三軍，以戒以固，以怠為敗，今我壘上，誰何不絕，人執旌旗，外內相望，以號相命，勿令乏音，而皆外向。三千人為一屯，誡而約之，各慎其處。敵人若來，視我軍之警戒，至而必還，力盡氣怠，發我銳士，隨而擊之。」

武王曰：「敵人知我隨之，而伏其銳士，佯北不止，過伏而還，或擊我前，或擊我後，或薄我壘，吾三軍大恐，擾亂失次，離其處所，為之奈何？」

太公曰：「分為三隊，隨而追之，勿越其伏，三隊俱至，或擊其前後，或陷其兩旁，明號審令，疾擊而前，敵人必敗。」

〔譯文〕

武王問太公說：「率領軍隊深入諸侯國境內，敵我的兵力相當，正是嚴寒或酷熱的季節，或者大雨連下，旬日不止，以致溝壘崩塌，山險要塞失去守禦，斥候也大意鬆懈，兵士疏於警戒，如果敵人趁此時機夜襲我軍，而我軍又無所戒備，上下亂成一團，應該怎樣應付呢？」

太公說：「有了戒備，軍隊就能鞏固；懈怠，就會導致失敗。命令在我軍的營壘之上，稽查詰問的聲音不能間斷，哨兵手執令旗，與營壘內外聯繫，再以號令相傳送，金鼓的聲音也不能間斷，向外面表示已做好了戰鬥準備。每三千人編為一頓，嚴加訓練，諄諄告試，使他們各自謹慎守備。如果有敵人來犯，見到我方戒備森嚴，就是來到了我軍的陣前，肯定也會退去。此時，我軍應乘敵軍力絕氣衰之際，選派精銳的士卒勇猛地追擊敵人。」

武王問：「如果敵人已經猜測到我軍要隨後追擊，他們在此之前已埋伏了精銳的士卒，然後偽裝敗退，當我軍進入敵人的埋伏圈後，他們就調轉頭來，與埋伏的敵人匯合攻擊我軍。有的攻打我軍的前部，有的襲擊我軍的後部，有的逼近我軍的營壘，而使我軍恐慌不已，自相驚擾，一片混亂，行陣也被打亂，遇到這種情況該如何應付呢？」

太公說：「要把全軍分為三個部分，分頭跟蹤追擊敵人，但是不可進入敵人的埋伏圈，讓他們有的襲擊敵方的前後，有的攻打敵軍的兩側，號令要嚴明，出擊要迅速，這樣，必然能打敗敵軍。」

疾擊面前　敵人必敗

作爲軍隊來說，戒備之心不懈，就能固守；鬆懈、怠慢，必定要失敗。一支部隊的軍營中，口令呼應之聲不絕，哨兵執旗傳遞號令，進行聯絡，有條不紊，金鼓之聲不斷，莊嚴、整肅，這支部隊，絕對能戰之必勝。所以說：警戒森嚴的部隊，即使深入敵境，地形不熟悉，或遇上惡劣氣候，也能相機勝敵。

防禦戰術在軍事戰術中是兩大類別之一。姜太公提出了兩種防禦戰術，第一爲「分兵屯駐待敵」戰術，其目的就是選擇時機而攻之。第二爲「佯敗誘敵設伏」戰術。也是進攻性的防禦戰。防禦戰看起來不是好謀略，實際裡面大有學問，一則蓄養我軍力量，二則以靜觀動，三則以逸待勞，四則我若動，敵不知在何處防守。善於打防禦戰的人，完全是牽著敵人的鼻子走入自己設的圈套。善於打防禦戰的人，一旦展開反攻，其威勢必定無可抵擋，如同決堤的洪水一瀉千里。

雍正七年（一七二九年），清朝大舉進攻準噶爾部，授傅爾丹為靖邊大將軍，指揮北路戰事。到雍正九年（一七三一年），噶爾丹策零派遣大策零敦多卜、小策零敦多卜領兵三萬東犯北路軍營。並派間諜到傅爾丹處報稱噶爾丹策零怕受哈薩克人的襲擊，分兵防守；又說羅卜藏丹津的族人羅卜藏策零謀反，大策零敦多卜正在和他周旋，不能出兵，只有小策零敦多卜已到了察罕哈達。

傅爾丹信以為真，未加考慮，急選一萬人沿科布多河向西前進，以素圖、岱豪為前鋒，定壽等領第一隊，馬爾薩等領第二隊，傅爾丹率大軍繼其後，令袞泰保護築城，陳泰屯據科布多河東，封鎖奇蘭道。六月，大軍從科布多出發，定壽等進據扎克賽河，抓到了一名準噶爾巡邏兵，說距察罕哈達還有三天的日程，準噶爾兵只不過有千人，沒有立營。傅爾丹遂命乘夜速進，走了幾天不見敵影。不久，又抓到一名間諜，說準噶爾兵二千屯守博克托嶺。傅爾丹遣素圖、岱豪率三千人前往攻擊。噶軍出動羸兵誘師，而伏二萬兵於山谷中。

六月二十日，清軍與噶軍轉戰一日，殺傷相當。二十二日，傅爾丹移軍和通泊與敵軍二萬相遇，大敗，副將軍查弼納、巴賽陣亡，只有二千多人逃至科布多。

絕道第三十九

凡是深入敵境，必須審察地理，務求占據有利地形。

人間一切橫逆困難是磨練英雄豪傑心性的熔爐。發覺受人家暗算時不要在言談中表露出來，受人家侮辱時也不要立刻怒形於色。一個人有吃虧忍辱的胸懷，在人生之中自是妙用無窮，對前途事業也是受用不盡。

〔原　文〕

武王問太公曰：「引兵深入諸侯之地，與敵相守，敵人絕我糧道，又越我前後，吾欲戰則不可勝，欲守則不可久，為之奈何？」

太公曰：「凡深入敵人之地，必察地之形勢，務求便利，依山林、險阻、水泉，林木而為之固，謹守關梁，又知城邑、丘墓地形之利。如是，則我軍堅固，敵人不能絕我糧道，又不能越我前後。」

武王曰：「吾三軍過大林、廣澤、平易之地，吾盟誤失，卒與敵人相薄，以戰則不勝，以守則不固，敵人翼我兩旁，越我前後，三軍大恐，為之奈何？」

太公曰：「凡帥師之法，當先發遠候，去敵二百里，審知敵人所在。地勢不利則以武衝為壘而前，又置兩踵軍於後，遠者百里，近者五十里，即有警急，前後相救。吾三軍常完堅，必無毀傷。」

武王曰：「善哉！」

〔譯文〕

武王問太公說：「率兵深入到諸侯國境內，兩軍相峙，如果我們的糧道被敵方斷絕，他們又迂迴至我軍的後方，如果同敵軍交戰恐難取勝，又擔心不能長久的堅守，這時，我該怎麼辦？」

太公說：「只要是深入敵境，一定要察明地理形勢，必須占據有利的地形，依山林、險阻、水源、林木而固守陣地，嚴守關隘、橋梁，還要掌握城邑、丘墓等有利地形。如此，就能堅固我軍的防守，我軍的糧道敵人不能斷絕，他們也不能迂迴到我軍的後方。」

武王說：「當我軍越過大森林、寬闊的沼澤和平坦的地帶時，盟軍因失誤而沒有聯繫上，又突然與敵人相遇，想進攻又不能取勝，想防守又堅守不住，我軍兩側已被敵人包圍，敵軍又迂迴到我軍前後，我軍大為恐慌，如何對待這種情況呢？」

太公說：「大凡要統兵作戰，必須先派出偵探，深入敵境二百里，弄清敵人的確切位置。如果地勢不利於我軍，就要用武衝車在前面開路，並派遣兩支後衛部隊斷後，後衛部隊與主力部隊之間的距離最遠的可達百里，近的也有五十里，如果有緊急情況，前後也可以互相救援。若能長期保持這種完善而鞏固的部署，那麼，我軍必定不會遭受創傷和失敗。」

武王說：「您講得真好啊！」

三軍常堅　必無毀傷

打勝仗的軍隊，總是有了必勝的把握才同敵人交戰；打敗仗的軍隊，總是先同敵人交戰而後企求僥倖取勝。善於用兵作戰的人，必須先明政治，確保必勝的法度，所以能掌握勝敗的主動權。

敵我之間的勝負早已存在，只有聰明的人，才見於未然，愚蠢的人暗於成勢。大凡興兵作戰，貴在先知。了解敵人的虛實，又了解自己的強弱，百戰都不會有危險；不了解敵人，只了解自己，可能勝也可能敗；既不了解敵人，也不了解自己，那就每戰必敗。

能料敵策敵的人，除去能了解敵我以外，凡是天時、地利、人和的局勢，陰陽隱顯之數，人力、財力之數，各方面的情況都是面面俱到。如果僅依仗著自己的力量，而盲目應付敵人，都是百次難有一次成功的道理。

北魏末年，萬俟丑奴在關中起義，北魏派大將爾朱天光和賀拔岳前往鎮壓。萬俟丑奴圍攻岐州（今陝西鳳翔縣東南），其部將尉遲菩薩率兩萬軍隊進駐渭北。賀拔岳率軍至渭南，與尉遲菩薩軍隔水而見。至夜晚，賀拔岳在渭水依水傍河之處設置伏兵數處，每處有精銳騎兵數十人。

第二天，賀拔岳只帶百餘騎兵沿水而行，其所設伏兵同步前進。賀拔岳越往前走，其伏兵越多，而尉遲菩薩仍以為其兵力僅百餘人而已。賀拔岳前行了二十多里，到水攻騎兵可渡河的地方突然拍馬向東，佯裝逃跑。尉遲菩薩見其東逃，丟下步兵，只率輕騎涉河追擊。賀拔岳又東走十餘里，見南北橫列的山崗，便依橫崗設下埋伏，以待尉遲菩薩前來。崗設下埋伏，以待尉遲菩薩前來。

崗前山路狹隘，尉遲菩薩的騎兵不能列陣一齊而上，只好首尾相連依次上山。等到其半人上崗，半人尚在山下時，賀拔岳率兵衝下山來，與後面伏兵兩面夾擊。尉遲菩薩猝不及防，一時大亂，兵敗被俘。

這時圍攻岐州的萬俟丑奴見菩薩兵敗，立即退兵平亭（今甘肅涇川縣北）。爾朱天光與賀拔岳會合，進軍汧、渭之間，並到處揚言說：「現在天氣已熱，不是行軍打仗的時候，等秋涼之後再來。」萬俟丑奴聞言，信以為真，於是將部隊分散到岐州之北的百里細川，從事農耕，只派太尉侯元進帶兵五千在數外險要路口立柵營據守。

賀拔岳見其力量分散，知其中計，於是與爾朱天光加緊備戰。不久率軍進攻元進。元進雖有防備，畢竟兵力不足，戰不了幾個回合即兵敗被俘，其餘各柵營也相繼被攻陷。賀拔岳又帶兵倍道兼行逼涇州，涇州刺史俟幾長貴投降。萬俟丑奴不意魏又來進攻，頓時驚慌，撤往高平。賀拔岳輕騎追來，於長坑一戰，俘虜萬俟丑奴。

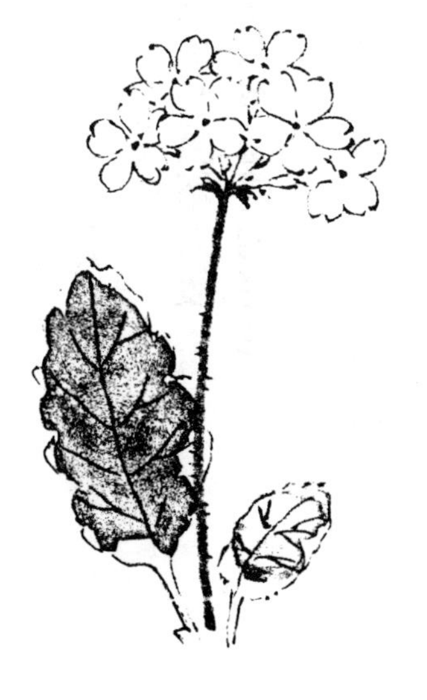

虎韜——

略地第四十

我軍戰勝敵人後，深入敵國境內略地。

山川秀麗的林泉本來是名勝之地，一旦迷沉留戀，就會把幽境勝景變成庸俗的鬧區。

琴棋書畫本來是騷人墨客的一種高雅趣味，一旦產生狂熱念頭，就會將風雅的事變得俗不可耐。

人一旦內心迷戀聲色物慾，即置身山間快樂仙境，也會使精神墜入痛苦深淵。

〔原文〕

武王問太公曰：「戰勝深入，略其地，有大城不可下，其別軍守險與我相距，我欲攻城圍邑，恐其別軍猝至而擊我，中外相合，擊我表裡，三軍大亂，上下恐駭，為之奈何？」

太公曰：「凡攻城圍邑，車騎必遠，屯衛警戒，阻其外內。中人絕糧，外不得輸，城人恐怖，其將必降。」

武王曰：「中人絕糧，外不得輸，陰為約誓，相與密謀，夜出窮寇死戰，其車騎銳士，或衝我內，或擊我外，士卒迷惑，三軍敗亂，為之柰何？」

太公曰：「如此者，當分軍為三軍，謹視地形而處。審知敵人別軍所在，及其大城別堡，為之置遺缺之道，以利其心，謹備勿失。敵人恐懼，不入山林，即歸大邑，走其別軍，車騎遠要其前，勿令遺脫。中人以為先出者得其徑道，其練座材士必出，其老弱獨在。車騎深入長驅，敵人之軍必莫敢至。愼勿與戰，絕其糧道，圍而守之，必久其日。無燔人積聚，無壞人宮室，冢樹社叢勿伐，降者勿殺，得而勿戮，示之以仁義，施之以厚德。令其士民曰：『罪在一人。』如此，則天下和服。」

武王曰：「善哉！」

〔譯　文〕

武王問太公說：「若我軍乘勝深入敵國境內，占據了不少地方，有一大城卻不能攻下，而敵人城外另有一支部隊堅守險要之地與我軍對峙。我欲繼續攻城，又害怕敵人城外固守的那支部隊猝然而來，與城內守軍前後夾擊我軍，以使我軍動亂，上下恐慌，這種情況又該怎麼辦？」

太公說：「只要是攻城圍邑，就得在離城較遠的地方配置戰車、騎兵，負責守衛和警戒，以斷絕敵人的內外聯繫。如此，時間一長，城內糧草必然短缺，外面又運不進糧食，城內軍民就會惶恐，守城的將領就會不攻自降。」

武王又問道：「城內斷糧，運糧的通道又被切斷，敵軍會偷偷地相約盟誓，策劃突圍，趁黑夜殺出城外，同我軍死戰，敵人的車騎銳士，或者衝擊我中軍，或襲擊我外圍，使我軍將士驚恐，全軍敗亂，應怎樣對付這種情況呢？」

太公說：「碰上這種情況，要把我軍分作三部分，謹慎地察看地形後才能審慎駐兵。對城外的敵軍的位置及附近大城別堡的情況要仔細查明，然後留一條通道給被圍的敵軍，以誘其外逃，但我方將士必須嚴加防範，不能讓敵人跑掉。遭圍困的敵軍驚恐慌亂，有的想逃到森山老林，有的想撤到附近的大城邑中。此時，我方應派一支部隊去趕走城外的那支敵軍，派另一支部隊以戰車和騎兵在離敵城較遠的地方，阻擊敵人突圍的先頭部隊，不要讓他們逃脫。而城內的敵軍會誤為他們的先頭部隊已打通了撤退的線路，他們精銳的士卒一定能出城而逃，城內剩下的是一些老弱殘兵了。然後遣我軍的第三支部隊，以車騎長驅敵人的後方，守城的敵軍必然不敢突圍了。此時，我軍一定要謹慎，不要急於同敵人交戰，只須斷絕他的糧道，把他們牢牢地圍困起來，時間一長，敵人自然會投降。破城之後，積蓄的財物不能燒毀，居民的房屋也不可毀壞，地裡的樹木和里社的叢林不能砍伐，降兵不要殺，俘虜不可虐待，要以仁義對待敵國的人民，對他們要施以恩德。並對敵國的軍民宣布：只有無道的君主一人該治罪。如此，天下之人就能心悅誠服了。」

武王說：「您說得好！」

攻城圍邑　車騎必遠

大凡攻城圍邑，戰術有三。其一是斷絕敵人的糧道以及內外的聯繫；其二是採取誘惑的辦法，誘使眞中計，等敵人出城後再圍而殲之。其三是死死的困住敵人，以各種方法消滅敵人的有生力量。

敵人的城池一旦攻破後，要以仁義、厚德來收攬民心，不可殺降兵，不可虐待俘虜，要嚴格軍中的紀律，做到以德服人。

因此，作爲一個將領來說，既要有膽有識，有謀有略，同時，還得具有一顆仁德之心。爲政也是同樣的道理，這樣就能使天下之人心悅誠服了。

南齊皇帝蕭寶卷派劉山陽率精兵三千前往四川地區，令他路過荊州時聯合蕭穎胄襲擊蕭衍駐紮的襄陽。蕭衍察知這計劃，派遣參軍王天虎、龐慶國到江陵，製造輿論，下書給各州縣。

到劉山陽西上時，蕭衍對將領說：「荊州人歷來害怕襄陽軍隊悍勇，加之唇亡齒寒，自己也急如驚弓之鳥，怎麼會不暗中和我們一致？我若合荊州、襄陽兵力東下，就是白起、韓信再生，也無計可施。何況沒有計謀的昏庸皇帝帶領一群阿庚逢迎之徒！我能使劉山陽一到荊州就獻出自己的腦袋。」

劉山陽到了岳陽，蕭又派天虎送信給蕭穎胄兄弟，然後對張弘策說：「用兵之首，攻心為上，攻城次之，心戰為止，兵點次之，今天的情況正是這樣。上次派王天虎到荊州，送信給各州縣。這次他急忙上路卻只帶封信，僅寫『王天虎口頭傳達』。到時他們問王天虎，而天虎無法回答，蕭穎胄不得要領又不容隨意捏造什麼。蕭穎胄根據王天虎的消息辦事，劉山陽知道後必然認為蕭穎胄與王天虎一同隱瞞事實直相，他們就會互相懷疑。劉山陽被傳說迷惑，疑心大起，蕭穎胄無法表明自己的清白，必然落入我的計算之中。這樣用兩封空白信就安定了荊州。」

劉山陽果然起疑，停止不前。蕭穎胄極為害怕，只得殺死王天虎。劉山陽見到王天虎首級，相信了蕭穎胄，只帶十來人前往荊州，蕭穎胄殺死劉山陽，然後服從蕭衍指揮。

火戰第四十一

叢林地帶駐軍防禦火攻的戰術

不良的嗜好對人的危害猶如烈火，專權弄勢的脾氣對心性的腐蝕如凶焰。如果不及時給一點清涼冷淡的觀念緩衝一下強烈的慾望，那猛烈的慾火雖不至人粉身碎骨，終將讓心火自焚自毀。

慾望是烈火，理智是涼水，涼水可以控制烈火，理智可以控制慾望。

〔原　文〕

武王問太公曰：「引兵深入諸侯之地，遇深草蓊穢，周吾軍前後左右。三軍行數百里，人馬疲倦休止。敵人因天燥疾風之利，燔吾上風，車騎銳士堅伏吾後，吾三軍恐怖，散亂而走，為之奈何？」

太公曰：「若此者，則以雲梯、飛樓遠望左右，謹察前後。見火起，即燔吾前而廣延之。

又燔吾後。敵人若至，即引軍而卻，按黑地而堅處。敵人之來，猶在吾後。見火起，必還走。吾按黑地而處，強弩材士衛吾左右；又燔吾前後。若此，則敵不能害我。」

武王曰：「敵人燔吾左右，又燔吾前後，煙覆吾軍，其大兵按黑地而起，為之奈何？」

太公曰：「若此者，為『四武衝陣』，強弩翼吾左右，其法無勝亦無負。」

〔譯文〕

武王問太公說：「率軍進入諸侯國境內，遇上茂密的草地，環繞於我軍周圍，我軍已行了數百里，人困馬乏，正在宿營休息。敵人卻抓住氣侯乾燥，風速大的有利時機，於我軍的上風縱火，又布置了戰車、騎兵、銳士於我軍的後方埋伏，使我軍驚恐，散亂而逃，這應該怎樣呢？」

太公回答說：「遇到這樣情況，就要用雲梯、飛樓登上高處向四周瞭望。如發現敵人放火，就順著風向在我軍駐地前面放火，並盡量擴大火燒面積。同時又在我軍後面放火，以便燒出一塊『黑地』。如果敵人前來攻擊，就引軍撤退至『黑地』而堅守。前來圍攻的放軍，此時還在我軍的後面。看到火光，他們必然要退走。我軍堅守『黑地』，兩翼由持強弩的勇士掩護。又同前面一樣，繼續焚燒我軍前方的茂草，這樣，敵軍就不能給我軍造成傷害了。」

周武王又問：「敵人在我軍周圍放起火來，我軍都被濃煙覆蓋，假如敵軍趁機進攻我軍駐守的黑地，該怎麼辦呢？」

太公說：「遇到這種情況，可以把我軍布成『四五衝陣』，以強弩掩護我軍的左右，這種方法不能取勝，卻也不至於失敗。」

敵人若至　引軍退卻

在火炮、核武器尚未發明之前，短兵相接的拼殺與火攻之法是徹底摧毀敵人的兩大致命武器，而施行火攻又是最省時間、人力的方式。採用火攻，即使熊熊烈火未能燼目標，也可趁火打劫，乘亂取勝。

發動火攻之後，要因實際狀況，隨機應變，火戰之術也不宜拘泥、呆板。例如從敵人內部縱火，就要及早派兵在外接應；如果在敵人外部縱火，便不必期待內應，只要時機成熟即可。如果縱火之後，敵人仍然很鎮靜，其中可能有詐，這時宜當觀察等待，不要立即進攻，應是可攻則攻，不可攻則停止。

縱火時，尤其要注意方法，孫子說：「火發上風，無攻下風。」就是提醒人們縱火時，要從上風處放大，不能在下風處攻擊敵人。因爲逆風進擊，大火濃煙順風而來，煙霧彌漫，不僅視線不清，也有被火所傷的可能。

黃武元年（二二二），劉備為了替關羽報仇，親率大軍來到吳國西部邊界。孫權任命陸遜為大都督，率領朱然、潘璋、宋謙、韓當、鮮於丹、孫醒等部隊五萬人馬抵禦劉備。

劉備的軍營從巫峽、連平一直連接到夷陵邊界，一共設立了幾十個，且營營相邊，互為一體，一場大戰即將爆發。

陸遜分析了敵情，給孫權上疏說：「夷陵是軍事要衝，是我國的險要關口，雖然容易占取，但也容易再失去。失去夷陵，不只是損失一個郡的土地，主要是荊州就要令人擔憂了。如今我們爭奪此地，備必獲得成功。劉備違背常理，不防守他的老巢，竟敢自己來關死。回顧劉備以往作戰的情況，總敗多勝少，這次也不例外，請陛下放心。」

眾將領都說：「進攻劉備就當在他剛開始發兵的時候，如今已讓他深入吳境五、六百里了，相互對峙也已經七、八個月，很多要害關口都被他們嚴密防守，這時進攻他們必定對我軍不利。」

陸遜說：「劉備是個狡詐的人，經歷過的事情很多，他的軍隊剛集結時，他考慮相當周密，用心專一，不能輕易進犯他。如今他駐紮已有很長時間，沒有占到我們的便宜，軍隊廢憊，士氣頹喪，他再也想不出新的計策了。夾擊敵人，圍殲他，正應當在現在這個時候。」

陸遜先出兵進攻蜀軍一處營寨，失利了，眾將領都說：「這是白白地損失兵力。」

陸遜說：「我已經掌握了打敗敵人的辦法。」

於是命令士兵每人各拿一把茅草，用火攻的辦法攻破了敵軍營寨。頃刻之間，便形成熊熊火勢，陸遜便率領各軍同時進攻，斬殺了劉備幾員大將，攻破敵軍四十多處營寨。

劉備的將領杜路、劉寧等人被打得走投無路，被迫請求設降。劉備登上馬鞍山，周圍布置軍隊防守。陸遜督促各軍四面收縮進逼，蜀軍土崩瓦解，死者數以萬計。劉備乘黑夜逃跑，幸有驛站的人自動挑了士兵扔下的鐃鈸、鎧甲，在隘口放火焚燒，截斷追兵的道路，劉備才得以逃入白帝城。他的船隻兵器和水軍步兵的物資，一下子損失殆盡，士兵的屍體隨水漂流而下，壅塞在江中。

這一仗，把劉備的力量完全趕出了峽江，使其再無力東顧，而他本人也因這一仗意志消沉，一病不起，在白帝城飲恨而死。

虎韜——

壘虛第四十二

探察敵陣營壘虛實及敵人的活動

若使很聰明的人計算利害，估量虛實，揣度人情，所得一半，所失一半。一個有才德修養的人，雖不會沉迷於玩賞珍奇寶物而喪失志向，但也需要經常找個機會接近大自然調劑身心。人生短暫，事物更替，又何苦去費盡心機，爲謀取富貴而留下空虛的名聲呢？

〔原文〕

武王問太公曰：「何以知敵壘之虛實、自來自去？」

太公曰：「將必上知天道，下知地理，中知人事。登高下望，以觀敵之變動。望其壘，即知其虛實；望其士卒，則知其去來。」

武王曰：「何以知之？」

太公曰：「聽其鼓無音，鐸無聲，望其壘上多飛鳥而不驚，上無氛氣，必知敵詐而為偶人也。敵人猝去不遠，未定而復返者，彼用其士卒太疾也。太疾則前後不相次，不相次則行陳必亂。如此者，急出兵擊之，以少擊衆，則必勝矣。」

〔譯　文〕

武王問太公說：「敵方營壘的虛實和敵軍來去的調動情況應採取怎樣的方法才能知曉呢？」

太公答道：「作為一個將帥，要上知天時的順逆，下曉地理的險易，中知人事的得失。要想觀察敵人的動靜，就要登高瞭望；要想了解敵人內部的虛實，就要從遠處眺望敵人的營壘；要想知道敵軍調動的情況，就必須觀察敵人士卒的動態。」

武王又問：「要想知道這些情況，用什麼辦法呢？」

太公答道：「如果敵營的鼓聲、鈴聲都聽不到，望見敵方營壘上的飛鳥毫不驚懼，空中也沒有揚起的煙塵，就可以斷定敵人是用木偶人守營以矇騙我軍。敵人若是倉促撤退沒多遠，沒去多遠又返回來，這是敵方調動軍隊太忙亂了。軍隊一亂，前後就沒有秩序，秩序一亂，行列就會混亂。遇到這樣情況，可以出兵迅猛攻擊他，就是我方人少，也必定能取得勝利。」

望其壘，即知其虛實

所謂「壘虛」，就是探察敵陣營的虛實及敵方的活動。作爲將領，必須是上知「天道」，下知「地理」，中知「人事」。

作爲戰爭，就是爲了盡知對方虛實之情，而我方儘可能地：「以實取虛，以有取無，則如同以鎰稱銖」。虛虛實實，實實虛虛，使敵人誤以我的虛爲實，我的實爲虛，反反覆覆，使敵人犯大忌，犯大錯，這樣敵人的虛實則暴露無遺。這樣以我的實去擊敵人的虛，以我的強去擊敵人的弱，則如同以泰山壓卵。

如何才能觀測到敵人的虛實呢?根據天道、地理、人事三者相依而存，相因而變。「聽不到敵人的鼓聲，也聽不到鈴聲，瞭望敵營上空的飛鳥不驚……」這是從天時、地理方面判斷敵人的虛實。根據天候、地象、人事的跡象變化綜合判斷分析，才能得知敵方的眞實情況，從而把握住戰爭主動權。

孫子說：「善於作戰的人，是戰勝容易戰勝的敵人，使自己立於不敗之地。」

胡僧祐作戰身先士卒，明於賞罰，部下都願意為他拼命。晚年跟隨梁元帝蕭繹在江陵，正值侯景叛亂，西部有少數民族起義，蕭繹命令胡僧祐率軍平定，並殺盡他們的首領。胡僧祐覺得那樣做太過分，便陳述自己的意見，惱怒了蕭繹，蕭繹將他送入大牢。

大寶二年（五五一年），侯景進攻荊陝地區，將蕭繹的大將王僧辯重重圍困在巴陵（今湖南岳陽），蕭繹見形勢危急，沒有得力的人可用，只得從牢中請出胡僧祐，封之為武猛將軍、新市縣侯，讓他率兵赴援。

出兵前，胡僧祐對兒子說：「你開兩處門，一處漆成紅色，一處白色。我勝由紅色門回，死則由白色門回，不勝定不生還。」蕭繹聽到非常欣慰。

軍至楊浦，侯景大將任約領精兵五千人據守白堉，等待胡軍，胡僧祐卻由別的道路行進。任約認為胡怯戰，有意躲避，急忙追趕，在南安（今湖北新洲縣）芊口追上了胡，大叫「吳中小孩，逃到哪裡去，還不快點投降。」胡僧祐不予答理，指揮部隊慢慢退卻到赤砂亭，會合陸法和的隊伍，兩軍併力攻擊任約並活捉了他。侯景聽到後急忙從巴陵撤軍。

豹韜——

林戰第四十三

森林地帶是一特殊的作戰環境

樹木到了秋冬季節葉落歸根化為腐土，人們才想到茂盛的枝葉鮮花只不過是一時的榮華。

輕風吹過稀疏的竹林會發出沙沙的聲音，當風吹過之後竹林並不會留下聲音仍歸於寂靜。

一個有品德的君子所遇之事，就用仁德之心去服務，心情也就恢復了本來的寂靜。

〔原　文〕

武王問太公曰：「引兵深入諸侯之地，遇大林，與敵人分林相拒，吾欲以守則固，以戰則勝，為之奈何？」

太公曰：「使吾三軍分為衝陳，便後所處，弓弩為表，戟盾為裡，斬除草木，極廣吾道，以便戰所；高置旌旗，謹敕三軍，無使敵人知吾之情，是謂林戰。林戰之法：率吾矛戟，相與為伍；林間木疏，以騎為輔，戰車居前，見便則戰，不見便則止；林多險阻，必置衝陣，以備前後，三軍疾戰，敵人雖衆，其將可走；更戰更息，各按其部，是謂林戰之紀。」

〔譯　文〕

武王問太公說：「領兵深入諸侯國境內，遇上森林，我方與敵人各占一部分森林相互對峙，要想做到防守就能鞏固，進攻就能取勝，應怎麼做？」

太公說：「將我三軍布置成『四武衝陣』，設置在便於作戰的地方，外層布設弓弩手，裡層布設戟、盾，砍去草木，把道路拓寬，以利於我軍行動；戰旗高掛，嚴令三軍，我軍的情況不得讓敵人知曉，森林地帶作戰的原則就是這樣。森林地帶作戰的方法是：把我軍中使用矛戟等短兵器的士卒混雜於一塊組成一個小分隊；在林木稀疏的地帶，以騎兵協同作戰，戰車在前面對我方有利就進攻，不利就停止；森林中險要地帶較多，一定要布置『四武衝陣』，以防備敵軍對我軍前後左右的襲擊。作戰時，我軍要奮勇衝殺，敵人雖多，也將被我軍殺得大敗而逃。部隊要輪番作戰與休息，各部隊要聽從部署，統一行動，這也是森林作戰的一般原則。」

林多險阻　必置四武衝陣

山岳叢林地作戰，是一特殊的地理作戰環境。車兵對它只能望林興嘆，騎兵也不敢大膽深入。

然而山岳叢林地帶是步兵最好的理想戰場，步兵進入了山林險地，如同魚入江湖。只須對山林險地內的地形條件熟悉，任憑你用多少人馬對付我軍也是無可奈何，而且我軍可以拖垮對方、疲憊對方，最後各個擊破對方。總結山林地帶作戰的秘訣是：「敵進我退，敵退我追，敵困我擾，敵疲我打。」

山林地區作戰，重型武器、殺傷力大的武器，一則難以進入，二則即使能進入也發揮不出威力。由於姜太公是遠古時代的軍事指揮家，那時的山林情況、地理情況與現代有所區別。古代的軍事家們都認爲：「入林的敵寇切莫追趕」是一條眞理。

太公認爲：林中多險阻，必須設置「四武衝陣」，以防敵人對我軍偷襲，作戰中，全軍猛烈衝殺，敵人雖多，也容易被我軍打敗。

南宋立國之初，致力於平定內亂。湖南劉忠聚眾白面山，憑借山勢修築堡壘，宋將韓世忠率兵討伐。在距離劉忠部三十里的地方安營紮寨，兩軍對峙。

韓世忠部下解元單騎渡河，潛入敵營探知軍事布署，發現敵人在山頂上建了一座望樓，居高臨下，對雙方陣營一覽無餘，而另屯兵於四面小山上，所有兵力全部聽命於望樓指揮。解元將這一情況報告韓世忠，說：「只要我們能占領望樓，則敵人就技窮了。」

於是，當天晚上，韓世忠先埋伏精兵兩千在白面山四周，派解元領五百士兵從下往上進攻望樓，進攻部隊兩側以弓矢掩護，中間以長劍猛衝，敵人無法阻擋，攻下望樓，豎起宋軍大旗，同時所伏兵力也呼聲如雷地從四面八方殺將出來。敵人受到夾擊，又回頭看到望樓上宋軍大旗，軍心崩潰，四處逃竄。

劉忠全軍覆沒，湖南平定。

豹韜——

突戰第四十四

突然襲擊是戰爭中常見的戰法

見識面寬廣了，世上就再沒有什麼可以驕傲的事情。人有報復心，對那些不能善待自己的人施以報復，這大概是顯示人類的嚴厲與人事的嚴酷。你怎樣對待他人，他人亦將怎樣回報你。

〔原文〕

武王問太公曰：「敵人深入長驅，侵掠我地，驅我牛馬，其三軍大至，薄我城下。吾士卒大恐，人民系累，為敵所虜。吾欲以守則固，以戰則勝，為之奈何？」

太公曰：「如此者，謂之突兵。其牛馬必不得食，士卒絕糧，暴擊而前。令我遠邑別軍，選其銳士，疾擊其後，審其期日，必會於晦，三軍疾戰，敵人雖衆，其將可虜。」

武王曰：「敵人分為三四，或戰而侵掠我地，或止而收我牛馬，其大軍未盡至，而使寇薄我城下，致吾三軍恐懼，為之奈何？」

太公曰：「謹侯敵人未盡至，則設備而待之。去城四里而為以壘，金鼓旌旗，皆列而張，別隊為伏兵。令我壘上多積強弩，百步一突門，門有行馬，車騎居外，勇力銳士隱伏而處。敵人若至，使我輕卒合戰而佯走，令我城上立旌旗，擊鼙鼓，完為守備。敵人以我為守城，必薄我城下，發吾伏兵，以衝其內，或擊其外。三軍疾戰，或擊其前，或擊其後，勇者不得鬥，輕者不及走，名曰突戰。敵人雖衆，其將必走。」

武王曰：「善哉！」

〔譯　文〕

武王問太公說：「敵軍深入我國境內，侵占我國領土，掠奪我國的牛馬，敵軍蜂湧而至，兵臨城下，我方將士驚恐不已，民眾也被敵人拘禁、俘虜，假如我想守而能鞏固，戰而能勝，應該怎麼辦呢？」

太公說：「這樣的敵軍，稱之為突襲性的敵軍。敵方的牛馬必定缺少飼料，士卒沒有糧食，因此就向我軍發起猛攻。我方可命令遠地的其它部隊，挑選精兵，迅猛襲擊敵人的後方，準確計算並確定聯合進攻的時間，讓他務必與我軍在黑夜會合。我軍向敵人發動迅猛的攻擊，敵將也會被我軍俘虜。」

武王說：「假若敵軍分為三、四部分，有的發動進攻以侵占我國的領土，有的駐紮下來搶奪我國的牛馬，敵方的大部隊尚未到達，而有一部分兵力已逼至我方城下，使我方士卒驚慌，軍心動搖，對這種情況應該怎麼辦呢？」

太公說：「仔細觀察敵兵情況，在敵人尚未到達之前，應做好充分準備，嚴陣以待。距城四里遠就要構築營壘，並布置好金鼓旌旗，再派一支部隊為伏兵。在營壘之上集中強弩好手，每一百步設一突門，門又用行馬封鎖，再在營外面配置戰車與騎兵，暗處埋伏下精銳的士兵。如果有敵人前來進犯，就讓我方輕裝步兵與他們交戰，隨後裝作敗逃、同時令我城上的守軍揮旗擊鼓，作好充分的準備。敵人誤以為我軍的主力都守在城中，肯定要迫至城下。我方的伏兵此刻突然出動，衝入敵陣，或攻擊敵人的陣外，全力出擊，有的正面攻打敵人，有的襲擊敵軍的後方，使敵人有勇也施展不開，利索的也來不及逃脫，這就叫『突戰』。敵人雖然將士多，最終還是要被我軍打敗而逃走。」

武王稱道：「您說得太好了！」

從反突襲入手

用迅雷不及掩耳的快速行動，出其不意地猛擊敵人，就能取得成功，這就是常規戰中的突襲戰。而姜太公在本篇論述的突襲戰術，則是從反突襲著手，並運用了誘敵之法，使敵人處於不利局勢，然後發動部隊，迅速出擊，消滅敵軍的有生力量。

防備突擊戰術，首先應做到謹慎觀察，嚴陣以待。

姜太公並介紹了這種防禦方法：離城四五里遠之處構築營盤，旗幟與金鼓，都要布置開來，另外在相應之處設下一支伏兵。營門每百步之處，設一封鎖線，爲了我軍進出方便。並將戰車、騎兵配備到營門外，再設下伏兵。

於是派出部隊向敵人挑戰，然後佯裝敗而逃，敵人必定隨後追趕而至城下，這時我軍全體將士全線出擊，這就是誘戰與突襲戰相結合的設計方案。

後燕遼西太守李朗經營本郡長達十年，漸漸成為遼西這一獨立王國的當然領主。他對境內軟硬兼施，嚴密控制，對朝廷則陽奉陰違，不聽調遣，如果不是顧忌身在龍城（今遼寧朝陽縣）的母親有生命之憂，他早就公然打出反旗了。

儘管如此，他還是暗中串通北魏出兵進犯後燕，他自己則賊喊捉賊，上表朝廷請求發兵迎擊。慕容盛對李朗的心術形跡一直充滿懷疑，只因尚未找到確切的證據，不便給予嚴厲的懲罰，現在他有充分的理由斷定李朗有詐，拿李朗派來的信使一拷問即得到證實。

慕容盛大怒，誅滅了李朗住在龍城的家人、族人，然後派輔國將軍李旱率領騎兵前去討伐。當李旱趕到建安（今河北遷安縣東北），他又命他回師龍城。

李朗開始一聽到李旱奉命前來征討，連忙部署兵馬準備應戰，隨後聽說李旱突然回撤，推測龍城又發生了什麼嚴重的變故，就不再嚴密防備，自己親自去邊界迎北魏軍隊，只留下兒子李養守衛老巢令支（今河北遷安縣西）。

李旱撤軍是假，他得到報告說李朗已經中計，於是快馬加鞭偷襲令支，攻隱了城池；又派人追擊李朗，到元終（今天津市薊縣）這個地方斬殺了李朗。大功告成，這才真的班師。慕容盛龍顏大悅，向那些一直不明白他下令追回李旱這一做法的朝臣泄露天機：李郎初叛，心懷忌憚，得知官軍前去征討必定會黨同伐異，劫掠良民，致使百姓受害，另一方面他可能暫時逃進深山老林，憑險頑抗，官軍短時間內無奈他何，所以我下令追回李旱，做出姿態，就是為了讓李朗覺得他已高枕無憂。在這種情況下突然掩襲，他必束手就擒，就像現在這樣。

豹韜——

敵強第四十五

我軍出戰有利，不宜防守

要想制服邪惡，必須先制服自己內心的邪念。心不浮、氣不躁，外來的橫逆事物自然不能侵入。如果沒有強迫自己做好一件事情的自制力，那麼，任何理想都不能實現，不管你有多聰明。

〔原　文〕

武王問太公曰：「引兵深入諸侯之地，與敵人衝軍相當，敵衆我寡，敵強我弱。敵人夜來，或攻吾左，或攻吾右，三軍震動。吾欲以戰則勝，以守則固，為之奈何？」

太公曰：「如此者，謂之『震寇』。利以出戰，不可以守，選吾材士強弩，車騎為之左右，疾擊其前，急攻其後，或擊其表，或擊其裡，其卒必亂，其將必駭。」

武王曰：「敵人遠遮我前，急攻我後，斷我銳兵，絕我材士，吾內外不得相聞，三軍擾亂，皆散而走，士卒無鬥志，將吏無守心，為之奈何？」

太公曰：「明哉！王之問也。當明號審令，出我勇銳冒將之士，人操炬火，二人同鼓，必知敵人所在，或擊其表，或擊其裡。微號相知，令人滅火，鼓音皆止，中外相應，期約皆當，三軍疾戰，敵必敗亡。」

武王曰：「善哉！」

〔譯文〕

武王問太公說：「領兵深入諸侯國的境內，如果遇上敵人的突擊部隊，而且敵方人多勢眾，我方勢單力薄，又是在黑夜，他們有的攻擊我軍左翼，有的攻擊我右翼，我軍上下萬分驚駭。我若想作戰就可以取勝，防守就可以鞏固，應採取怎樣的辦法呢？」

太公說：「這種敵人名曰『震寇』。對付這種敵人，我軍宜於出戰，而不可防守。要挑選勇士弓箭手，左右翼配置戰車、騎兵，在敵人的正面發動迅猛的攻擊，還要攻擊敵人的側後。既要攻擊敵軍的外圍，又要攻入敵人的陣內，如此，敵軍必然大亂，敵軍將領一定會驚慌失措。」

武王說：「敵方在遠處阻攔我軍前進，並急速攻擊我軍的後方，把我方精銳的部隊截斷，阻截我軍增援的勇士，使我軍內外失去聯絡，三軍動亂，紛紛逃離營陣，士兵失去了鬥志，將吏也沒有信心固守，遇到這樣情形該怎麼辦？」

太公說：「君王提的問題高明啊！遇到這種情況，就應明審號令，遣派我方勇猛精銳敢於犯難的士卒，個個手持火把，兩個人同時擊一面鼓，一定要察明敵軍的準確位置，隨後才能發起攻擊。有的攻擊敵人的陣內，有的攻打敵人的外圍。部隊佩帶統一規定的標記，熄滅火把，停止擊鼓，內外相互策應，三軍迅猛攻擊敵人，這樣他們必定會大敗而逃。」

武王說：「您講得真好啊！」

牽著敵人鼻子走

戰爭之事，不可盲目行動，必須成竹在胸，好謀有成，必須心目中先定出勝負數。先判別強弱的特點，先定成敗的形勢，並且能扭轉強弱、勝敗的形勢，改變敵我之數。所以說強弱勝敗之勢，得失勝敗之數，應全在我而不在敵，始終把持著主動權，牽著敵人的鼻子走。面對強敵，消極防守不是上策，最後是越守越不利。首先是尋找有利戰機，從敵人意想不到之處出戰，突然迅猛地衝進敵陣內，把敵人打個驚慌失措，無力反擊。

有遠大謀略的人，雖沒有眼前一時可喜的功績，卻有取勝萬全的謀略。看得透利與害，並深知始終。沉靜時如同處女，秘密如同神明，料敵也有審度，應付變化也舒坦，不是非取不可的不出兵，而出兵一戰就能定勝負。出動我方勇銳之士，統一暗號，摸進敵陣，內外配合作戰，敵人必慌亂不已，必定敗逃，這就是所謂的「夜襲戰」也是對付強敵的上策。

隋末王室內亂，以漢王楊諒那次興兵規模最大，威脅最嚴重，因為楊諒在很短的時間內已拿下不少軍事重鎮，還準備直逼京師。當時的代州（今山西代縣）總管李景算是最頑強的隋室忠臣，漢王楊諒手下大將鐘葵已圍攻那麼久，李景仍堅持守城，拒不投降。儘管如此，代州仍是危在旦夕。告急文書已送出去很久了，但援兵仍未見影子。

李景一邊向城下放箭，一邊憂心忡忡地想：假如援兵再不來，可就無能為力了。這時他突然發現敵兵後陣正在緊急調動，該不是援兵已到？他極目眺望，遠處確有一標沙塵滾滾而來。但不知來將是誰？

他又向城下放了一箭，對方一名騎兵應聲倒栽下馬。一會兒，遠方似乎有隱隱的喊殺聲傳來，大概是援兵已與鐘葵交戰了。聽這金鼓聲，好像戰況還非常激烈。怎麼回事，援兵在退卻！一退十里！敗得這麼慘，沒希望了。李景低頭嘆息。

良久，他抬起頭來，竟發現了難以置信的奇蹟：城下靜悄悄的，攻城的敵兵如同泡沫般地突然消失得無影無蹤了。一支大軍絡繹而來，是官軍。帥旗下那人好威風，他認出了是朔州總管楊義臣。李景下令大開城門，列隊迎接。

楊義臣有聲有色地敘述與鐘葵這最後一戰，真是令他終生難忘：

「鐘葵他上當了。他仗著人多勢眾，手下副將王拔又有萬夫不當之勇，所以一開始他就占了上風，而我呢，連車騎將軍楊思恩都賠了進去。總共兩萬人馬一仗下來也只剩下了一萬多，簡直不堪回首啊！後來我就想，如果不能擊敗鐘葵，我楊義臣必定無顏回去見江東父老。可要打敗鐘葵談何容易，他的兵馬固然比我多出數倍，目前又先勝一場，士氣正旺，我拿什麼去和他拚命？不得已，我想起軍中尚有數千頭驢子和牛，該是他們效力的時候了。於是我叫數百名士兵人手一鼓，暗中將這些驢子和牛趕進山谷裡隱蔽起來，等到再次開戰時突然行動。然後進兵挑戰。鐘葵巴不得將我們趕盡殺絕，我們不逃反攻，似乎正中其下懷，馬上就揮兵攻殺過來。可是正在這時，我那支小小奇兵開始發動了，你可以想見，那數百架金鼓齊鳴的聲勢以及數千頭牛驢狂奔所製造的漫天煙塵有多麼嚇人！鐘葵的部隊果然以為是我們的伏兵突然出擊，一個個失魂落魄，競相逃竄；而我軍則趁機猛攻，將第一仗的損失成倍成倍地撈了回來。再後面的情形麼，你都已經知道了。」

楊義臣說完，與李景相視大笑。

豹韜——

敵武第四十六

善用兵，也可能取勝；
不善用兵，就會被消滅。

事業上沒有向上之心則難以向上，修養德性，不多與他人的長處相比則難以完美自身。

當事業稍不如意處於逆境時，就應想起那些不如自己的人，如此怨天尤人的情緒就會自然消滅。

當事業順心如意而精神出現鬆懈時，要想想比自己更強的人，那你的精神自然會振奮起來。

〔原　文〕

武王問太公曰：「引兵深入諸侯之地，卒遇敵人，甚衆且武，武車驍騎，繞我左右，吾三軍皆震，走不可止，為之奈何？」

太公曰：「如此者，謂之『敗兵』。善者以勝，不善者以亡。」

武王曰：「為之奈何？」

太公曰：「伏我材士強弩，武車驍騎，為之左右，常去前後三里。敵人逐我，發我車騎，衝其左右。如此，則敵人擾亂，吾走者自止。」

武王曰：「敵人與我車騎相當，敵衆我少，敵強我弱，其來整治精銳，吾陣不敢當，為之奈何？」

太公曰：「選我材士強弩，伏於左右，車騎堅陣而處，敵人過我伏兵，積弩射其左右，車騎銳兵疾擊其軍，或擊其前，或擊其後，敵人雖衆，其將必走。」

武王曰：「善哉！」

〔譯　文〕

武王問太公說：「率兵進入諸侯國境內，突然遇到敵人，敵方勢眾且凶猛，我軍兩翼也被他們的武衝戰車和驍勇的騎兵所包圍。我軍上下為之震驚，士兵散亂而逃，不能阻止，對這種情況該怎麼辦？」

太公說：「這樣的隊伍，稱之為『敗兵』。善於用兵之人遇到這種情況而能取勝，不善於用兵的人遇到這種情況而會敗亡。」

武王又問：「那應該怎麼處置呢？」

太公說：「設置伏兵、弓箭手，並在兩邊配置武衝戰車和驍勇的騎兵，一般要在距我軍主力三里的地方伏擊，如果敵人前來追擊，就以埋伏的戰車和騎兵衝擊敵軍的左右兩翼。這樣就可以擾亂敵人，我方逃跑的士兵也會自動停止。」

武王說：「假如敵人與我方的戰車、騎兵相遇，敵眾我寡，敵強我弱，而前來的敵人陣勢齊整，士卒精銳，交戰起來我兵卻難以抵擋敵人，這種情況該怎麼處置呢？」

太公說：「要選派我方的勇士弓箭手埋伏在左右兩側，用戰車、騎兵布置成牢固的陣勢進行防守，敵人進入我軍的伏擊圈時，我軍就用強弩射擊他的兩翼，此時，戰車、騎兵精銳的步兵趁機迅速攻擊敵軍，有的在正面攻擊敵人，有的在背後攻擊敵人。雖然敵軍人多，終究還要被打敗。」

武王說：「您講的太好了！」

埋伏弩士　反敗為勝

凡是所謂的成功者，都相信自己具有無限潛力，並且積極尋求發現自我潛能的機會，在他們來說，人生是場「考驗」實力的遊戲。

人類的根本問題並不在於「有多大才能」，而是「能有多少才能」，所謂自己的能力就是這種能夠引出能力來的「能力」，你不需要做個才能的擁有者，只要做個發現者即可。這就是「自信」的眞正意義。

世人經常搬弄「沒信心」或「有自信」之類的字眼，此時所謂的「信心」或「自信」大多是透過人我的比較而產生的，所謂「相信自己」就是信賴身為大自然之一部分的自己，這才是絕對的自信。

毫無例外，所有成功者都是擁有眞正自信的人，不！應該進一步說，唯有這種自信才是成功的引擎。

公元四〇〇年，孫恩農民軍攻入東晉會稽城（今浙江餘紹縣），東晉前將軍劉牢之派遣劉裕（以後的宋高祖）戍守句章城（今浙江餘姚縣東南）。四〇一年三月，孫恩向北攻占了海鹽縣城，劉裕率軍從兩翼追擊孫恩，並在海鹽縣舊城構築城牆和孫恩相抗。

一天，孫恩率軍白天來攻城，當時，城內劉裕的兵力弱小，難於硬拼。大敵當前，劉裕當即挑選數百名不怕死的將士組成敢死隊，全部脫掉盔甲，只手執短兵器，一齊呼喊著衝向孫恩軍。孫恩軍見此情景，既震驚又害怕，士氣一蹶不振，個個棄甲潰逃。劉裕軍士氣大振，一舉斬殺了孫恩的大帥姚盛。

雖然劉裕率軍多次挫敗了孫恩的攻城，但劉裕深和自已兵力弱小，將寡不敵眾，而決心設計大破孫恩。一天晚上，劉裕使海鹽縣城內偃旗息鼓，士兵與百姓躲藏起來，城內一片寂靜，宛如劉裕已率軍撤離縣城了。

第二天清晨打開城門，派數名年老多病的市民登上城樓，孫恩軍見狀，在城下詢問劉裕在哪裡。城上百姓回答說：「昨晚已經撤走了。」孫恩軍深信並趁機率眾進城，劉裕趁敵軍不備，宛如天降，率軍奮力攻擊，大敗孫恩軍。至此，孫恩知道海鹽城不能攻破，而轉攻滬瀆（今上海市）。

豹韜——

鳥雲山兵第四十七

據山作戰，四面戒備，再把騎兵和戰車布成鳥雲陣

大自然歸於寂靜時，忽然聽到悅耳的鳥叫聲，會喚起很多深遠的雅趣。
做人不必太爭強好勝，事情不必太追求完美。
大道神明精妙，參與宇宙萬物的各種變化，萬物業已或生、或死、或方、或圓，卻沒有誰知曉變化的根本。

〔原　文〕

武王問太公曰：「引兵深入諸侯之地，遇高山磐石，其上亭亭，無有草木，四面受敵，吾三軍恐懼，士卒迷惑，吾欲以守則固，以戰則勝，為之奈何？」

太公曰：「凡三軍處山之高，則為敵所棲，處山之下，則為敵所囚。既以被山而處，必為鳥雲之陳。鳥雲之陳，陰陽皆備。或屯其陰，或屯其陽。處山之陽，備山之陰；處山之陰，備

山之陽；處山之左，備山之右；處山之右，備山之左。其山敵所能陵者，兵備其表，衢道通谷，絕以武車，高置旌旗，謹敕三軍，無使敵人知我之情，是謂山城。行列已定，士卒已陳，法令已行，奇正已設，各置衝陳於山之表，便兵所處，乃分車騎為鳥雲之陳。三軍疾戰，敵人雖多，其將可擒。」

〔譯　文〕

武王問太公說：「領兵深入諸侯國境內，遇到高山巨石，山峰高聳，也沒可以藏身、隱蔽的地方，我軍四面受敵，三軍恐懼，士卒驚慌，如我想做到防守就能堅固，出戰就能取勝，該怎麼辦？」

太公說：「在高山上駐軍，就容易被敵人所困；在山下駐紮部隊，就容易被敵人包圍。既然是在山地環境下作戰，我軍就必須布成鳥雲陣。鳥雲陣，在山南山北各個方面都要戒備，可屯兵於山北，也可以屯兵於山南。如駐軍於山的南面，就要戒備山的北面；如駐軍於山的北面，就要戒備山的南面；如駐軍在山的左面，就要戒備山的右面；如駐軍在山的右邊，就要戒備山的左邊。凡是敵人所能攀登上山的地方，都要派兵把守。如有四通八達的道路可以通行的山谷，就用戰車堵塞，要旌旗高掛，嚴令三軍，我軍的情況不能讓敵人知曉。如此，就成了一座『山城』。部隊已經排定好行列，士卒都已各就各位，法令已經宣布，已經布署完奇兵與正兵，各部隊都要編成『衝陣』，設置在緊要的便於作戰之地，再把騎兵和戰車布成鳥雲陣，全軍再發動迅速猛烈的攻擊，敵人雖然眾多，他們的將領也必然要被我們俘獲。」

處山之陰　備山之陽

「鳥雲」是陣名，「山兵」指山地作戰，這裡說明的是山地作戰的防禦戰術。

孫子認爲：在作戰中，如果遇到山地，要將軍隊駐紮在居高向陽之處，不能仰攻已經占領了高山的敵軍，這就是山地作戰的基本原則。

古代作戰，大多數都是靠肉搏之戰，而戰鬥地形的優劣往往能起決於戰鬥勝負的條件，部隊作戰對地形的依賴性很強，也就是兵家常言的：「居高臨下，總攬全局。」正因爲如此，歷代將帥在處軍、對敵的過程中，都非常重視擇高處駐紮，便於防守、進攻自如。孫子的「凡軍好高而惡下」，說明了後代用兵必得搶占制高點思想的合理性與科學性。

太公認爲：部隊駐紮到高山之上，則容易爲敵所困，部隊駐紮在山下，則容易受敵包圍，據山作戰就要布鳥雲陣。如此，一則能防敵偷襲；二則加強戒備，保障道路暢道；三則靈活機動，敵難知我情，同時可設下奇兵勝敵。

唐太宗大破薛仁杲

唐高祖武德元年（六一八年），唐太宗李世民率軍攻打隋將薛舉守據的涇州城。出師不利，遂班師而歸。過了兩個月，薛舉病死，他的兒子薛仁杲繼承父職，嗣守涇州城。唐高祖知道這一情況後，又命太宗率兵攻打薛仁杲。

這次太宗吸取了前次失利的教訓，不再急於攻城，而在距涇州不遠的高墌紮下營盤，修築城牆工事，按兵不動。當時涇州城裡的隋朝將士約有十多萬人，武器精良，士氣旺盛。見太宗屯兵據守，便按捺不住前來挑戰。太宗手下將士也摩拳擦掌要去應戰。

太宗阻止說：「我們剛剛打了敗仗，士氣不足。敵人因為勝利而驕傲，必定輕敵好戰。我們現在按兵不動，挫其銳氣，等他們的士氣衰落以後再奮勇出擊，就能夠一戰破敵，這才是萬全之計。」於是傳令全軍：「有敢於請戰者斬。」

就這樣兩軍相持了一段時間，涇州城裡糧食不多了，薛仁杲又有勇無謀，難以服眾，其部下將士逐漸產生離心傾向，其內史令翟長愻、他的妹夫鐘俱仇相繼率部投降。

唐太宗下令說：「現在可以出擊了！」他先派將軍龐玉出陣攻打，誘出敵軍。敵將宗羅睺立刻出來迎戰。兩軍在淺水原展開激戰，龐玉敗下陣來。這時唐太宗率領精兵從傍道繞到敵軍的後面，出其不意，奮勇衝殺，殺得宗羅睺部潰不成軍，落荒而逃。唐太宗乘勝追擊，直逼涇州城下，將涇州城圍個水泄不通。薛仁杲無計可施，知道打不過唐太宗，便開城投降，薛舉父子這股勢力終於被消滅了。

事後，唐太宗的部下向他祝賀勝利。有人問他：「宗羅睺雖然失敗了，但敵人聽據守的城池仍然非常堅固，大王您能夠攻下它，這是為什麼？」

唐太宗說：「宗羅睺是一位能征善戰的健將，如果不馬上追擊，使他得以進攻，我們就不能破城了。因此，我乘勝追擊，使敵人來不及想辦法，因而攻克了涇州城。」將士們都非常佩服唐太宗的智謀。

豹韜——

鳥雲澤兵第四十八

所謂「鳥雲」，就是鳥散雲合，有無窮的變化。

真正的勝，是不做正面的爭奪而有屬於自己的成績。

心胸狹窄的人，最簡單的定義是太過分地專注於個人利益。

天地遼闊，世上有許多地方可供你馳騁，你不必和任何人去比賽先後，只要盡量大可發揮自己的天賦，就沒有人會跟得上你。

〔原文〕

武王問太公曰：「引兵深入諸侯之地，與敵人臨水相拒，敵富而衆，我貧而寡，逾水擊之則不能前，欲久其日則糧食少。吾居斥鹵之地，四旁無邑，又無草木，三軍無所掠取，牛馬無所芻牧，為之奈何？」

太公曰：「三軍無備，牛馬無食，士卒無糧，如此者，索便詐敵而亟去之，設伏兵於後。」

武王曰：「敵不可得而詐，吾士卒迷惑，敵人越我前後，吾三軍敗亂而走，為之奈何？」

太公曰：「求途之道，金玉為主。必因敵使，精微為寶。」

武王曰：「敵人知我伏兵，大軍不肯濟，別將分隊以逾於水，吾三軍大恐，為之奈何？」

太公曰：「如此者，分為衝陳，便兵所處，須其畢出，發我伏兵，疾擊其後，強弩兩旁，射其左右。車騎分為鳥雲之陳，備其前後，三軍疾戰，敵人見我戰合，其大軍必濟水而來，發我伏兵，疾擊其後，車騎衝其左右，敵人雖衆，其將可走。凡用兵之大要，當敵臨戰，必置衝陳，便兵所處，然後以車騎分為鳥雲之陳，此用兵之奇也。所謂鳥雲者，鳥散而雲合，變化無窮者也。」

武王曰：「善哉！」

〔譯　文〕

武王問太公說：「領兵深入諸侯國的境內，我軍與敵人隔水對峙，敵方後備充足、人多勢衆，我軍資財短少、兵力不足，我方想過河去進攻敵人，卻無力向前，想長時間的與敵人對峙，糧食又缺乏。而且我軍處於荒蕪的鹽鹼之地，周圍也沒有城邑，草木，全軍所需要的物品也沒有地方去掠奪，牛馬沒有放牧的地方，遇到這種情況應怎麼辦呢？」

太公說：「三軍沒有物資儲備，牛馬沒有草料，士兵沒有糧食，處於這樣情況，就要尋找機會哄騙敵方，我軍迅速轉移，並在後面布置好伏兵。」

武王又問：「假如騙不到敵人，我軍士卒感到困惑，又有敵人在我周圍活動，我軍潰退，遇到這種情況要怎樣？」

太公說：「這時要用金銀珠寶等財物去賄賂敵人派來的間諜、使者，為我軍尋找出路，重要的是要精密、細緻的去做。」

武王接著問：「如果我方的伏兵被敵人發現，敵軍的主力部隊不肯渡河，只遣派一支小分隊渡河，我方士卒大為慌恐，這時該怎麼辦？」

太公說：「遇到這種情況，要把我軍布置成『四武衝陣』，配置在便於作戰的地方，等到敵軍全部渡河後，我方的伏兵再猛烈的攻擊敵軍側後，從兩旁用強弩射擊敵軍兩翼。用戰車、騎兵布置成鳥雲陣，以防備前後，掩護三軍奮勇戰鬥。敵人見我軍與他們渡河而來的小部人馬交戰，必然會指揮主力部隊渡河前來，此刻再發動我方的伏兵，猛攻敵人背後，用戰車、騎兵衝擊敵軍的兩翼，雖然敵方人多，他們將士也要被我軍擊敗而逃跑。遇敵將戰時，一定要設置『四武衝陣』，配置在便於作戰的地方，然後使用車兵、騎兵布成鳥雲之陣，這就是用兵的重要原則，也是兵法上所說的『奇陣』，這裡所說的『鳥雲』，就是鳥散雲合，有無窮的變化。」

武王贊道：「您說的好極了！」

江河湖澤中作戰原則

在江河湖澤地區作戰要用「鳥雲」陣法。所謂「鳥雲」，就是鳥散雲合，變化無窮的意思。《孫子兵法．行軍第九》中寫道：「橫渡江河以後應遠離河岸駐紮，如果敵軍渡水來攻，不能在江河中迎擊，要讓他們渡過一半時而攻之，這樣才有利；如果要同敵人交戰，不要靠近江河水邊列陣迎敵，在江河地帶駐紮，要居高向陽，不能逆水在敵下游布陣駐紮。這是在江河地帶行軍作戰的原則。經過鹽鹼沼澤地帶，要迅速離開，不要停留，如果在鹽鹼沼澤地帶與敵軍遭遇，就必須靠近水草而背靠樹林，這是在鹽鹼沼澤地區行軍作戰的原則。」

如果在江河湖澤等水域內被敵人包圍，這時主要目標是尋找道路。爲了開闢通道，不惜用金玉珠寶誘惑買通敵人，有了道路才能突圍生還。再者就是運用「伏擊」戰術，布「四武衝陣」後，發動伏兵，迅猛撲敵，用奇襲戰術打敗敵人。

武德四年（六二一年），李靖為趙王李孝恭屬下長史，總管軍事，準備對盤踞江陵的梁王蕭銑進攻。當時正值秋季，江水暴漲，濁浪洶湧，請將都主張停兵，待洪水退下再進攻。

李靖獨排眾議說：「兵貴神速，機不可失。現在我們的軍隊剛剛集中，蕭銑還不知道，如果乘此順水推舟，一日千里，所謂迅雷不及掩耳，這是兵家上策，到時候縱然敵人知道了，倉促應戰，蕭銑必定為我所擒。」

李孝恭聽從了他的意見。蕭銑見此時洪水猛漲，三峽路險，認為李靖不能進軍，因而休兵不設備。現在唐軍突然從天而降，倉促應戰。唐軍所向披靡，直抵夷陵。這時銑將林士弘率精兵數萬屯清江，李孝恭想進攻。

李靖說：「林士弘是蕭銑的健將，士卒驍勇，現在敵人剛丟失荊門，拼死出戰，這是救敗之師，恐怕難以抵擋，應該駐兵南岸，暫避其鋒，待其士氣衰落時再發動進攻，肯定將其打敗。」李孝恭不聽，留李靖守營，自己率師出陣，果然打了敗仗，逃回南岸。

銑軍打了勝仗，沿江搶掠物資。李靖見其軍容散亂，獨請回軍反攻，大敗敵軍，繳獲敵船四百餘艘，斬敵首級溺死敵軍將近萬人。李孝恭又派李靖率輕兵五千為先鋒，乘勝直抵江陵城下。銑見林士弘失敗，李靖軍突然降臨，非常害怕，連忙征兵於江南。江南敵軍果然沒有準備，不能及時趕到，李孝恭率大軍接踵而至，把江陵城圍個水泄不通。

蕭銑困在城中，內外阻絕，糧食殆盡，不得不開城投降。李靖憑此一戰功成，就把統有六十六郡的蕭銑地盤，統統平定。

豹韜——

少眾第四十九

以弱擊強，必須有大國的支援，鄰國的幫助。

心中無一絲雜念，人的善良本性才會出現。只有意念清純時心中才清明，不鏟除煩惱而想心情開朗，就等於想在落滿灰塵的鏡子面前照出自己的樣子。

得到幫助的人少，親友都會背離他；得到幫助的人多，天下人都會歸順他。

〔原　文〕

武王問太公曰：「吾欲以少擊衆，以弱擊強，為之奈何？」

太公曰：「以少擊衆者，必以日之暮，伏於深草，要之隘路；以弱擊強者，必得大國之與，鄰國之助。」

武王曰：「我無深草，又無隘路，敵人已至，不適日暮；我無大國之與，又無鄰國之助，為之奈何？」

太公曰：「妄張詐誘，以熒惑其將，迂其道，令過深草；遠其路，令會日暮，前行未渡水，後行未及舍，發我伏兵，疾擊其左右，車騎擾亂其前後，敵人雖衆，其將可走，事大國之君，下鄰國之士，厚其幣，卑其辭，如此則得大國之與，鄰國之助矣！」

武王曰：「善哉！」

〔譯文〕

武王問太公說：「要想以少擊眾、以弱擊強，應怎麼辦呢？」

太公說：「要想以少擊眾，必須利用日暮，讓部隊埋伏於深草地帶，在隘路上截擊敵人；以弱擊強，一定要有大國的支援，鄰國的援助才行。」

武王說：「如果沒有便於我軍埋伏的深草地帶，也沒有利用的狹路；敵人到了，卻不是在日落的時候；我軍既沒有大國的支援，也沒有鄰國的援助，那又該怎樣呢？」

太公說：「虛張聲勢，以引誘、詐騙的手段去迷惑敵人，引誘敵人迂迴行進，進入深草地帶；誘使敵人遠行，逼迫敵方在日落黃昏時與我軍交戰，趁敵軍的先頭部隊尚未渡水，後繼部隊來不及宿營時，發動我方的伏兵，迅速地攻擊敵軍的兩翼，用騎兵和戰車擾敵敵軍的前後，雖然敵軍眾多，也將被我軍打敗。侍奉大國的君主要恭敬，禮交鄰國的賢能之人，多送財物，言辭要謙虛，這樣就可以同大國結盟，鄰國也就會援助我們了。」

武王說：「您講的很好！」

以少擊眾　先要誘敵遠行

任何將帥都不敢說能始終保持兵力上的優勢，都可能碰到以弱敵強或以少擊眾的情況。歷代兵家一致認爲，只要處置得當，寡就是可以勝眾，弱可能勝強。關鍵在於集中我軍兵力，分散敵人的力量，兵力再懸殊也可顯得有餘，反之，就是數倍於敵也顯得兵力不足。

姜太公在這篇中提出了他獨特的見解。他認爲遇到以少對眾的情況，必須以「奇」取勝。何謂「奇」呢？就是帶兵的將帥要有奇謀異策，以伏擊、截擊等戰法，出奇不意的打擊敵人，還要善於充分利用天時、地利等條件。

要想以少擊眾，以弱擊強，太公還提出了許多具體的辦法。如虛張聲勢，用引誘詐騙的手段迷惑敵將，誘使敵人迂迴進行，利用深草地帶，以退避驕敵，調動敵人疲勞之，還有禮交鄰國等等。

總之，不論運用哪一種辦法，都要隨機應變，掌握火候力求做到出其不意，攻擊不備。

劉基，字伯溫，是明代開國的重要謀臣。陳友諒集舟師，從江州直指應天（今江蘇南京），舳艫千里，旌旗蔽空，氣焰十分囂張。朱元璋部下將領聞報張惶失措，有的主張投降，有的主張轉移逃奔鍾山。只有劉基怒目而視，一言不發。

朱元璋見此，便將劉基召入屋內問道：「猛虎已出，如今奈何？」

劉基氣憤地說：「凡主張投降和逃跑的人都應該殺了！陳友諒果如一隻猛虎，若在山中，您哪裡能與之相鬥？今猛虎已下山來，正應乘機猛打。不戰而降，不擊而潰，是何道理？」

朱元璋急忙說：「話雖如此、到底如何應戰？」

劉基說：「驕兵必敗。陳友諒如此蔑視我們，一定以為我們非降即逃，他的後援一定不充分。我們先放棄幾個地方，移走兵餉，裝成逃跑的模樣，再派人詐降，引誘陳友諒全速奔襲，卻中途設下埋伏，派兵截斷其後路。兵書說，後發制人者勝，取威制敵，以成王業，在此一舉。」

朱元璋聞言大喜，決計採用劉基的計謀，派胡大海出搗信州，牽制陳友諒後路，命陳友諒老友康茂才派人詐降，誘故深入；命常遇春、馮國勝、徐達等各處埋伏。陳友諒果然中計戰敗，丟棄巨艦戰舸數百艘，逃回西北。

豹韜——

分險第五十

敵我兩軍各據險地以拒守，彼此防守能穩固。

在動亂時代局勢急遽變化中，要把握住自己的腳步站穩立場。當人生之路出現艱難險阻時，要能止步猛回頭，以免陷入迷惑中不能自拔。世上真正成功的人常能舉重若輕、履險如夷、臨危不亂。這是一份定力，也是一種智慧和胸襟。

〔原　文〕

武王問太公曰：「引兵深入諸侯之地，與敵人相遇於險厄之中，吾左山而右水，敵右山而左水，與我分險相拒。吾欲以守則固，以戰則勝，為之奈何？」

太公曰：「處山之左，急備山之右；處山之右，急備山之左。險有大水無舟楫者，以天潢濟吾三軍；已濟者亟廣吾道，以便戰所。以武衝為前後，列其強弩，令行陳皆固。衢道谷口，以武衝絕之，高置旌旗，是謂『車城』。凡險戰之法，以武衝為前，大櫓為衛，材士強弩翼吾左右。三千人為屯，必置衝陣，便兵所處；左軍以左，右軍以右，中軍以中，併攻而前。已戰者還歸屯所，更戰更息，必勝乃已。」

武王曰：「善哉！」

〔譯 文〕

武王問太公說：「我軍深入諸侯國境內，與敵軍在險阻狹隘的地方相遇，我軍左面是山，右面有水，敵軍右面是山，而左面是水，雙方都據險相峙。如果我想做到守能鞏固、攻能取勝，該怎麼辦呢？」

太公說：「如我方在山的左側，就要迅速戒備山的右側；如我方在山的右側，就要迅速戒備山的左側。險要的地帶有大水阻隔而沒有舟船，就得有浮游器材——天潢，用它把我軍渡過去。已經渡過江去的兵士要快速拓大登陸範圍，開通前行的道路，強占有利於作戰的地勢。以武衝戰車掩護部隊的前後，布列強弩，使行列與陣勢堅固。對四通八達的道路和位於兩山之間的谷口，要用武衝大戰車阻塞，並在高處插上旗幟，如此就形成了『車城』，在險要的地帶的作戰方法是：用武衝大戰車在前開路，護衛用大櫓戎車，左右兩翼有持強弩的勇士掩護；每三千人編為一屯，一定要編成『四武衝陣』，配置在便於作戰的地帶；戰鬥時，左軍用在左翼，右軍用在右翼，中軍用於中央，三軍並肩前進，參戰過的可以回到原集結地去休息，這樣輪番作戰，輪番休息，直到戰鬥勝利為止。」

武王說：「您講的真好啊！」

加強戒備　防其包圍

大凡在山水險隘的地帶作戰，聰明的將帥一般都能夠靈活機動。隨機應變，爲自己創造有利的條件。

在「險形」地域上，我軍若先敵占據，就要用重兵封鎖隘口等待敵人來攻；如果敵軍先占領隘口，並有重兵駐守，就不要去進擊。如果敵人沒有用重兵據守隘口，就要迅速攻取它。

在「險形」地區，如果我軍先敵占據，必須控制地勢高而視野開闊的地帶，以等待來犯之敵，如果敵人已先占據，那就主動引兵撤退，不要去進攻它。這些，都要根據當時的情況而定，察明對方的處境對於用兵也十分重要。因此，地形於我方不利，就不能戰，要保存部隊的實力，伺機再戰。

晉太尉劉裕統率大軍於義熙十三年（四一七年）討伐後秦，接連攻克或收降漆丘、項城、穎口、新蔡，直抵成皋，威脅洛陽。洛陽守將姚弼向朝廷求援，姚泓分派二支部隊分別助守洛陽、成皋，又派並州牧姚懿屯兵陝津，隨時出兵聲援。

姚弼部將趙玄主張徙守金墉，他說：「眼下晉朝大軍已深入我國腹地，來勢極為凶猛，百姓為之驚懼不安，又兼我方兵馬上數量上處於劣勢，實難與晉朝大軍抗衡。眼下只有火速集中洛陽及其附近所有的兵馬，固守金墉，等待京師的援兵到來。金墉城池堅固，我軍只要防守得當，晉朝大軍就不敢繞過金墉進取長安，因為我軍既無人員傷亡，就仍是一支戰鬥力相當可觀的部隊，隨時都可能發動對敵軍的致命一擊，劉裕他們不可能不考慮到這一點。晉軍不敢西行，金墉又非他們短時間內所能攻克，那麼，當我們的援兵到來，我們就有了戰勝他們的機會。除此之處，別無良方。假如我方輕率出戰，萬一被他們擊敗，我國的生死存亡就不是我敢想像的了！」

趙玄的建議在當時確屬上上之策，卻無法使姚弼採納。而姚弼的司馬姚禹已與晉冠軍將軍檀道濟暗中串通，當然不希望趙玄的忠誠威脅晉軍的成功，於是糾集同黨閻恢、楊虔等人，誹謗趙玄貪生怕死，齊勸姚弼出擊。姚弼聽信群奸的蠱惑，不理會趙玄的苦諫，斷然派趙玄、石無諱分別到柏谷塢、鞏城迎擊晉軍。結果檀道濟等人已在此時逼降陽城、成皋、滎陽、武牢諸城，浩浩蕩蕩向洛陽殺來，迫使石無諱才到石關就急忙奔回洛時，然後圍攻趙玄於柏谷（在今河南偃師縣東南洛河南岸）。趙玄寡不敵眾，力戰而死。檀道濟進圍洛陽，姚弼投降。此時姚泓派來的援兵已分別進抵新安和湖城（在今河南閿鄉縣東四十里）。距洛陽已近。假如姚弼採納了趙玄的意見，晉兵很快就要在金墉城下腹背受敵，那時的情形就完全不同了。

分合第五十一

因爲三軍將士衆多，必須有分散與集中作戰的變化。

天地的運行是永恒不變的，可是人的生命只有一次。不得不了解我們生活中應享有的樂趣，也不可不隨時提醒自己不能蹉跎歲月，虛度人生。

人的生死乃是氣的聚合與流散，猶如四季的更替，是一種自然變化而已。

〔原　文〕

武王問太公曰：「王者帥師，三軍分為數處，將欲期會合戰，約誓賞罰，為之奈何？」

太公曰：「凡用兵之法，三軍之衆，必有分合之變。其大將先定戰地、戰日，然後移檄書與諸將吏；期攻城圍邑，各會其所，明告戰日，漏刻有時。大將設營布陳，立表轅門，清道而待。諸將吏至者，校其先後，先期至者賞，後期至者斬。如此，則遠近奔集，三軍俱至，併力合戰。」

〔譯　文〕

武王問太公說：「君主領兵出征，三軍分幾個地方駐紮，如主將想約期會合共同作戰，全軍誓師，明定賞罰，要怎麼辦呢？」

太公說：「大凡用兵的方法，由於全軍人數眾多，必定有分散與集中的作戰變化。主將要預先確定作戰的地點與日期，然後用戰時的公文曉喻全軍上下，約好圍攻城邑、各軍集中的地點、開戰的日期與部隊到指定位置的時間。主將設營布陣，在營門立表，以計算時間，禁止行人，等待各部隊將士前來報到。諸位將士到達時，要核對他們到達的先後，有提前到的就發賞，過期遲到的就砍頭示眾。這樣，不管遠近，只要是會師，都會迅速趕到，待三軍全部到達後，就可以集中力量同敵人交戰了。」

注重分合　統一指揮

分合，也就是集中和分散的意思。任何一個部隊，隨時有可能分，隨時有可能合，這要根據當時的情況而定。但是，要想做到這一點，就必須要時間、紀律來約束。

古代戰爭中，作為一個將領，分合是必須掌握的會戰戰術。一般在未戰之前，就要集中各路軍隊，宣布預定時間、地點與敵會戰的方法和紀律。

姜太公在這篇中闡述了分合的幾個要點。首先是要有時間觀念，部隊要統一行動，士卒必須如期到達指定地點。再者行動要準確。服從將帥的部署和統一指揮。最後是用重賞和嚴罰來約束部隊。只有這樣，部隊才能有效的發揮戰鬥力，使會戰成功。

咸豐六年（一八五六年），太平天國發生內訌，楊秀清、韋昌輝、秦日綱、胡以晃諸王自相殘殺。石達開回京主持大政，卻被洪秀全疑忌，加上洪仁發、洪仁達的挾制傾軋，被迫離京避禍，率本部將士六、七萬人（後增至二十多萬），轉戰十四省，欲占領四川為反清基地，師抵湖北後直闖四川。

同治元年（一八六二年），攻占石柱，撲圍涪陵。四川總督駱秉章集中雲南、貴州、四川三省兵力依險固守。石達開遭遇清軍阻擊後退走貴州，多次與清軍交戰失利，退至雲南境內，聲稱攻打貴州。

清將唐尚卻認為，這是誘清軍東下之計，石達開必定會走夷地，乘虛進入四川。石達開集合兵力分兵三路進入四川，駱秉章調兵遣將，阻擊太平軍，又以土司兵力加強防守。

同治二年（一八六三年），石達開揮師搶渡金沙江，意欲越過大渡河進攻成都。駱秉章竊得情報，急調大軍扼守大渡河各渡口，斬斷大道關隘。清將唐友耕領兵渡江設伏，誘擊太平軍。由於清軍圍追堵截，石達開被迫避開大道轉走小徑。在倮人（當地彝族人）引導下，爬山越嶺，艱難行進。當抵達大渡河南岸紫打地時，已被誘進清軍包圍圈。石達開情知上當後，命令士兵伐木削竹趕製船筏，強渡大渡河，偏偏又遇天之不測，大雨滂沱，河水漲，剛渡河至半又被清軍擊退，死者、溺水者無數。於是石達開率部退向鬆林、小河，又被土司王應元扼住。

清將岑承恩連夜襲擊馬鞍山太平軍營地，截斷太平軍糧道。石達開重又強渡大渡河，沒有成功。士卒因糧草早缺，宰殺戰馬，採摘樹葉充饑。唐友耕等人率清軍和當地土司官兵合圍太平軍，焚燒其營壘，太平軍墜岩落水者甚眾，其餘七、八千人奔走老鴉漩，又遇清軍伏擊，全軍覆沒，石達開被俘遇害。

武鋒第五十二

「武鋒」就是指在戰場上勇於衝鋒陷陣。

人生在世如能減少一些麻煩，就多一分超脫世俗的樂趣。冷眼旁觀那些熱衷於名利的人，才發現在名利場中的奔波勞碌毫無意義。用心盡力去作事本來是一種很好的品德，但是過於認真而使心力交瘁，使精神得不到調劑，就會失去生活樂趣。

〔原　文〕

武王問太公曰：「凡用兵之要，必有武車、驍騎、馳陳選鋒，見可則擊之。如何則可擊？」

太公曰：「夫欲擊者，當審察敵人十四變，變見則擊之，敵人必敗。」

武王曰：「十四變可得聞乎？」

太公曰：「敵人新集可擊，人馬未食可擊，天時不順可擊，地形未得可擊，奔走可擊，不戒可擊，疲勞可擊，將離士卒可擊，涉長路可擊，濟水可擊，不暇可擊，阻難狹路可擊，亂行可擊，心怖可擊。」

〔譯文〕

武王問太公說：「用兵的要領，必須有威武的戰車、驍勇的騎兵、能衝鋒陷陣的精銳士卒，有可乘之機就攻擊敵人，這是用兵的一條重要原則。那麼，要等到什麼時候才可以進行攻擊呢？」

太公說：「要想對敵人發動攻擊，首先必須仔細觀察敵軍的『十四變』，攻擊要等到不利於敵人的十四種情況出現之時，這樣，必定能打敗敵人。」

武王說：「請你把這十四種於敵不利的情況說給我聽聽？」

太公說：「在敵人剛剛集結，立足未穩之時可以打，敵軍人馬饑餓時可以打，天氣、季節於敵不利時可以打，地形對敵不利時可以打，敵人乏困時可以打，敵人的將帥離開部隊時可以打，敵軍長途行軍後可以打，敵軍渡河時可以打，亂軍慌亂一團時可以打，敵軍經過險要之地時可以打，敵軍行陣潰亂時可以打，敵軍軍心恐懼時可以打。」

安危所繫　即是戰機

戰士在戰場上衝鋒陷陣、英勇殺敵，也同賢能的將帥指揮部隊一樣，要善於抓住有利的戰機，然後再飛快地襲擊敵人。

在謀敵料事時宜當乘著時間把握住時機選擇的原理。時機對事業的成敗上來說，是一個極其重要的條件，選擇得當，就能事半功倍；選擇不得當，就是功敗垂成。

用兵的勢態上，安危所繫的地方是戰機，戰事的緊要關頭是戰機，時間準確無誤是戰機，有的眼前是戰機，轉眼間又不是戰機。有抓住被利用的是戰機，稍一放鬆就不成爲戰機。謀劃要深遠，保密要嚴格。辨別戰機在於見識，利用戰機在於決斷。

康熙五十九年（一七二〇），策棱率師征討準噶爾，授喀爾喀大扎薩克。雍正元年（一七二三），特詔封多羅郡王。九年，跟隨靖邊將軍錫保征討噶爾丹策零。得知噶軍企圖自和通呼爾哈諾爾越界侵占圖壘、茂海、奎素。策棱和翁牛特部貝子羅卜藏等分兵擊退他們。

準噶爾部首領還有大策零敦多卜、小策零敦多卜，他們與噶爾丹策零同族，非常意氣用事。噶爾丹策零派大策零敦多卜率三萬人入侵喀爾喀，聽說錫保軍駐守察罕爾，傅爾丹屯駐科布多，遂派其將海倫曼濟率兵六千人取道阿爾泰樂進，分路騷擾克魯倫和鄂爾海喀喇辦兩地方，餘眾留守於蘇克阿勒達海以為聲援。

策楞知道這一情況，與丹津多爾濟率兵迎擊，至鄂登楚勒，遣兵六百於深夜進入敵營，誘敵出來追擊，至埋伏處，伏兵從天而降，斬其驍將，餘眾驚潰，大策零敦多卜及海倫曼濟等逃走。

十年六月，噶爾丹策零又遣小策零敦多卜帶三萬人襲擊策楞部，趁策楞不在，將其子女掠走。策楞聞訊後，突擊準噶爾軍，迫使準噶爾軍退至鄂爾渾河畔的額爾德尼昭（光顯寺）。策楞率兵追敵，交戰十餘次，噶軍屢敗。

當時小策零敦多卡據守杭愛山腳，臨鄂爾渾河布陣；策楞令滿州兵列陣於河之南與噶軍直接對陣，自己率萬餘人埋伏於杭愛山之兩側，又令蒙古諸軍列陣於河之北。及戰，噶軍見滿洲兵背水而結陣，兵力很弱，非常輕視，就冒險前進。滿州兵且戰且走，噶追擊，策楞率伏兵從山上衝殺下來，如風雨至，斬敵萬餘。小策零敦多卜擁餘眾渡河，蒙古兵待其半渡時奮力擊殺，又有許多士兵溺水而死。這一仗，準噶爾軍大敗。

練士第五十三

挑選士兵與士兵編組的方法

一個人不崇尚矯飾，本身就是有力量的。
一個人對於肉體之苦也許能忍受，但精神方面的痛苦又當是何等的痛徹肺腑？
一個有才幹的人如果沒有機遇，那麼他的才幹只能帶入墳墓。

〔原　文〕

武王問太公曰：「練士之道奈何？」

太公曰：「軍中有大勇、敢死、樂傷者，聚為一卒，名曰『冒刃之士』；有銳氣、壯勇、強暴者，聚為一卒，名曰：『陷陳之士』；有奇表長劍、接武齊列者，聚為一卒，名曰『勇銳之士』；有拔距伸鈎、強梁多力、潰跋金鼓、絕滅旌旗者，聚為一卒，名曰『勇力之士』；有逾高絕遠、輕足善走者，聚為一卒，名曰『寇兵之士』；有王臣失勢，欲復見功者，聚為一卒，名曰『死鬥之士』；有死將之人子弟，欲與其將報仇者，聚為一卒，名曰『敢死之士』；有贅婿入虜，欲掩跡揚名者，聚為一卒，名曰『勵鈍之士』；有貧窮憤怒，欲快其心者，聚為一卒，名曰『必死之士』；有胥靡免罪之人，欲逃其恥者，聚為一卒，名曰『幸用之士』；有材技兼人，能負重致遠者，聚為一卒，名曰『待命之士』。此軍之練士，不可不察也。」

〔譯文〕

武王問太公說：「選編士兵有哪些方法呢？」

太公說：「把有大勇、不怕死、不怕傷的士卒編為一隊，名曰『冒刃之士』；把銳氣旺盛、剛健勇猛、強橫凶暴的士卒編為一隊，名曰『陷陣之士』；把儀表奇偉、善使長劍、步履沉穩、能在陣列中有序行動的士卒編為一隊，名曰『勇銳之士』；把臂力過人、強橫有力、能衝入敵陣搗毀敵人金鼓、拔除敵人旌旗的士卒編為一隊，名曰『勇力之士』；把能翻越高山、走遠路、輕足善行的士卒編為一隊，名曰『寇兵之士』；把失勢的大臣、想重建功勛的編為一隊，名曰『死鬥之士』；把陣亡將帥的子弟、要為其父報仇的編為一隊，名曰『敢死之士』；把因家貧被招贅或在戰場上被俘虜，要求揚名遮醜的編為一隊，名曰『盛鈍之士』；把因窮困潦倒而內心憤怒，想成就一番事業來寬慰自己的這種人編為一隊，名曰『必死之士』；把刑釋放，想掩蓋他們過去恥辱的這種人編為一隊，名曰『幸用之士』；把才藝過人、能任重道遠的人編為一隊，名曰『使命之士』。選編士兵的方法就是這些，一定要詳加考察啊！」

因材使用　各盡其能

善於用人的官，則會政通人和，而自己也一身輕鬆。用人是有區別的，所以古往今來，執政做官者無不精研用人之道。爲官之道，勿忘尋賢人相助。

然而全無足赤，人無完人，如果一個人執政做官，不善用人，雖然一生也兢兢業業，勤勤懇懇，到頭來，可能只落個人仰馬翻而收效甚微。對此，我們只能評作爲：他可以做一個好人，但決不是一個好官。人們尊重你，只因爲你値得人同情，並非讓人欽佩。

不僅官場如此，戰場也是這樣。身爲一個將帥不但要有謀略，還要善於用人，要根據士卒的不同特長而因材使用，充分發揮每個人的作用，以達到人盡其才的效果。

康熙之父順治皇帝臨終，在指定太子的同時，還親自選定四名親信大臣，令其輔助幼帝，佐理政務，這四人便是正黃旗的索尼、正白旗的蘇克薩哈、鑲黃旗的遏必隆和鰲拜。起初幾年，四大臣尚能本著協商一致原則輔佐康熙，然而不久，鰲拜便以自己曾驍勇善戰，為建立清王朝多有戰功而驕橫跋扈起來。

居四大臣首位的索尼，乃四朝元老，鰲拜不敢與他爭雄，但不久卻老病而死。遏必隆一向唯唯諾諾，毫無主見，與鰲拜又同屬一旗，本為同黨。唯有蘇克薩哈班次居於第二，鰲拜一直不服，日夜思謀利用黃白二旗的矛盾挑起爭端，設法除掉蘇克薩哈。

他先是利用各旗間圈換土地的糾紛，假傳聖旨，激怒皇太后，將蘇納海等三人處死，從而孤立了蘇克薩哈。蘇克薩哈見鰲拜權傾朝野，欺君凌眾，自己無力對抗，便向康熙提出辭去輔臣重任，「往守先帝陵寢」的奏疏。於是，鰲拜又乘機顛倒黑白，編造出蘇克薩哈對皇帝「歸政」有所不滿，存心叛逆等二十四條罪名，不顧康熙的再三反對，操縱議政王大臣會議，強行治罪，將蘇克薩哈及其長子內大臣查克旦、餘子六人，孫一人，兄弟之子二人，盡皆絞死和斬首。鰲拜排除異己之後，更加肆無忌憚，上朝時，起坐班行，自動列於遏必隆之前；朝中政事，先在家中與親近私黨議定，然後施行；各部院官員的啟奏，則須首先到家與他商酌；經常呵叱部院大臣，攔截奏章，甚而矯改諭旨。

一六六七年，即康熙六年，十四歲的康熙皇帝開始親政。但鰲拜自恃大權在握，文武百官也多數出其門下，不僅不肯輕易交權，還逞威淩主。鰲拜種種抗旨逆行，使年輕的皇帝看清了其結黨亂政面目，決心設法鏟除。只是鰲拜攬權已久，黨羽眾多，而自己羽翼未豐，不敢貿然動手。康熙拎拿鰲拜之前，明裡對他一如既往，暗中卻加緊準備力量。

首先是選擇可以信任的大臣，暗諭心意，製造輿論。一次，臨朝聽政時，他問大學士李尉：「若殺人亦聽其誤可否？」即表明了他對鰲拜抗旨意殺蘇克薩哈等人的事，不會就此罷休。與此同時，他又從侍衛和太監中選了數十名身強力壯者「為撲擊之戲」，實際上是以摔跤遊戲為名，重新組織一支親信的衛隊，名曰「善撲營」，任命已故首席輔政大臣索尼的次子索額圖為首領。

鰲拜有時進來奏事，見康熙與這些侍衛手下人摔滾嘻戲，以為康熙童心未泯，也就不加介意。一切準備就緒，康熙在他親政後的第二年的五月十五日，親自召集善撲營全體，當面向眾人說：「你們都是我的臂膀，是懼怕我還是懼怕鰲拜？」眾人都呼：「只懼怕皇上！」到這時，康熙才向他們說明意圖，宣布了鰲拜欺君罔上，殘害無辜的罪過。然後待鰲拜上朝入宮之際，只聽一聲令下，這些訓練有素的摔跤能手便蜂擁而上，立即把鰲拜撲翻在地。鰲拜的一些死黨，事前已被康熙以各種名義先後派出，到被康熙派人各個擒拿時，已無力反撲。

康熙處置了鰲拜及其黨羽後，立即廢除輔政之制，收回親自批復奏章之權。從此，所有奏折朱筆御批。並於處置鰲拜之後，相繼為蘇克薩哈、蘇納海等受害之臣，平冤昭雪，並開始從政治、經濟、文化等方面，著手進行了一些改革。

犬韜——教戰第五十四

提高部隊的戰鬥力，是戰爭勝負的關鍵

一個人的成功或失敗，往往決定於他的人格，而人格的形成，又往往決定於父母的教育。

爲人之子，能接受父母的勸教，也是謂孝。訓練其良好的品德和作風，使他們成爲一個勤懇、認真、清廉節儉之人。

〔原文〕

武王問太公曰：「合三軍之衆，欲令士卒服習教戰之道，奈何？」

太公曰：「凡領三軍，必有金鼓之節，所以整齊士衆者也。將必先明告吏士，申之以三令，以教操兵起居，旌旗指麾之變法。故教吏士，使一人學戰，教成，合之十人；十人學戰，教成，合之百人；百人學戰，教成，合之千人；千人學戰，教成，合之萬人；萬人學戰，教

成，合之三軍之衆；大戰之法，教成，合之百萬之衆。故能成其大兵，立威於天下。」

武王曰：「善哉！」

〔譯　文〕

武王問太公說：「三軍編組後，要想使士卒服從指揮，熟練掌握各種作戰方法與戰鬥技巧，要怎樣去訓練呢？」

太公說：「帶領三軍，一定要有金鼓的節制、指揮，這樣，可以使三軍行動一致、步伐齊整。將帥一定要明確告訴官兵，並要反覆講解金鼓表達命令的口號，然後才訓練士卒操練兵器，熟悉各種戰鬥動作和按照旗幟指揮信號的變化而相應變動的方法。因此，訓練士卒要先進行單兵訓練，教會了單兵，再十人合練，十人一起學習戰法，學會了再百人合練；百人學習戰法，學會了再千人合練；千人學習戰法，學會了再萬人合練；萬人學習戰法，學會了再全軍合練；全軍作戰的方法訓練好了，就可以進行百萬大軍的合練。這樣，就能組成一支強大的軍隊，立威於天下。」

武王說：「您說的對極了！」

訓練是治兵的關鍵

訓練是治兵的關鍵一環。爲兵者，往往死於他無能爲力之事上，失敗在他尚未熟練的事情上。訓練才是提高士兵素質的最有效的方法。

兵不在多，關鍵在於素質的好壞。如果士卒不聽號令，賞罰不明，進退失據，縱有百萬之師也無濟於事。

訓練士兵，平時就要求一切合乎規矩，戰時行動起來能令敵人生畏。攻則無堅不摧，退則使敵人無法追擊。其前、後、左、右均有節制，服從指揮。一旦失去了聯繫，單個小部隊甚至單兵也可以獨立作戰。部隊上下信任，同甘共苦，生死與共。

經過了嚴格、正規的訓練，這樣的士兵，作起戰來就能以一當十，以十當百；就能每戰必勝。反之，雖有多兵，都是些烏合之衆，用之於戰爭，就會不堪一擊。

隋大業九年（六一三年）六月，隋朝禮部尚書楊玄感起兵黎陽（今河南浚縣），進逼東都洛陽。隋刑部尚書衛玄率數萬大軍從關中趕來救援東都，先派步騎兵共二萬渡過瀍、澗二水挑戰。楊玄感假裝敗退，將衛玄引入伏擊圈，消滅了對方的先頭部隊。

玄感先勝一場，更加鬥志高揚，在第二個回合開始以後，他見衛玄的部隊作戰亦相當頑強，致使戰鬥局面非常激烈，於是心生一計，命令若干人員在陣中高聲吶喊，稱玄感已被官軍抓住，借此迷惑敵人。衛玄的部隊一聽到這個假消息，情緒立刻發生了很妙的變化，他們紛紛私下猜測究竟是誰福星高照，好運如此逼人，同時暗想玄感被抓，頭功已與自己無緣，再怎麼拚命衝殺也只是多殺幾名嘍囉，意義不大，於是明顯產生了怠慢輕敵的心理。

對此，楊玄感看得一清二楚，立即親率數千精銳騎兵，風馳雲湧，迎頭衝擊。官軍明明聽說玄感已被生擒，此際卻分明見他怒目圓睜，運矛如電，威風凜凜地當頭殺來，頓時大為慌張，再加上玄感勇比西楚霸王項羽，大家早就對他心懷震畏，所以在玄感奮擊之下，轟然崩潰。這一仗下來，玄感又獲大勝，僅俘虜就抓了八千有餘。

犬韜——

均兵第五十五

權衡戰鬥力，進行合理編伍

一個人的氣質要寬宏廣闊，卻不可流於粗野放蕩。言行志向要光明磊落，但不可流於偏激剛烈。人們做事，經常在接近成功的時刻失敗。到事情快結束時仍像開始那樣謹慎，就不會有失敗的事。

〔原　文〕

武王問太公曰：「以車與步卒戰，一車當幾步卒？幾步卒當一車？以騎與步卒戰，一騎當幾步卒？幾步卒當一騎？以車與騎戰，一車當幾騎？幾騎當一車？」

太公曰：「車者，軍之羽翼也，所以陷堅陳，要強敵，遮走北也；騎者，軍之伺候也，所以踵敗軍，絕糧道，擊便寇也。故車騎不敵戰，則一騎不能當步卒一人。三軍之衆成陳而相當，則易戰之法，一車當步卒八十人，八十人當一車。一騎當步卒八人，八人當一騎。一車當十騎，十騎當一車。險戰之法，一車當步卒四十人，四十人當一車；一騎當步卒四人，四人當一騎；一車當六騎，六騎當一車。夫車騎者，軍之武兵也。十乘敗千人，百乘敗萬人。十騎敗百人，百騎走千人，此其大數也。」

武王曰：「車騎之吏數與陣法奈何？」

太公曰：「置車之吏數，五車一長，十車一吏，五十車為一率，百車一將。易戰方法，五車為列，相去四十步，左右十步，隊間六十步。險戰之法，車必循道，十車為聚，二十車為屯，前後相去二十步，左右六步，隊間三十六步，縱橫相去二里，各返故道。置騎之吏數，五騎一長，十騎一吏，百騎一率，二百騎一將。易戰之法，五騎為列，前後相去二十步，左右四步，隊間五十步。險戰者，前後相去十步，左右二步，隊間二十五步。三十騎為一屯。六十騎為一輩，十騎一吏，縱橫相去百步，周環各復故處。」

武王曰：「善哉！」

〔譯　文〕

武王問太公說：「用戰車與步兵作戰，一輛戰車相當於幾名步兵？幾名步兵才能抵擋一輛戰車？用騎兵與步兵作戰，一名騎兵能抵幾名步兵？幾名步兵相當於一名騎兵？用戰車與騎兵作戰，一輛車可抵擋幾名騎兵？幾名騎兵相當於一輛戰車？」

太公說：「戰車是軍隊的羽翼，是用來攻堅破陣、截擊強敵、斷敵退路的，騎兵是部隊的偵察兵，用來跟蹤追擊逃敵，阻斷敵人的糧道，襲擊散亂而逃的敵人。因此，車騎如運用不當，一名騎兵還抵不上一名步兵。如果全軍布陣，車、騎、步兵配合協調，那麼在平地上作戰的法則就是一輛戰車可以抵擋八十名步兵，八十名步兵相當於一輛戰車；一名騎兵可以抵擋八名步兵，步兵八名相當於騎兵一名；一輛戰車可以抵擋十名騎兵，騎兵十名相當於戰車一輛。在險要地形作戰，一輛戰車可以抵擋四十名步兵，步兵四十名相當於戰車一輛；一名騎兵可以抵擋四名步兵，步兵四名相當於騎兵一名；一輛戰車可以抵擋六名騎名，騎兵六名相當於戰車一輛。戰車與騎兵是隊伍中威猛迅速的突擊力量，十輛戰車可以擊敗千名敵人，百輛戰車可以擊敗萬名敵人；十名騎兵可以打敗百名敵人，一百名騎兵可以打敗千名敵人，這都是些大約數字。」

武王又問：「戰車與騎兵應配置的軍官人數以及作戰的方法應是怎樣呢？」

太公說：「戰車配置的軍官數量是：五車設一長，十車設一吏，五十車設一率，一百輛車設一將。在平地上作戰的方法是：五車為一列，前後相去四十步，各車相距十步，隊間相距六十步。在險要地帶作戰方法是：戰車一定要沿道路前進，十車為一聚，二十車為一屯，車與車之間相距二十步，左右寬大約六步，隊間距離和間隔三十六步，活動範圍前後左右各二里，各車戰鬥後仍從原路返回。騎兵應配備的軍官人數是，五騎設一長，十騎設一吏，一百騎設一率，二百騎設一將。在平坦地帶作戰的方法是：一列為五騎，前後相距二十步，左右間隔四步，隊間距離五十步。在險要地形上作戰時，前後相距十步，左右間距二步，各隊之間相距二十步，三十騎為一屯，六十騎為一輩，十名騎兵設一吏，活動範圍方圓一百步，戰鬥後各自回到原來的位置。」

武王說：「您說得太好了！」

靈活運用　合理搭配

車、步、騎是戰爭中的三大兵種，他們各自都有不同的特點與作用，各兵種如能相互配合，取長補短，就可以大大增加部隊的戰鬥力。

關於這點，姜太公作了以下詳細的解說：在平坦地形作戰一輛戰車可以抵擋步兵八十名，步兵八十名相當於一輛戰車；一名騎兵可以抵擋步兵八名，八名步兵相當於一名騎兵；一輛戰車可以抵擋騎兵十名，十名騎兵相當於一輛戰車；在險阻地形作戰，一輛戰車可以抵擋步兵四十名，四十名步兵相當於一輛戰車；一名騎兵可以抵擋步兵四名，四名步兵相當於一名騎兵；一輛戰車可以抵擋騎兵六名，六名騎兵相當於一輛戰車。

戰車與騎兵是軍隊中最威猛的突擊力量，十輛戰車可擊敗敵千人，百輛戰車可以擊敗敵萬人，十名騎兵可以擊敗敵百人，一百名騎兵可以擊敗敵千人，這只是個大約數字。

姜太公還詳細地論述了戰車與騎兵配置人數的情況、作戰方法，從中可以看出他的獨特見解。

總之，作為一個將領，在行陣作戰中，要善於掌握各兵種的優劣和各兵種運用的最佳動向，以及他們之間的合理搭配，要依據當時的情況與所處的地形、隨機而動，切不可拘泥於教條，也就是要靈活、機動，這樣才能將各兵種的優勢發揮得淋漓盡致。

唐朝後期，藩鎮割據，中央政府與藩鎮之間不斷發生衝突。廣德元年（七六三），唐代宗密詔襄、鄧等七州防禦史裴茂討伐盤踞襄州（今湖北襄樊）的襄州節度、奉義軍渭北兵馬使來瑱。來瑱連忙找部下商量。

他的副手薛南陽說：「你奉詔留鎮襄州，而裴茂想用武力威脅，試圖取而代之，是沒有什麼名義的。而且裴茂的智勇也不是您的對手。士兵也並不真心擁護他。如果他乘我不備，縱火夜攻，確實有些麻煩。如果等到天亮以後，就肯定能把他打敗。」

第二天，裴茂督軍五千在谷水北面擺開陣勢，來瑱率兵迎擊。

對裴茂士兵說：「你們來做什麼？」

裴軍士兵回答說：「你不接受朝廷的命令，因此裴中丞前來討伐你。」

來瑱說：「皇上下詔讓我鎮守這裡。」說著把詰書拿出來給他們看。

裴軍士兵說：「那是假的，我們千里來討賊，怎麼能空手而歸呢？」爭著用箭射來瑱，來瑱逃到旗下。

薛南陽說：「請您勒令士兵不要出戰。」於是選派三百精騎為奇兵，沿著萬山繞到裴軍的背面夾擊裴軍，裴軍大敗，幾乎全軍覆沒。

裴茂隻身逃走，到申口，被來瑱的追兵活捉，送往京師。唐代宗下令將他長期流放費州，不久被賜死於藍田故驛。

犬韜——

武車士第五十六

前後左右都能射殺敵人，且動作嫻熟的人稱爲「武車之士」

保持一種高尚的道德情操，是成就事業的可靠基礎。若濫用人才，濫施命令，只能做出使天下人抱怨，事倍功半，或徒勞無功之事。善用人者，自己輕鬆，即使常常悠遊於花園廣場，事業也會興旺發達。

〔原文〕

武王問太公曰：「選車士奈何？」

太公曰：「選車士之法，取年四十以下，長七尺五寸以上；走能逐奔馬，及馳而乘之；前後、左右、上下周旋，能束縛旌旗，力能彀八石弩，射前後左右皆便習者，名曰武車之士，不可不厚也。」

〔譯　文〕

武王問太公說：「戰車上的武士如何選拔呢？」

太公答道：「選擇年齡在四十歲以下，有七尺五寸的身高；跑起來能追上奔馬，並可在奔跑之中跳上戰車；在馬背上前後、左右、上下可以多方位的襲擊敵人，能掌握住旌旗，有拉滿八石硬弩的氣力，能前後左右的擊射敵人，而且動作熟練，這就是選拔戰車上的武士的標準。這些武士可以稱為『武車士』，對他們的待遇一定要優厚。」

動作嫻熟　氣勢威猛

車戰在春秋之前的很長時間內，一直被兵家所重視。對於武車士的選擇標準、條件，和方法都有很高的要求。

戰車在那個時代中有著舉足輕重的位置，它與騎兵都屬於威猛迅速的突擊力量。因此，選擇武車士自然也就成了關鍵的一環。一個達標的武車士必須有合格的身材，健康的體魄，嫻熟的戰技，敏捷的行動，其中缺一不可。所以說，武車士與戰車是相輔相成的關係，有了較高素質的武車士，戰車才能發揮它的優勢。

但是，戰車又由於它本身的體大、笨重，所以，對於戰爭就有所侷限性，古代兵家對用戰車作戰都作了深刻的分析，並列舉了戰車的「生地」與「死地」哪些地形對於戰車作戰有利，哪些地形對於戰車作戰有害，是每一位善於用戰車作戰的將領必須掌握的內容。

漢昭帝元鳳年間，龜茲和樓蘭都曾殺害過漢朝廷的使者。傅介子在以駿馬監出使大宛時，奉命前往責問樓蘭和龜茲國。

傅介子向大將軍霍光說：「樓蘭、龜茲反叛，反覆多次，不能不予以懲罰。我在龜茲時，發現龜茲王容易接近，我願意前去刺殺龜茲王，向西城各國顯示朝廷威嚴。」

霍光說：「到龜茲路程太遠，先到樓蘭去試一試嗎！」

於是，在得到皇帝的同意後，派傅介子出使樓蘭。傅介子和他的隨行士座出時，攜帶著大量金幣，對外揚言說是要去賞賜西域各國。到達樓蘭後，樓蘭王態度曖昧，傅介子便假裝不愉快的樣子，離開了樓蘭。

在到達西部邊界時，他告訴譯員說：「漢天子派我攜帶大量黃金、錦繡賞賜各國，你們樓蘭王卻不來接受，我只好到各西邊國去。」命人把金幣拿出給譯員看。

譯員回去報告後，樓蘭王垂涎於金幣，果然來求見漢使。傅介子款待他喝酒，又讓他看了一遍賞賜給他的財物，等到他喝醉了以後，對他說道：「漢天子委託我，有機密話要同你個別談談。」

於是樓蘭王跟隨傅介子進入帳中密談，就在這時，兩名壯士從背後猛刺樓蘭王，當場把他刺死了。跟隨樓蘭王的貴人和其他人員，被嚇得四散奔逃。

傅介子向他們宣布說：「樓蘭王因為背叛漢朝廷，犯了大罪，所以漢天子特地派我來誅戮他，你們可以改立在朝廷當過人質的太子為王。朝廷的大軍即將到達，千萬不要輕舉妄動，否則，樓蘭將被滅亡！」於是傅介子便帶著樓蘭王的首級安全地回來了。昭帝命令將樓蘭王的頭懸之北闕，而封傅介子為義陽侯。

犬韜——

武騎士第五十七

敢於追擊強敵，打得衆敵散亂的人稱爲「武騎士」。

世人只知道功名利祿會給人帶來幸福，殊不知功名利祿也會給人帶來痛苦。任何人都難以十全十美，但每個人都可以儘可能地把事情做得更好！若準備用一個人，在用他之時必須放手讓他去做事業。

〔原　文〕

武王問太公曰：「選騎士奈何？」

太以曰：「選騎士之法，取年四十以下，長七尺五寸以上；壯健捷疾，超絕等倫；能馳騎彀射，前後、左右、周旋進退；越溝塹，登丘陵，冒險阻，絕大澤，馳強敵，亂大衆者，名曰武騎之士，不可不厚也。」

〔譯　文〕

武王問太公說：「應該怎樣選拔騎士呢？」

太公答道：「要選取年齡在四十歲以下，有七尺五寸以上的身材；身體強壯、行動利索、不同一般；在各個方位都能應戰自如，回旋、進退嫻熟；能策馬跨越溝塹，登上高地，衝過險阻，橫渡大水，敢於追趕強敵，能征服眾多敵人，這就是選拔騎士的標準，這種人可稱之為『武騎士』，他們的待遇也要優厚。」

進退自如　敏捷利索

騎兵在我國古代，特別是唐初時期，是軍中最主要的兵種。武騎士的選拔與騎兵的訓練都十分重要，他的選拔標準要比武車士高得多。

騎兵與步兵、車兵都有所不同，騎兵比較靈活，機動性強，行動迅速，主要用於奇襲、追擊敵人還可以斷敵糧道，迂迴包抄敵人。總之，只要能運用得當就能充分發揮騎兵的特長，獲得以少勝多、以弱敵強的效果。

董卓另立陳留王為漢獻帝後，居功自傲，權傾朝野，威震公卿。司徒與尚書及僕射士孫瑞圖謀除掉董卓，見呂布怨恨董卓，乃將想法告訴了呂布，邀他作內應。呂布初時猶豫說：「董卓與我為義父義子，我如何能下手？」

王允說：「你姓呂，他姓董，本非骨肉，現在你擔心自己的性命還來不及，有什麼父子情義。想當初你偶爾得罪董卓，他即用戟向你擲來，豈有父子之情？」

呂布於是被說動了，答應作內應。當時有人故意將「呂」字寫在布上，背著它招搖過市，邊走邊唱「布」。有人將此事密示董卓，董卓仍未覺得危機已經逼近。

獻帝三年（一九二），皇帝患病新近恢復，召集群臣到未央殿，董卓著朝服登車，隨即乘馬受驚，被摔在泥地上，衣服已弄髒，只得打道回府更換。其少妻勸他不去。他不聽，啟程入宮。孫瑞乃列陣布兵道路兩側，從董府到宮門，左步兵右騎兵，防衛周密，命令呂布在前捍衛。王允與僕射士孫瑞秘密商量，讓孫瑞書假詔一份予呂布，令騎都尉李肅和呂布敦促勇士十餘人，偽穿衛士服在北掖門內等候董卓更衣出門。

董卓快到北掖門時，馬驚不前，董卓感到奇，馬上又驚覺起來，準備折回去。呂布力勸董卓入朝，董卓勉強進入北掖門，李肅立即持戟衝刺董卓。因董卓身穿鐵甲，刀刺不入。董卓手臂受傷墜落車下，回頭大聲呼喊：「呂布何在？」呂布衝出來高叫：「有詔討賊。」應聲持矛直刺董卓，董卓倒地斃命。左右士卒皆呼萬歲，百姓歡樂歌舞，拍手稱快。隨即又追殺董氏家族，沒收其家財黃金白銀數十萬斤，綾羅綢緞、珍奇玩物堆積如山。

戰車第五十八

戰車作戰有十種不利情況，八種有利情況。

每個人都有一顆善良的仁慈之心，就連慈悲的維摩詰和屠夫、劊子手的本性皆相同。

一個人要想做到表面沒有過錯，必須從看到的細微之處下功夫。

安居時和睦相處，快樂時遵守義理。

〔原　文〕

武王問太公曰：「戰車奈何？」

太公曰：「步貴知變動，車貴知地形，騎貴知別徑奇道，三軍同名而異用也。凡車之死地有十，其勝地有八。」

武王曰：「十死之地奈何？」

太公曰：「往而無以還者，車之死地也；越絕險阻，乘敵遠行者，車之竭進也；前易後險者，車之困地也；陷之險阻而難出者，車之絕地也；圮下漸澤、黑土黏埴者，車之勞地也；左險右易，上陵仰阪者，車之逆地也；殷草橫畝，犯厲深澤者，車之拂地民；車少地易，與步不敵者，車之敗地也；後有溝瀆，左有深水，右有峻阪者，車之壞地也；日夜霖雨，旬日不止，道路潰陷，前不能進，後不能解者，車之陷地也；此十者，車之死地也。故拙將之所以見擒，明將之所以能避也。」

武王曰：「八勝之地奈何？」

太公曰：「敵之前後行陣未定，即陷之；旌旗擾亂，人馬數動，即陷之；士卒或前或後，或左或右，即陷之；陣不堅固，士卒前後相顧，即陷之；前往而疑，後恐而怯，即陷之；三軍卒驚，皆薄而起，即陷之；戰於易地，暮不能解，即陷之；遠行而暮舍，三軍恐懼，即陷之；此八者，車之勝地也。將明於十害八勝，敵雖圍周，千乘萬騎，前驅旁馳，萬戰必勝。」

武王曰：「善哉！」

〔譯　文〕

武王問太公：「如何用戰車作戰呢？」

太公說：「步兵作戰貴在了解敵情的變動，戰車作戰貴在熟悉地形，騎兵作戰貴在識別分支道路與捷徑，車、騎、步雖然都是作戰部隊，但用法不同。有十種地形對戰車作戰不利，對戰車作戰有利的戰機也有八種。」

武王問：「分別指哪十種不利的地形呢？」

太公說：「只能前進而不能返回的，是戰車的死地；遇險阻、長途追擊敵人的，是戰車的竭地；前面平坦好行，後面艱險阻塞，是戰車的困地；深陷險地而難以出來，是戰車的絕地；毀塌、積水的泥濘地帶，是戰車的勞地；左邊險要，右面平堤，還要向上爬坡的，是戰車的逆地；茂草連片，陷進深厚的泥潭，是戰車的拂地；車少地寬而平，戰車與步兵配合不協調，是戰車的敗地；後面有溝渠，左有深水，右有陡坡，是戰車的壞地；連日連夜的大雨，旬日不停，道路被毀壞，不能進，也不能退，是戰車的陷地。這十種情況都不宜用戰車作戰，是戰車的死地。因此，蠢笨的將帥因為不了解這十種死地而被擒，明智機敏的將帥因為了解這十種死地而避開了它。」

武王又問：「哪八種是為有利的戰機呢？」

太公說：「敵軍的前後行列和陣勢尚未排列好，這時候就要攻破它；敵軍旌旗混亂，人馬多次調動，就要乘機攻破它；敵方的將士有的向前，有的退後，有的向左，有的向右，就要乘機攻破它；敵軍陣勢不穩固，士兵相互前後觀望，就要乘機攻它；敵軍猶豫不前，恐懼而後退，就要乘機攻破它；敵方軍隊突然驚亂，慌成一團，就要乘機攻破它；敵我在平地作戰，直到天黑之前還沒有撤出戰鬥，這時要趁機攻破它；敵人經過長途行軍，天黑才宿營，三軍上下恐懼，就要乘機攻破它。以上八種情況，對於戰車作戰有利。只要將帥對這十種不利的地形和八種有利的地形瞭如指掌，敵人即使四面包圍，以千乘萬騎向我軍正面壓迫，兩側突擊，也沒有什麼可怕的，我軍也能每戰必勝。」

武王說：「你講的真好啊！」

戰車作戰 地形首要

車、騎、步同樣是作戰部隊，但是，他們的用法各有不同。古代戰車的製造在於既省人力，又加強了自身的防衛能力，而且作戰速度比步兵要快；其不利之處在於對作戰的地形要求較爲苛刻，如遇山區或地勢起伏不平的地帶，戰車的威力就不能較好的發揮出來。

文中姜太公對用戰車作戰的十種不利地形與八種有利戰機，論述得十分詳細，進一步說明了地形對於戰車作戰中的重要位置。利用戰車作戰，對八種有利戰機也要了解、掌握，瞅準了有利的戰機，就要馬上出擊、因機而動，以威不可擋之勢衝向敵陣，給敵人猛烈的衝擊。用戰車在平原之地作戰，進攻時，講究集團衝鋒，步兵尾隨其後，可以減少傷亡；防守時，又可以畫地爲牢，本身就可以成爲防守的屏障。

戰車是軍中主要兵種，可用來攻堅陣、敗強敵。戰爭全局的勝敗，關鍵是看這個將帥能否熟練的掌握八勝之戰機，巧妙地回避十害之地形。

袁紹率大軍進抵黎陽，派大將顏良在白馬縣進攻曹操的東郡太守劉延。沮授進諫說：「顏良性情急躁而魯莽，雖然驍勇，卻不能鎮守一方。」袁紹對沮授的話不予理睬，曹操便發兵救援劉延，打垮了顏良帶領的軍隊並殺死了顏良。

袁紹督師渡過黃河，在延津以南地區修築工事與曹軍對峙。袁紹派劉備和文醜出陣挑戰，太祖（曹操）揮兵擊退袁軍，再殺其大將文醜，袁軍受到很大的震動。太祖引軍退到官渡構築防禦陣地，準備與袁紹的大軍決戰。

沮授又勸袁紹：「我們的軍隊數量雖多，但戰鬥士氣和勇敢精神都不如曹軍，而曹軍糧食短缺，後勤物資供應遠不如我們。因此對曹軍講速戰速決有利，可對我軍來說卻是打一場持久戰更有利。我們穩紮穩打與曹軍對峙下去，用不了幾個月時間，曹軍糧食用盡，必然會不戰自潰。」

袁紹不聽，指揮大軍進逼官渡，與曹軍交鋒。曹軍受挫退入營地堅守。袁紹命士兵在陣前修造了多座望敵樓，又築起高高的土山，弓箭手們埋伏在山上，看見曹操軍營中有人走動便弓矢齊發。曹軍很害怕，士兵們出門都要持盾牌遮擋身體。曹操也採取相應對策，命令工匠們突擊趕製出一種發石車，用它拋射石塊很有威力，袁紹修建的哨樓都被摧毀，士兵們也不敢再伏在土山上放箭了。由於發石車在拋射石塊時有隆隆的響聲，如同打雷般，故而袁軍士兵都恐懼地稱這種發石車為「霹靂車」。

袁紹又命令士兵們挖掘地道，直通曹操軍營，準備對曹軍實行突然襲擊。太祖針鋒相對，命令士兵在軍營前沿挖掘了一條又深又長的壕溝截斷袁軍的地道，同時派出一支奇兵潛入敵後截擊袁紹的運糧車隊，把運送的全部軍糧連同車輛盡數燒毀。袁紹派將軍淳於瓊帶一萬多兵馬北上迎接保護運糧軍隊。

沮授建議：「應當再派蔣奇將軍另帶一支軍隊與淳於瓊配合行動，以防備曹操的偷襲。」袁紹仍是未予採納。

淳於瓊迎到運糧車隊，駐屯在烏巢。袁紹聞報派出騎兵增援，也被曹軍擊潰。曹軍大破淳於瓊守軍，淳於瓊等將領都被斬殺於陣中，士兵死傷無數，全部軍糧輜重都被付之一炬。太祖引軍得勝還師，未等回到軍營，已有袁紹手下的將軍高覽、張郃各自帶著本部兵馬前來投降。曹軍一鼓作氣乘勝追擊，袁紹軍隊全線崩潰。袁紹長子袁譚在亂軍之中僅帶少數親隨渡過黃河得以逃脫，其部屬大部分被曹軍抓獲俘虜。

犬韜——

戰騎第五十九

騎兵作戰有「十勝」、「九敗」

一個人如果沒有一個朋友幫助，無論他的志向有多遠大，也只是鏡花水月，難以實現理想。

無論何時何地，我們都能恰當地識人用人，行事也恰到好處，則大業方成。

稱一稱才能知道物體的輕重，量一量才能知道物體的長短。

〔原　文〕

武王問太公曰：「戰騎奈何？」

太公曰：「騎有『十勝』、『九敗』。」

武王曰：「『十勝』奈何？」

太公曰：「敵人始至，行陳未定，前後不屬，陷其前騎，擊其左右，敵人必走；敵人行陳整齊堅固，士卒欲鬥，吾騎翼而勿去，或馳而往，或馳而來，其疾如風，其暴如雷，白晝如昏，數更旌旗，變易衣服，其軍可克；敵人行陳不固，士卒不鬥，薄其前後，獵其左右，翼而擊之，敵人必懼；敵人暮欲歸舍，三軍恐駭，翼其兩旁，疾擊其後，薄其壘口，無使得入，敵人必敗；敵人無險阻保固，深入長驅，絕其糧路，敵人必饑；地平而易，四面見敵，車騎陷之，敵人必亂；敵人奔走，士卒散亂，或翼其兩旁，或插其前後，其將可擒；敵人暮返，其兵甚衆，其行陳必亂，令我騎十而為隊，百而為屯，車五而為聚，十而為群，多設旌旗，雜以強弩，或擊其兩旁，或絕其前後，敵將可虜。此騎之『十勝』也。」

武王曰：「『九敗』奈何？」

太公曰：「凡以騎陷敵，而不能破陣，敵人佯走，以車騎反擊我後，此騎之敗地也；追北逾險，長驅不止，敵人伏我兩旁，又絕我後，此騎之圍地也；往而無以返，入而無以出，是謂陷於『天井』，頓於『地穴』，此騎之死地也。所從入者隘，所從出者遠，彼弱可以擊我強，彼寡可以擊我衆，此騎之沒地也；大澗深谷，蓊穢林木，此騎之竭地也；左右有水，前有大阜，後有高山，三軍戰於兩水之間，敵居表裡，此騎之艱地也；敵人絕我糧道，往而無以返，此騎之困地也；污下沮澤，進退漸洳，此騎之患地也；左有深溝，右有坑阜，高下如平地，進退誘敵，此騎之陷地了。此九者，騎之死地也。明將之所以遠避，暗將之所以陷敗也。」

〔譯　文〕

武王問太公說：「如何指揮騎兵作戰？」

太公說：「利用騎兵作戰有『十勝』、『九敗』。」

武王問：「『十勝』具體指哪些呢？」

太公答道：「敵人剛剛到，行陣還沒有穩定，前後互不聯繫，應立即用我方的騎兵攻破敵人的先頭部隊，左右夾擊敵人，他們必定要逃跑；敵行列整齊、陣勢牢固，兵士有鬥志，我方騎兵應咬住敵軍兩翼不要鬆口，有的急馳而去，有的飛奔而來，快如風、迅如雷，塵土飛揚，白天如同黃昏，屢換旌旗，變換服裝，以此引起敵軍的迷惑，這樣就可以打敗敵軍；敵方的行陣不穩，士兵無鬥志，我軍應該逼近敵軍的正面與後方，襲擊它的左右，從兩翼夾攻敵人，這樣，敵人必定會驚恐；敵軍到黃昏想回營，軍心恐慌，我方騎兵要夾攻它的左右兩翼，迅速攻擊其後尾，逼近敵軍營壘的進出口，不讓敵人歸營，敵軍一定會失敗；敵軍沒有有利的地形固守以求保護，我方騎兵可以長驅直入，切斷敵人糧道，敵人就會因饑餓而失敗；敵人所處的地形平坦，四圍受敵，我方的騎兵應協同戰車進行攻擊，敵人必定要潰敗；敵人潰逃，士卒散亂，我方騎兵或從兩翼夾擊，或襲擊其前後，敵方將帥就會被擒；敵人黃昏返回營地，士卒人多，隊形一定混亂，命令我方騎兵十人為一隊，百人為一屯，戰車五輛為一聚，十輛為一群，廣設旌旗，設置強弩，或攻擊其兩翼，或斷絕敵方前後的聯繫，就能俘虜敵將。（九、十兩條勝計失傳）這是用騎兵作戰十種能取勝的有利戰機。」

武王以問：「『九敗』具體指哪些呢？」

太公答道：「只要是用騎兵攻擊敵人，卻不能攻破敵陣，敵詐敗而逃，而以戰車和騎兵反攻我軍的後方，這樣，我方騎兵就會陷入『敗地』；我軍追擊敗逃的敵人，越過阻隘，窮追而不止，而敵人已埋伏在我軍兩旁，且斷絕了我軍的退路，這樣，我軍就被陷入了『圍地』；前進之後無法撤退，進去之後不能出來，名曰陷入『天井』之內，困於『地穴』之中，我騎兵進入這樣的地形就是『死地』；進路狹隘，出路迂遠，敵軍雖弱卻可以攻強，雖少卻可以擊眾，這樣，我騎兵就被陷入了『沒地』；大澗深谷，林木茂密，行動困難，這樣，我騎兵就陷入了『竭地』；左右兩邊有水，前有峻嶺，後有高山，我騎兵處於兩水之間作戰，而敵人內倚山險，外據水道，這樣，我軍就陷入了『艱地』；敵軍斷我糧道，我軍只能向前而無退路，這樣，我騎兵就陷入了『困地』；處於低窪和水草叢生的地帶，進出都是泥濘，這樣，我騎兵就陷入了『患地』；左面有深溝，右邊有坑窪與土山，從高處往下望如同平地一般，不管是進是退都可能遭到敵人的攻擊，這樣，我騎兵就陷入了『陷地』。

以上這些地形，都是騎兵作戰失敗之地。對於這些不利的情況，明智的將帥可以避開，而愚笨的將帥卻要遭致失敗。」

騎，貴知另徑奇道

騎兵作戰是古代所有戰術中最能速戰速決的一種戰術，中原地區自趙武靈王胡服騎射之後方開始普及。騎兵善於平原作戰，因為無險可阻，一馬平川，騎兵可以利用戰馬的速度和衝力一舉衝散步兵陣形，來去自由。

姜太公在這篇中對騎兵作戰的十種取勝戰機和九種不利的情況分別作了詳細的解說。明智的將帥能夠把握住每一個稍縱即逝的戰機，盡力避免於己不利的情況，所以能因機制敵；愚蠢的將帥卻往往不知道乘機，對自己不利的情況也不避免，哪有不吃敗仗的呢？

「騎，貴知另徑奇道」姜太公一語道破了騎兵作戰的特點。要想知道另徑奇道，就必須對作戰的地形瞭如指掌，這些都是在作戰之前必須了解清楚的。有利於騎兵作戰的戰機就要迅猛出擊，碰到可能導致失敗的地形，就要盡量避免，以減少部隊的傷亡，這些都是克敵制勝的關鍵。

四五〇年，劉宋朝世祖北伐，以柳元景為統帥。時西虜將進攻，宋奮武將軍方平遣驛騎告知元景：各軍糧草已盡，只剩一天的糧食了。時元景正在督收軍租，見方平信到，便派軍副柳元怙挑選步騎二千，卷甲兼行，一晚便奔赴前方，以解方平之急。

第二天清晨，西虜發起進攻，陳兵於城外，這時方平率領步兵，建武將軍安都率領騎兵，左右呈角排陣，其它各軍一齊陳列在城西南部。

方平對安都說：「現在大敵當前，而堅城在後，今天是我們死戰的日子，你如果不前進，我便斬殺你，如我不前進，你便斬殺我。」

安都回答說：「好，你說得極是，我豈是怕死嗎？」

於是合力奮戰，當時柳元怙剛到，軍隊偃旗息鼓，潛師面進，等到雙方交鋒，元怙率軍從城南門函洞中出擊，直奔北去，搖旗吶喊，西虜軍見狀大驚，全軍大潰。

戰步第六十

步兵同戰車、騎兵作戰，須依靠丘陵、險阻地帶列陣。

有的人看上去貌不驚人，言語不多，然而每每臨事，泰然自若，成竹在胸，潛移默化，能以氣色壓倒眾人。

人活著是為自己活著，不重虛名，不重錢財，如此豈不快哉！

一個人能臨危不亂，從容不迫，保全實力，臨陣變通，這是生活磨練的結果，亦是人努力培養自己意志與智慧的結果。

〔原　文〕

武王問太公曰：「步兵與車騎戰，奈何？」

太公曰：「步兵與車騎戰者，必依丘陵險阻，長兵強弩居前，短兵弱弩居後，更發更止。敵之車騎雖眾而至，堅陳疾戰，材士強弩，以備我後。」

武王曰：「吾無丘陵，又無險阻，敵人之至，既衆且武，車騎翼我兩旁，獵我前後，吾三軍恐怖，亂敗而走，為之奈何？」

太公曰：「令我士卒為行馬、木蒺藜，置牛馬隊伍，為『四武衝陳』，望敵車騎將來，均置蒺藜，掘地匝後，廣深五尺，名曰『命籠』。人操行馬進退，闌車以為壘，推而前後，立而為屯，材士強弩，備我左右，然後令我三軍，皆疾戰而不解。」

武王曰：「善哉！」

〔譯　文〕

武王問太公說：「步兵怎樣與戰車、騎兵部隊作戰呢？」

太公說：「步兵同戰車、騎兵作戰，一定要憑借丘陵、險要地形列陣，前面配置長兵器和強弩，後面放置短兵器與弱弩，輪番戰鬥與休息。即使有大量的戰車和騎兵到來，我方仍然可以堅守有利的地形，奮勇戰鬥，後方利用猛士強弩戒備。」

武王說：「我軍無丘陵依靠，又沒有險阻可利用，前來的敵人，兵勢強大，以戰車與騎兵包圍我軍的兩翼，襲擊我軍的前後，我軍上下一片恐慌，潰敗而逃，這種情況應怎麼對付呢？」

太公說：「命令我軍士卒製作行馬和木蒺藜等障礙物，把牛、馬集中在一塊編成一隊，把步兵布置成『四武衝陣』。看見敵人的車騎就要到來，就在敵人必經之路廣布鐵蒺藜，並掘成環形的壕溝，深寬各五尺，名曰『命籠』。士卒帶著行馬進退，用車輛布成營壘，推著它向前後移動，停下來就是營寨，左右派猛士強弩戒備，然後，就可以命令我軍全力投入戰鬥，不得懈怠。」

武王讚道：「您說的好啊！」

步兵作戰　靈活機動

步兵作戰歷來爲兵家所重視，因爲任何一種複雜的戰術，如多兵種協同作戰，最後的實質問題還要由人來解決。步兵作戰靈活、多變，任何情況都能適應。

步兵同戰車、騎兵作戰一定要有所依憑。或是丘陵、或爲險阻，這樣，才能利用屏障來打擊敵人，保護自己。如果既無丘陵，也沒有險阻可以利用，那麼，就要依憑其它障礙物，把步兵結成『四武衝陣』來阻擊敵人。

同騎兵和車兵相比，步兵在山區的活動範圍更大，靈活性更強。姜太公在文中一再強調，步兵在有利地形與不利地形作戰時，都要善於利用其它障礙，與各種兵器協調、配合使用，這樣，才能更好地發揮他們的特長。

任何事物都有利弊兩個方面，步兵作戰同樣如此，人是萬物之靈，如果不善於利用天時地利，審時度勢加以運用，也就會收效甚微。

隋高祖楊堅志在平定江南，統一中國，而江南地廣糧豐，兵多將廣，非文武齊備的良將不足以克當平定重任。由高熲舉薦，賀若弼成為最終的理想人選，於是拜授賀若弼為吳州（治今江蘇蘇州）總管，將平定陳國的大事交付他全權負責。

賀若弼也不負重托，下車伊始即周密謀劃，全力經營，把平陳的準備工作做得妥妥貼貼，天衣無縫。其中有兩件事足夠證明賀若弼的智勇雙全確非浪得虛名。

其一是伐陳以前，賀若弼為了麻痺敵人，要求沿江駐防人員在換防之際，務必齊集於歷陽（今安徽和縣），於是乎旌旗如雲，軍營遍野，聲勢浩大之極，而且每年這個時候都如法炮製。陳國人以為隋朝大軍到來，連忙調集全國兵馬，以防隋軍渡江討伐，結果卻發現這不過是隋軍換防，大家虛驚一場，又各回原地。這樣的事情發生幾次以後，陳國反而不再預做防備，他們認定隋軍只不過是故技重演，犯不著為此興師動眾，而事實上也的確如此。賀若弼知道陳國已經厭倦了這種遊戲，心裡暗自高興。

開皇九年（五八九年），當隋朝大軍真的會集江北時，陳國守軍竟然在錯誤思想的指導下視若未見，賀若弼得以統帥大軍輕易渡過長江，直插陳國腹心。

其二是平陳過程中的一個戰例，其時賀若弼已攻陷陳國的南徐州，乘勝進屯蔣山的白土崗

（在今江蘇南京市東），陳將魯達、周智安、任蠻奴、田瑞、樊毅、孔範、蕭摩訶等人前來迎戰，兵勢甚勁，賀若弼在先勝一場的情況下，揮兵節節後退，以使陳兵產生驕傲輕敵的情緒，然後他斷定陳兵已銳氣盡消，這才果斷發起反擊，將這支陳國勁旅殺得七零八落。

正如隋高祖楊堅所評議的那樣，隨朝能如期平定三吳，賀若弼確應功居首席。

六韜逸文

治國

文王問於太公曰：「賢君治國何在？」

對曰：「賢君之治國，其政平。吏不苛其賦斂，節其自奉薄。不以私善害公法，賞賜不加於無功，刑罰不施於無罪。不因喜以賞，不因怒以誅。害民者有罪，進賢者有賞。後宮不荒，女謁不聽，上無淫慝，下無陰害。不供宮室以費財，不多遊觀臺池以罷民，不雕文刻鏤以逞耳目，官無腐蠹之藏，國無流餓之民也。」

文王曰：「善哉！」

文王問太公曰：「願聞治國之所貴。」

太公曰：「貴法。令之必行，必行則治道通，通則民太利，太利則君德彰矣！君不法天地而隨世慾之所著以為法，故令出必亂。亂則復更為法，是以法令數變則群邪成俗，而君沈於世，是以國不免危亡矣。」

文王問太公曰：「人主動作舉事，善惡有福殃之應。免神之福無？」

太公曰：「有之。主動作舉事，惡則天應之以刑，善則地應之以德，逆則人備之以力，順則神授之以職。故人主好重賦斂、大宮室、多遊臺，則民多病瘟，霜露殺五穀，絲麻不成。人主好田獵□弋，不避時禁，則歲多大風，禾穀不實。人主好破壞名山，壅塞大川，決通名水，則歲多大水傷民，五穀不滋。人主好武事，兵革不息，則日月薄蝕，太白失行。故人主動作舉事，善則天應之以德，惡則人備之以力，神奪之以職，如響之應聲，如影之隨行。」

文王曰：「善哉！」

問諫

武王問太公曰：「桀紂之時獨無忠臣良士乎？」

太公曰：「忠臣良士天地之所生，何為無有？」

武王曰：「為人臣而令其主殘虐為後世笑，可謂忠臣良士乎？」

太公曰：「是諫者不必聽，賢者不必用。」

武王曰：「諫不聽是不忠，賢而不用是不賢也。」

太公曰：「不然。諫有六不聽，強諫有四必亡，賢者有七不用。」

武王曰：「願聞六不聽、四必亡、七不用。」

太公曰：「主好作宮室臺池，諫者不聽；主好忿怒，妄誅殺人，諫者不聽；主好所愛無功德而富貴者，諫者不聽；主好財利，巧奪萬民，諫者不聽；主好珠玉、奇怪異物，諫者不聽；

是謂六不聽。四必亡；一曰強諫不可止，必亡；二曰強諫知而不肯用，必亡；三曰以寡正強、正眾邪，必亡；四曰以寡直強、正眾曲，必亡。七不用：一曰主弱親強，賢者不用；二曰主不明，正者少，邪者眾，賢者不用；三曰賊臣在外，奸臣在內，賢者不用；四曰法政阿宗族，賢者不用；五曰以欺為忠，賢者不用；六曰忠諫者死，賢者不用；七曰貨財上流，賢者不用。」

求賢

文王在岐，召太公曰：「爭權於天下者，何先？」

太公曰：「先人。人與地稱則萬物備矣。今君之位尊矣！待天下之賢士勿臣而友之，則君以得天下矣。」

文王曰：「吾地小而民寡，將何以得之？」

太公曰：「可。天下有地，賢者得之；天下有粟，賢者食之；天下有民，賢者牧之。天下者非一人之天下也。莫常有之，唯賢者取之。夫以賢而為人下，何人不與？以貴從人曲直，何人不得屈一人之下？則申萬人之上者，惟聖人而後能為之。」

文王曰：「善！請著之金版。」

於是文王所就而見者六人，所求而見者七十人，所呼而友者千人。

論將

武王曰：「士高下豈有差乎？」

太公曰：「有九差。」

武王曰：「願聞之。」

太公曰：「人才參差，大小猶鬥，不以盛石，滿則棄矣。非其人而使之，安得不殆？多言多語，惡口惡舌。終日言惡，寢臥不絕。為眾所憎，為人所疾，此可使要問閭里，察奸伺猾，權數好事，夜臥早起，雖遽不悔，此妻子將也。先語察事實，長希言賦物平均，此十人之將也。切切截截，不用諫言，數行刑戮，不避親戚，此百人之將也。訟辨好勝，疾賊侵陵，斥人以刑，欲正一眾，此千人之將也。外貌咋咋，言語切切，知人饑飽，習人劇易，此萬人之將也。戰戰栗栗，日慎一日，近賢進謀，使人以節，言語不慢，忠心誠必，此十萬之將也。溫良實長，用心無兩，見賢進之，行法不枉，此百萬之將也。動動紛紛，鄰國皆聞，出入居處，百姓所親，誠信緩大，明於領世，能教成事，又能救敗，上知天文，下知地理，四海之內皆如妻子，此英雄之率，乃天下之主也。

夫殺一人而在三軍不聞，殺一人而萬民不知，殺一人而千萬人不恐，雖多殺人，其將不重；封一人而三軍不悅，爵一人而萬人不勸，賞一人而萬人不欣，是為賞無功，責無能也。若此則三軍不為使，是失眾之紀也。」

論兵

武王問太公曰：「凡用兵之極，天道、地利、人事，三者孰先？」

太公曰：「天道難見，地利、人事易得。天道在上，地道在下，人事以饑飽、勞逸、文武也。故順天道，不必有吉；違之不必有害。失地之利，則士卒迷惑。人事不和，則不可以戰矣。故戰不必任天道，饑飽、勞逸、文武最急，地利為實。」

王曰：「天道鬼神，順之者存，逆之者亡，何以獨不貴天道？」

太公曰：「此聖人之所生也。欲以止後世，故作為譎書，而寄勝於天道。無益於兵勝，而眾將所拘者九。」

王曰：「敢問九者奈何？」

太公曰：「法令不行，而任侵誅；無德厚而用日月之數；不順敵之強弱，幸於天道；無智慮而候氛氣；少勇力而望天福；不知地形而歸過敵人怯；勿敢擊而待卜筮；士卒不募而法鬼神；設伏不巧而任背向之道。凡天道鬼神，視之不見，聽之不聞，索之不得，不可以治勝敗，不能制死生，故明將不法也。」

安民

武王勝殷，召太公問曰：「今殷民不安其處奈何？使天下安乎？」

太公曰：「夫民之所利，譬之如冬日之陽，夏日之陰。冬日之從陽，夏日之從陰，不召自來。故生民之道，先定其所利而民自至。民有三幾，不可數動，動之有凶。明賞則不足，不足則民怨；生明罰則民懾畏，民懾畏則變故出；明察則民擾，民擾則不安其處，易以成變。故明王之民，不知所好，不知所惡，不知所從，不知所去，使民各安其所生，而天下靜矣。樂哉！聖人與天下之人皆安樂也。」

武王曰：「為之奈何？」

太公曰：「聖人守無窮之府，用無窮之財，而天下仰之。天下仰之，而天下治矣。神農不禁春夏之所生，不傷不害，謹修地利以成萬物，無奪民之所利，而農順其時矣。任賢使能，而宮有財，而賢者歸之矣。故賞在於成民之生，罰在於使人無罪，是以賞罰施民而天上下化矣。」

伐戰

武王至殷，將戰。紂之卒，握炭流湯者十八人，以牛為禮，以朝者三千人，舉百石重沙者二十四人，趨行五百里而矯矛，殺百步之外者五千人，介士億有八萬。武王懼曰：「夫天下以紂為大，以周為細；以紂為眾，以周為寡；以周為弱，以紂為強；以周為危，以紂為安；以周為諸侯，以紂為天子。今日之事，以諸侯擊天子，以細擊大，以小擊多，以弱擊強，以危擊安，以此五短擊此五長，其可以濟功成事乎？」

太公曰：「審天子不可擊，審大不可擊，審眾不可擊，審強不可擊，審安不可擊。」

王大恐以懼。

太公曰：「王無恐且懼，所謂大者，盡得天下之民；所謂眾者，盡得天下之眾；所謂強者，盡用天下之力；所謂安者，能得天下之所欲；所謂天子者，天下相愛如父子，此之謂天子。今日之事，為天下除殘去賊也。周雖細，曾殘賊一人之不當乎？」

王大喜曰：「何謂殘賊？」

太公曰：「所謂殘者，收天下珠玉美女金錢彩帛狗馬穀粟，藏之不休，此謂殘也；所謂賊者，收暴虐之吏，殺天下之民，無貴無賊，非以法度，此謂賊也。」

使將

武王問太公曰：「欲與兵深，謀進必斬，敵退必克，全其略云何？」

太公曰：「主以禮使將，將以忠受命，國有難，君召將而詔曰：『見其虛則進，見其實則避。勿以三軍為貴而輕敵，勿以授命為重而苟進，勿以貴而賤人，勿以獨見而違眾，勿以辯士為必然，勿以謀簡於人，勿以謀後於人，士未坐勿坐，士未食勿食，寒暑必同，敵可勝也。』」

【鑒　賞】

《六韜》，這部「言取天下及軍旅之事」的兵書一問世，即受到歷代兵家所重視。司馬遷說：「後世之言兵，及周之陰謀，皆宗太公為本謀。」（《史記・齊太公世家》）

三國劉備在給他兒子劉禪的遺詔中叮囑說：「閑暇歷觀諸子及《六韜》、《商君書》，益人意智。」（《三國志・蜀書》）

孫權說：「至統事以來，省三史諸家兵書，自以為大有所益。……宜急讀《孫子》、《六韜》、《左傳》、《國語》及《三史》。」（《三國志・呂蒙傳》）

足見歷代兵家的重視。

《六韜》還被其它諸子各家視作兵經而加以引述。漢代戴德的《大戴禮記》、陸賈的《新語》、劉向的《說苑》，唐代杜佑著《通典》，杜牧、王晳、賈林等註《孫子》都曾引述《六韜》。而對《六韜》進行註釋、集釋、滙解者，更不乏其人。據不完全統計，自唐以後約有近百種這類著述，僅明代就有四十多種，如唐代魏徵的《太公六韜治要》、宋代何去非的《校正六韜》，明代歸有光、文震孟的《子牙子評點》就是比較有代表性的幾種。

《六韜》歷經千年，諸子各家均有引述，加之口傳筆錄，待到清代，就有許多原文中不曾有的文字見諸於各家文選。這就是我們今天見到的《六韜逸文》。

現存《六韜逸文》版本有清嘉慶十年孫同元的《六韜逸文》一卷，清光緒五年汪宗沂輯《太公兵法逸文》一卷；一九一一年王仁俊的《六韜逸佚文》一卷；此外，還有孫星衍等所輯的《六韜逸文》。本書收錄的《六韜逸文》主要選自清孫同元輯自《禮記》、《史記》、《文選》所註漢、唐、宋各代類書的輯本。標題為今選者所加。

《六韜逸文》既源自《六韜》一書，其軍事觀點與《六韜》基本相近。此外就不多敘，僅就《六韜逸文》不唯天道，而重文武、地利的用兵之法略議一二。

《六韜逸文．論兵》有一段武王與太公關於天道、地利、人事三者關係的饒有興趣的對話：

武王問太公曰：「凡用兵之極，天道、地利、人事，三者孰先？」

太公曰：「天道難見，地利、人事易得。天道在上，地道在下，人事以饑飽、勞逸、文武也。故順天道，不必有吉；違之不必有害。失地之利，則士卒迷惑。人事不和，則不可以戰矣。故戰不必任天道，饑飽、勞逸、文武最急，地利為實。」

王曰：「天道鬼神，順之者存，逆之者亡。何以獨不貴天道？」

太公曰：「此聖人之所生也。欲以止後世，故作為譎書，而寄勝於天道。天益於兵勝，而眾將所拘者九。」

王曰：「敢問九者奈何？」

太公曰：「法令不行，而任侵誅；無德厚而用日月之數；不順敵之強弱，幸於天道；無智慮而候氛氣；少勇力而望天福；不知地形而歸過敵人怯；勿敢擊而待卜筮；士卒不募而法鬼神；設伏不巧而任背向之道。凡天道鬼神，視之不見，聽之不聞，索之不得，不可以治勝敗，不能制死生，故明將不法也。」

上面武王與太公的問對，第一段是武王問太公，用兵時天道、地利、人事三項哪個最重要。

太公回答說：天道對戰事影響不大；失去地利，部隊不能很好地發揮作用；人事最重要，部隊沒有糧草，沒有文臣武將，沒有休整，是不能去打仗的。

第二段武王又接著問：上天鬼神，威力無比，依順它才能生存，違背它必然滅亡。為什麼你不說天道最重要呢？太公回答說：天神是聖人故意虛設的，打仗那能依靠看不見、摸不首、不能治勝敗的所謂天道呢。如果要按天道行事，只會出現九種危害。

第三段，武王又問了依順天道行事會出現那九種危害。太公一一作了回答。

三段文字，層層深入，活脫脫的展現了文章作者不唯天命，而重地利、人事的唯物作戰觀。天道，歷來是封建社會君主用以麻痺人們，推銷罪責的借口和工具。世上本無所謂天道，正如文中所說：「凡天道鬼神，視之不見，聽之不聞，索之不得，不可以治勝敗，不能制死生。」明明是不存在的。在二千多年前的封建社會，能夠否定唯心的鬼神論，強調唯物的人事，地利觀，不能不說是本書的進步。實踐是檢驗真理的標準，戰爭，這個流血的怪物，勝敗贏負是來不得一點點虛偽的。

值得指出的是，逸文輯自不同的著述，各家學派，都有自己的觀點。因此逸文體現的思想往往相互矛盾。敬神信鬼也是這樣。上面敘說了不信鬼神的唯物論，而《六韜逸文》的開頭，卻有「聖人恭天、靜地、和人、敬鬼」（本書未選錄），需要讀者正確認識的。

三略

上略
中略
下略

卷上

上略

夫主將之法，務攬英雄之心，賞祿有功，通志於眾。故與眾同好靡不成，與眾同惡靡不傾。治國安家，得人也，亡國破家，失人也。含氣之類，咸願得其志。

《軍讖》曰：「柔能制剛，弱能制強。」柔者德也，剛者賊也，弱者人之所助，強者怨之所攻。柔有所設，剛有所施，弱有所用，強有所加。兼此四者而制其宜。

端末未見，人莫能知。天地神明，與物推移。變動無常，因敵轉化。不為事先，動而輒隨。故能圖制無疆，扶成天威，匡正八極，密定九夷。如此謀者，為帝王師。

故曰，莫不貪強，鮮能守微，若能守微，乃保其生。聖人存之，動應事機，舒之彌四海，卷之不盈懷，居之不以室宅，守之不以城郭，藏之胸臆，而敵國服。

《軍讖》曰：「能柔能剛，其國彌光。能弱能強，其國彌彰。純柔純弱，其國必削。純剛純強，其國必亡。」

夫為國之道，恃賢與民。信賢和腹心，使民如四肢，則策無遺。所適如支體相隨，骨節相救，天道自然，其巧無閑。

軍國之要，察眾心，施百務。危者安之，懼者歡之，叛者還之，冤者原之，訴者察之，卑者貴之，強者抑之，敵者殘之，貪者豐之，欲者使之，畏者隱之，謀者近之，讒者覆之，毀者復之，反者廢之，橫者挫之，滿者損之，歸者招之，服者居之，降者脫之。獲固守之，獲厄塞之，獲難屯之，獲城割之，獲地裂之，獲財散之。知動伺之，敵近備之，敵強下之，敵佚去之，敵陵待之，敵暴綏之，敵悖義之，敵睦攜之。順舉挫之，因勢破之，放言過之，四網羅之。得而勿有，居而勿守，拔而勿久，立而勿取，為者則己，有者則士，焉知利之所在，彼為諸侯，己為天子，使城自保，令士自取。

世能祖祖，鮮能下下。祖祖為親，下下為君。下下者，務耕桑不奪其時，薄賦斂不匱其財，罕徭役不使其勞，則國富而家娭，然後選士以司牧之。夫所謂士者，英雄也。故曰，羅其英雄，則敵國窮。英雄者，國之干；庶民者，國之本。得其干，收其本，則政行而無怨。

夫用兵之要，在崇禮而重祿。禮崇則智士至，祿重則義士輕死。故祿賢不愛財，賞功不逾時，則下力併而敵國削。夫用人之道，尊以爵，贍以財，則士自來。接以禮，勵以義，則士死之。

夫將帥者，必與士卒同滋味而共安危，敵乃可知，故兵有全勝，敵有全囚。昔者良將之用兵，有饋簞醪者，使投諸河與士卒同流而飲。夫一簞之醪不能味一河之水，而三軍之士思為致死者，以滋味之及己也。《軍讖》曰：「軍井未達，將不言渴。軍幕未辦，將不言倦。軍灶未炊，將不言饑。冬不服裘，夏不操扇，雨不張蓋。」是謂將禮。與之安，與之危，故其眾可合而不可離，可用而不可疲，以其恩素蓄、謀素和也。故曰，蓄恩不倦，以一取萬。

《軍讖》曰：「將之所以為威者，號令也。戰之所以全勝者，軍政也。士之所以輕戰者，用命也。」故將無還令，賞罰必信，如天如地，乃可御人。士卒用命，乃可越境。

夫統軍持勢者，將也；制勝破敵者，眾也。故亂將不可使保軍，乖眾不可使伐人。攻誠則不拔，圖邑則不廢，二者無功，則士力疲弊。士力疲弊，則將孤眾悖，以守則不固，以戰則奔北，是謂老兵。兵老則將威不行，將無威則士卒輕刑，士卒輕刑則軍失伍，軍失伍則士卒逃亡，士卒逃亡則敵乘利，敵乘利則軍必喪。

《軍讖》曰：「良將之統軍也，恕己而治人。」推惠施恩，士力日新，戰如風發，攻如河決。故其眾可望而不可當，可下而不可勝。以身先人，故其兵為天下雄。

《軍讖》曰：「賢者所適，其前無敵。」故士可下而不可驕，將可樂而不可憂，謀可深而不可疑。士驕則下不順，將憂則內外不相信，謀疑則敵國奮。以此攻伐，則致亂。夫將者，國之命也。將能制勝，則國家安定。

《軍讖》曰：「將能清，能靜，能平，能整，能受諫，能聽訟，能納人，能採言，能知國俗，能圖山川，能表險難，能制軍權。」故曰，仁賢之智，聖明之慮，負薪之言，廊廟之語，興衰之事，將所宜聞。

將者能思士如渴，則策從焉。夫將拒諫，則英雄散。策不從，則謀士叛。善惡同，則功臣倦。專己，則下歸咎。自伐，則下少功，信讒，則眾離心。貪財，則奸不禁。內顧，則士卒淫。將有一，則眾不服。有二，則軍無式。有三，則下奔北。有四，則禍及國。

《軍讖》曰：「將謀欲密，士眾欲一，攻敵欲疾。」將謀密，則奸心閉；士眾一，則軍心結；攻敵疾，則備不及設。軍有此三者，則計不奪。將謀泄，則軍無勢；外窺內，則禍不制；財入營，則眾奸會。將有此三者，軍必敗。

將無慮，則謀士去。將無勇，則吏士恐。將妄動，則軍不重。將遷怒，則一軍懼。《軍讖》曰：「慮也，勇也，將之所重。動也，怒也，將之所用。」此四者，將之明誡也。

《軍讖》曰：「軍無財，士不來。軍無賞，士不往。」

《軍讖》曰：「香餌之下，必有懸魚。重賞之下，必有死夫。」

故禮者，士之所歸；賞者，士之所死。招其所歸，示其所死，則所求者至。故禮而後悔者，士不止；賞而後悔者，士不使。禮賞不倦，則士爭死。

《軍讖》曰：「興師之國，務先隆恩。攻取之國，務先養民。」以寡勝眾者，恩也。以弱勝強者，民也。故良將之養士，不易於身，故能使三軍如一心，則其勝可全。

《軍讖》曰：「用兵之要，必先察敵情。視其倉庫，度其糧食，卜其強弱，察其天地，伺其空隙。故國無軍旅之難而運糧者，虛也；民菜色者，窮也。千里饋糧，民有饑色。樵蘇後竄，師不宿飽。夫運糧千里，無一年之食；二千里，無二年之食；三千里，無三年之食。是謂國虛。國虛，則民貧。民貧，則上下不親。敵攻其外，民盜其內。是謂必潰。」

《軍讖》曰：「上行虐，則下急刻。賦斂重數，刑罰無極，民相殘賊。是謂亡國。」

《軍讖》曰：「內貪外廉，作譽取名。竊公為恩，令上下昏。飾躬正顏，以獲高官。是謂盜端。」

《軍讖》曰：「群吏朋黨，各進所親。招舉奸枉，抑挫仁賢。背公立私，同位相訕。是謂亂源。」

《軍讖》曰：「強宗聚奸，無位而尊，威無不震。葛藟相連，種德立恩，奪在位權。侵侮下民，國內嘩喧，臣蔽不言。是謂亂根。」

《軍讖》曰：「世世作奸，侵盜縣官。進退求便，委曲弄文，以危其君。是謂國奸。」

《軍讖》曰：「吏多民寡，尊卑相若，強弱相虜，莫適禁御，延及君子，國受其咎。」

《軍讖》曰：「善善不進，惡惡不退，賢者隱蔽，不肖在位，國受其害。」

《軍讖》曰：「枝葉強大，比周居勢，卑賤陵貴，久而益大，上不忍廢，國受其敗。」

《軍讖》曰：「佞臣在上，一軍皆訟，引威自與，動違於眾。無進無退，苟然取容。專任自己，舉措伐功。誹謗盛德，誣述庸庸。無善無惡，皆與己同。稽留行事，命令不能。造作奇政，變古易常。君用佞人，必受禍殃。」

《軍讖》曰：「奸雄相稱，障蔽主明。毀譽並興，壅塞主聰。各阿所私，令主失忠。」

故主察異言，乃睹其萌；主聘儒賢，奸友乃遁；主任舊齒，萬事乃理；主聘岩穴，士乃得實；謀乃負薪，功乃可述；不失人心，德乃洋溢。

卷中

中略

夫三皇無言而在化流四海，故天下無所歸功。

帝者，體天則地，有言有令，而天下太平。君臣讓功，四海化行，百姓不知其所以然。故使臣不待禮賞有功，美而無害。

王者，制人以道，降心服志，設矩備衰，四海會同，王職不廢。雖有甲兵之備，而無鬥戰之患。君無疑於臣，臣無疑於主，國定主安，臣以火退，亦能美而無害。

霸者，制士以權，結士以信，使士以賞。信衰則士疏，賞虧則士不用命。

《軍勢》曰：「出軍行師，將在自傳。進退內御，則功難成。」

《軍勢》曰：「使智、使勇、使貪、使愚。智者樂立其功，勇者好行其志，貪者邀趨其利，愚者不顧其死。因其至情而用之。此軍之微權也。」

《軍勢》曰：「無使辯士談說敵美，為其惑眾。無使仁者主財，為其多施而附於下。」

《軍勢》曰：「禁巫祝，不得為吏士卜問軍之吉凶。」

《軍勢》曰：「使義士不以財。故義者，不為不仁者死；智者，不為暗而謀。」

主，不可以無德，無德則臣叛；不可以無威，無威則失權。臣，不可以無德，無德可無以事君；不可以無威，無威則國弱，威多則身蹶。

故聖王御世，觀盛衰，度得失，而為之制。故諸侯二師，方伯三師，天子六師。世亂，則叛逆生。王澤竭，則盟誓相誅伐。德同勢敵，無以相傾，乃攬英雄之心，與眾同好惡，然後加之以權變。故非計策，無以決嫌定疑；非通譎奇，無以破奸息寇；非陰謀，無以成功。

聖人體天，賢者法地，智者師古。是故《三略》為衰世作。「上略」設禮賞，別奸雄，著成敗。「中略」差德行，審權變。「下略」陳道德，察安危，明賊賢之咎。故人主深曉「上略」，則能任賢擒敵；深曉「中略」，則能御將統眾；深曉「下略」，則能明盛衰之源，審治國之紀。人臣深曉「中略」，則能全功保身。

夫高鳥死，良弓藏；敵國滅，謀臣亡。亡者，非喪其身也，謂奪其威廢其權也。封之於朝，極人臣之位，以顯其功。中州善國，以富其家。美色珍玩，以悅其心。

夫人眾一合而不可卒離，威權一與而不可卒移。還師罷軍，存亡之階。故弱之以位，奪之以國，是謂霸者之略。故霸者之作，其論駁也。存社稷羅英雄者，「中略」之勢也。故世主秘焉。

卷下

下略

夫能扶天下之危者，則據天下之安；能除天下之憂者，則享天下之樂；能救天下之禍者，則獲天下之福。故澤及於民，則賢人歸之；澤及昆蟲，則聖人歸之。賢人所歸，則其國強；聖人所歸，則六合同。求賢以德，致至以道。賢去，則國微。聖去，則國乖。微者危之階，乖者亡之徵。

賢人之政，降人以體。聖人之政，降人以心。體降可以圖始，心降可以保終。降體以禮，降心以樂。所謂樂者，非金石絲竹也。謂人樂其家，謂人樂其族，謂人樂其業，謂人樂其都邑，謂人樂其政令，謂人樂其道德。如此君人者，乃作樂以節之，使不失其和。故有德之君，以樂樂人。無德之君，以樂樂身。樂人者，久而長。樂身者，不久而亡。

釋近謀遠者，勞而無功，釋遠謀近者，佚而有終。佚政多忠臣，勞政多怨民。故曰，務廣地者荒，務廣德者強，能有其有者安，貪人之有者殘。殘滅之政，累世受患，造作過制，雖成必敗。

舍己而教人者逆，正己而化人者順。逆者亂之招，順者治之要。

道德仁義禮，五者一體也。道者人之所蹈，德者人之所得，仁者人之所親，義者人之所宜，禮者人之所體，不可無一焉。故夙興夜寐，禮之制也；討賊報仇，義之決也；惻隱之心，仁之發也；得己得人，德之路也；使人均平，不失其所，道之化也。

出君下臣，名曰命；施於竹帛，名曰令；奉而行之，名曰政。夫命失則令不行，令不行則政不正，政不正則道不通，道不通則邪臣勝，邪臣勝則主威傷。

千里迎賢其路遠，致不肖其路近。是以明王捨近而取遠，故能全功尚人，而下盡力。

廢一善則眾善衰，賞一惡則眾惡歸。善者得其佑，惡者受其誅，則國安而眾善至。

眾疑無定國，眾惑無治民。疑定惑還，國乃可安。

一令逆則百令失，一惡施則百惡結。故善施於順民，惡加於凶民，則令行而無怨。使怨治怨，是謂逆天。使仇治仇，其禍不救。治民使平，致平以清，則民得其所，而天下寧。

犯上者尊，貪鄙者富，雖有聖王，不能致其治。犯上者誅，貪鄙者拘，則化行而眾惡消。

清白之士，不可以爵祿得；節義之士，不可以威刑脅。故明君求賢，必觀其所以而致焉。致清白之士，修其禮；致節義之士，修其道。而後士可致，而名可保。

夫聖人君子，明盛衰之源，通成敗之端，審治亂之機，知去就之節。雖窮不處亡國之位，雖貧不食亂邦之祿。潛名抱道者，時至而動，則極人臣之位。德合於己，則建殊絕之功。故其道高而名揚於後世。

聖王之用兵，非樂之也，將以誅暴討亂也。夫以義誅不義，若決江河而溉爝火，臨不測而擠欲墮，其克必矣。所以優游恬淡而不進者，重傷人物也。夫兵者，不祥之器，天道惡之；不得已而用之，是天道也。夫人之在道，若魚之在水，得水而生，失水而死。故君子者常畏懼而不敢失道。

豪傑秉職，國威乃弱。殺生在豪傑，國勢乃竭。豪傑低道，國乃可久。殺生在君，國乃可安。四民用虛，國乃無儲。四民用足，國乃安樂。

賢臣內，則邪臣上。邪臣內，則賢臣斃。內外失宜，禍亂傳世。

大臣疑主，眾奸集聚。臣當君尊，上下乃昏。君當臣處，上下失序。

傷賢者，殃及三世。蔽賢者，身受其害。嫉賢者，其名不全。進賢者，福流子孫。故君子急於進賢而美名彰焉。

利一害百，民去城郭。利一害萬，國乃思散。去一利百，人乃慕澤。去一利萬，政乃不亂。

【鑒　賞】

《三略》，又稱《黃石公三略》，中國古代著名兵書，列為《武經七書》之一。全書分為上略、中略、下略三卷，共三千八百餘字。

《三略》舊題黃石公撰，傳與漢初張良得以問世。《史記・留侯世家》記載：張良步遊下邳圯上，有一老父出一編書，曰：「讀此，則為王者師矣。」這就是傳說的黃石公（即圯上老人）傳書張良。張良，字子房，其生年不可考，卒於公元前一八六年，祖籍開地，亦傳城父（今安徽亳縣東南），秦末漢初著名的軍事家。

《三略》成書時間不可考，最早見於三國魏李康的《運命論》。李康說：「張良受黃石之符，則《三略》之說。」李康雖非專論《三略》成書時間，但已隱意產生於張良受書之前。唐魏徵編纂《隋書》，附會李康之說，在《經籍志》中著錄為「下邳神人撰」，顯然以訛傳訛。宋明以降，歧意乖出，綜合起來大致分為四說，一說為先秦時；一說為秦時，即黃石公所著；另一說「乃楚漢間好事者所補」；還有一說「疑《三略》出自西晉迄宋、齊時憂國者之手」。對以上四說不敢妄加論斷，但據《後漢書・臧宮傳》記載：「光武審《黃石》，存包桑」。並且在詔書中說：「《黃石公記》曰：『柔能制剛，弱能制彊（強）』」。「柔能制剛，弱能制彊」，與今本《三略》一字不差，說明《三略》在東漢以前已經問世。因為《臧宮傳》記述此事是在建下二十七年，亦即漢光武劉秀登極第二十七年。

另外，《三略》自稱「是故《三略》為衰世作。」秦漢（指西漢）以來，所謂衰世有二，一是秦末，二是西漢末。從著書目的察看，不可能是嚴刑酷法的秦始皇所作，據《史書》記載，西漢末年，外戚王氏控制西漢政權，貪贓掠奪，階級矛盾日趨激化，各方勢力蜂擁而起，可見「衰世」指當時那個社會情況。由此可以認論《三略》大概是西漢末年產物，出自熟悉張良事蹟，精通兵法無名氏之手。

《三略》和其他兵書相比，形式和內容都有自己的特點。《孫子兵法》以後，兵書著作多以君臣問答形式傳世。《三略》則改問答為引文。它所引徵的材料主要是《軍讖》、《軍勢》，這是兩部佚傳兵書。《三略》的內容也獨具一格。我國漢代以前兵書大都以人名為書名，如《孫子》、《范蠡》、《尉繚子》等，《三略》則以論述的內容為書名，並創我國以「略」題名兵書之先例。明劉寅解：「略者，謀略也。」但《三略》講的又不是一般作戰謀略，而是統軍馭將，安邦治國的整體軍事戰略和政治謀略。

尤其值得稱賞的是，它是我國古代第一部主要講政治方略的兵書。如果說《孫子》是戰略之祖的書，那麼《三略》便堪稱「政略」之祖了。

《三略》的思想體系是儒道並蓄，兼採兵家和法家之長。儒家思想如「民本政治」、「庶民者，國之本」、「有德之君，以樂樂人，樂之者久而長」；道家思想如「柔能制剛，弱能制強」，功成身退，「兵者，不祥之器也」；也有兵家如《孫子》的將貴自專，重視偵察敵情，後勤供給，與民同欲以及慎戰，全勝等思想；還包括了法家令出必行的法制思想，如「治民之本，莫重於令」、「夫命夫則令不行，令不行，則政不立；政不立，則道不通；道不通，則邪臣勝；邪臣勝，則至成傷」等等。

總之，《三略》的思想體系可以概括為以儒道為主，兵法兼用，思想比較「雜」。可以說是「兵家」中的「雜家」。

《三略》問世以來，一直受到人們的重視。它雖然不及《孫子》那樣博大精深，但在總結，繼承前人兵學思想的同時，也不乏自己的真知灼見，對我們研究瞬息萬變的現代戰爭也有一定的啟示。

一、扼要地、應事機、恃民戰，爭取軍事戰略上的優勢

《三略》在戰略的高度上論述了戰爭的勝敗，比較精要地闡明了把握戰爭勝利的方針和原則。它認為要取得戰爭的勝利，在軍事戰略上必須扼要地、隨機應變，「正奇」結合，以及重視人民群眾在戰爭中的作用。

先秦兵家都懂得地利在戰爭中的重要作用，認識到在戰爭中「不能戰，莫如守險」。至孫武，《孫子兵法》對各種地形作了專門的研究，著有《地形》、《九地》等篇，吳起在吳子兵法中著有《應變》篇，還有孫臏的《地葆》篇，《六韜》中的《虎韜》、《豹韜》等篇，分別闡述了對各種地形應採取的作戰方法和手段，但是，這些都是從戰術的角度論及在作戰中應利用和避開的那些地形，不帶有戰略意義。《三略》則將利用那些對戰爭全局具有決定意義的地形或地區，提升到戰略的高度，並明確提出對它的占領和控制，認為應當「獲固守之，獲厄塞

之，獲難屯之」，意思是堅固的地域要固守，險隘的關卡要封鎖，要衝的地方要屯駐重兵。這在戰略思想上與前人相比應該說是一個進步。

戰爭是千變萬化的，戰爭規律也不斷變化發展，人們對戰爭規律的認識也必須不斷深化。《三略》從戰略上考察，指出：自然界的奧妙要依據事物的推移去了解，軍事行動是變化無常的，要依據敵情的變化而變化；不要事先刻板規定，要針對敵人的行動隨機應變，即所謂的「端末未見，人莫能知。天地神明，與物推移。變動無常，因敵轉化。不為事先，動而輒隨。」如果做到這樣，就能「圖制無疆，扶成天威，匡正八極，密定九夷。」

《三略》雖然沒有明確表達用兵的「正奇」之法，但它認為用兵必須變幻多端，出奇制勝。告訴人們「非譎奇無以破奸息，非陰謀無以成功」。認為不出奇制勝就無法破奸滅寇，不隱蔽企圖就不能成功。這同孫子的「以正合，以奇勝」思想是一脈相承的。

歷代兵家大多對人民群眾在戰爭中的作用有所認識。《孫子》的「道」，《吳子》的「教百姓而親萬民」，都是講人民群眾和統治者保持一致，是進行戰爭的首要條件。《三略》在此基礎上有新的發展，指出：「英雄者，國之幹；庶民者，國之本。」意思是英雄是國家的骨幹，民眾是國家的根本。認為「為國之道，恃賢與民」、「軍國之要，察眾心，施百務」。它在講到決定戰爭勝負的因素時，明確地說：「夫統軍持勢者，將也；制勝破敵者，眾也。」「以弱勝強者，民也。」「謀及負薪，功乃可述。」

正因為《三略》看到了民眾的力量，所以它非常重視民事，指出：「興師之國，務先隆思。攻取之國，務先養民。」強調不要違誤農時，主張減輕賦稅徭役。《三略》論述人民群眾是勝戰之本的觀點，多處可見。

二、法「天道」，用「賢人」，舉「義戰」，實施得道多助的政治謀略

戰爭是政治的延續，當用政治的手段不能解決雙方的爭端時，才用戰爭補缺政治策略。《三略》從法「天道」的觀點出發，力主用政治謀略的手段戰勝敵人，做到「雖有甲兵之備，而無計戰之患。」但它沒有像老子一樣，一味地反對戰爭，而是認為戰爭是客觀存在，當戰必戰，「義戰」不可避。

《三略》比較翔實地闡明了對待戰爭的觀念和態度，認為「制人」須「以道」，才能「降心服志，設矩備哀，四海會同，王職不廢。」意思是：用天「道」控制人，使人心悅誠服，設立各種法度以防衰亂，四海諸侯按時朝見，天子的職權就不衰落。如果不顧「天道」而貿然用兵，就會「勞而無功」，以至「多怨民」，甚至「內政荒廢」。「殘滅之政，累世受患。造作過制，雖成必敗。」

那麼，怎樣才能「不戰而屈人之兵呢」？《三略》從政治謀略的角度集中表述了攬人心，任賢人，重義戰的作用。

攬人心是《三略》政治策略的核心。它在卷首就指出：「夫主將之法。務攬英雄之心，賞祿有功，通志有於眾。」很明顯，《三略》要囊括的「人心」，不僅包括「英雄之心」，還有「民眾之心」，它進一步指出：「與眾同好，靡不成；與眾同惡，靡不傾。治國安家，得人也。亡國破家，失人也。」就是說與民眾同喜好，就沒有不成功的事業；與眾人同憎惡，就沒有不可消滅的敵人。國家大治，安邦熙寧，是由於得人心；國家敗亡，是由於失人心。對於攬人心的作用，春秋時就開始有所重視。

《左傳》說：「民者，神之主也，是以聖王先成民而後致力於神。」戰國時，孟子提出：「民為貴，君為輕」的思想。《呂氏春秋》對攬人心之功見解較新，它在《順民》篇中說：「先王先順民心故功名成，夫以德得民心以立大功名者，上世多有之矣。失民心而立功名者，未之曾有也。」但它們有一個共同偏頗之點，強調「民」或「民心」時，往往忽視「英雄」和「英雄之心」，反之亦然。而《三略》兼收並蓄，這不能不說《三略》的作者的見解比前人略高一籌。

招賢納士是貫穿《三略》通篇攬人心的一項主要策略。《三略》主張任人唯賢，反對任人唯親；「賢者所適，其前無敵。」「故士可下而不可驕，將可樂而不可憂，謀可深而不可疑。」意思是說「賢人」所歸人的國家，天下無敵，對「士」要尊敬不可傲慢，對將帥要使他愉快，對「賢者」的謀略要重視而不可懷疑。「賢人所歸，則其國強，聖人所歸，則六同合。」「賢去，則國微。聖去，則國乖」。它論述了不能「用賢」的種種惡果，「傷賢者，殃及三世。蔽賢者，身受其害。嫉賢者，其名不全。進賢者，福流子孫」。

為了廣招賢士，《三略》指出要「崇禮而重祿。禮崇則智士至；祿重則義士死。」就是說，對於賢士要崇尚禮節和提高俸祿。《三略》指出：「千里迎賢，其路遠。致不肖，其路近。」所以「明王捨近而取遠，故能全功尚人，而下盡力。」英明的君主遠迎賢人，就能成全功業，尊重賢人，臣人就會盡心竭力。

《三略》認為「兵者」為「不祥之器」，戰爭有「義」與「不義」之分，這同先秦諸家論兵思想是相通的，但它沒有拘泥於前人思想之內，而提出一個「天道」的概念，認為：「夫兵者，不祥之器，天道惡之；不得已而用之，是天道也。」戰爭本身是殺人之物的凶器，「天道」厭惡戰爭，不得已才進行戰爭，這是「天道」。

《三略》把「義戰」和「天道」結合起來，在自然本制上抹上了政治色彩。其意昭示人們要「義戰」，法「天道」，以此去制止和消滅「不義」的戰爭。不僅如此，《三略》指出既然「義戰」不可避免，那麼那些指導戰爭的人們就要善於「通曉成敗之端，審治亂之機」，設法爭取「義戰」的勝利。告誡一切指導戰爭的人們，要盡量減少和避免戰爭的殘酷性，不要實行慘絕人寰的戰爭，主張對敵國軍隊也要「歸者招之，服者居之，降者脫之。」願意歸順就招撫他，已歸順的要安置他，投降的就要解脫他。

《三略》反對誅殺敵國人民和俘虜的思想，不僅使敵我雙方的人民、軍隊不受或少受傷害，物資不受或少遭受損失，而且可以爭取民心，達到政治上瓦解敵人的目的，在此條件下進行「義戰」，若「決江河而溉爝火，臨不測而擠欲墮，其克必矣」。

三、慎選將，善馭兵，充分運用聲勢威懾力的治軍策略

治軍，貴在將帥。因此將帥修養與素質不可不察。對於將帥修養，先秦兵書都有所論及，但大都侷限於將帥的品德方面，如《孫子》的「智、信、仁、勇、嚴」，《吳子》的「理、備、果、戒、約」等。《三略》也強調將帥要有優良的品質，指出「虛、勇、動、怒」是為將的明識。還要求做到「能消、能靜、能平、能整、能受諫、能聽訟、能納人，能採言。」具有「能知國俗，能圖山川，能表險灘，能制軍權」的廣博知識和才能，主張「仁賢之智，聖明之慮，負薪之言，廊廟之語，興衰之事，將所宜聞。」意思是將帥要掌握敵國的風土人情，了解山川形勢，地形的險阻，懂得怎樣掌握軍隊的權柄。對於聖賢志士的智謀，民眾的輿論，朝廷的主張，歷代興衰之事，將帥者應該有所掌握。

對於將帥的知識結構，《三略》雖然不可能提出系統的全面的要求，但已經認識到將帥不僅要懂得軍事本身，而且還要懂政治，要「明盛衰之源，通成敗之端」，要具有多方面的知識，這在當時也是難能可貴的。

士氣歷來被認為是決定戰爭勝負的重要因素。《三略》亦然，認為「兵老則將威不行，將無威則士卒輕刑，士卒輕刑則軍失伍，軍失伍則士卒逃亡，士卒逃亡則敵乘利，敵乘利則軍必喪。」文中「兵老」即為「士氣衰弱」之意，作者從「兵老」推斷出「軍必喪」的結論，足見士氣之重要。

《三略》強調將帥要愛護士卒，尊重士卒。指出將帥要與士卒同生死共患難，「夫將帥者，必與士卒同滋味而共安危，敵乃可加，故兵有全勝，敵有全因。」意思是作為將帥，必須與士兵同甘苦共安危，士卒感激奮發，才可對敵作戰，使自己取得全勝，把敵人全部消滅。它用「冬不服裘，夏不操扇，雨不張蓋」和越王勾踐灑酒於河，與士卒同流而飲的故事，來說明「蓄恩不倦，以一取萬」的道理。並指出「良將之養士，不易於身，故能使三軍如一心，則其勝可全。」意思是優秀的將帥教養士卒，就像對待自己一樣對待士卒，所以能使萬眾一心，取得全勝。它還提出了「士卒欲一」的思想，就是要使士卒的思想統一，使他們有共同的奮鬥目標。「士眾一，則軍心結。」這使《孫子》的「能愚士卒之耳目，使之無知」、「若驅群羊」的愚兵思想相形見拙。

《三略》為鼓勵士氣，認為必須堅持「賞罰必信」的治軍原則，說：「軍以賞為表，以罰為裡。賞罰明，則將威行。」軍隊中不能沒有賞罰「軍無賞，士不往」。罰則是一種懲戒，「使人知恥而不犯」。但是，對賞罰要用得適「度」，當賞則賞，當罰必罰，「當賞不賞，是為沮善；當罰不罰，是為養奸」，所以，《三略》強調「賞罰必信」，獎不遺小，罰不避親，賞不違仇，刑不畏貴。如果真正能夠做到「如天如地」一樣公正，那麼「士卒用命，乃可越境」。

無論是選將，還是治軍帶兵，都是為了在氣勢上壓倒敵人，在戰略上對敵人造成強大的威懾力。《三略》總結其必然結果是「士力日新，戰如風發，攻如河決。故其眾可望而不可當，可下而不可勝。」

就是說，軍隊的戰鬥力日益堅強，作戰就像是暴風驟雨那樣猛烈，進攻就像江河決口那樣洶湧。因此，這個軍隊能使敵人望風逃竄而無法抵擋，只有屈服而無法取勝。

在本文行將結束時，值得指出的是：由於《三略》是封建時代的產物，其主要觀點都是站在封建君臣的立場上，為其封建統治服務的。因此，那些所謂的「為民」、「愛民」、「任人唯賢」，都有極大的虛偽性，我們必須去偽存真，否定其糟粕，而絕不能良莠不分，兼收並蓄。

兵訓

善於用兵的人　使將士為自己而戰

〔原文〕

故同利相死，同情相成，同欲相助。順道而動，天下為向；因民而慮，天下為鬥。獵者逐禽，車馳入趨，各盡其力。無刑罰之威，而相為斥闔要遮者，同所利也。同舟而濟於江，卒遇風波，百族之子，捷捽招杼船，若左右手，不以相德，其憂同也。

故明王之用兵也，為天下除害，而與萬民共享其利。民之為用，猶子之為父，弟之為兄，威之所加，若崩山決塘，敵孰敢當？

故善用兵者，用其自為用也；不能用兵者，用其為己用也。用其自為用，則天下莫不可用也；用其為己用，所得者鮮矣。

兵有三詆。治國家，理境內；行仁義，布德惠；立正法，塞邪隧；群臣親附，百姓和輯；上下一心，君臣同力；諸侯服其威，而四方懷其德；修政廟堂之上，而折衝千里之外；拱揖指撝，而天下響應，此用兵之上也。

地廣民衆，主賢將忠，國富兵強，約束信，號令明，兩軍相當，鼓錞相望，未至兵交接刃，而敵人奔亡，此用兵之次也。

知土地之宜，習險隘之利，明奇正之變，察行陳解贖之數，維枹綰。而鼓之，白刃合，流矢接，涉血屬腸，輿死扶傷，流血千里，暴骸盈場，乃以決勝，此用兵之下也。

今夫天下皆知事治其末，而莫知務修其本，釋其根而樹其枝也。

〔譯　文〕

為著同樣的利益可以相互去死，雙方擁有同樣的感情就能成功，有著同樣慾望的人能夠互相幫助。遵循大道去做事，天下的百姓就會一致響應；按照人民的想法去做事，天下的人就會替他去戰鬥。好比打獵的人去追逐飛禽走獸，車子快速地奔馳一樣，各自用盡自己的力量，付出自己最大的努力。不靠刑罰的威力而使人們能共同等待或是遮攔，是因為他們有著共同的利益。一船人從長江渡過，突然遇到了風暴，波浪濤天，船搖擺不定。同船的乘客雖互不相識，但他們會齊心協力把船帆落下來，放好船漿，共同操持著這條船，就像左右手一樣配合默契。這並不是因為他們之間有什麼恩德，而是他們面對著共同的憂慮的問題。

英明的君主用兵是為了廣大的人民消除禍患，與他們共同享受平靜美好的生活。百姓被使用，就像兒子為了父親，弟弟為了哥哥，毫無怨言且肯盡心竭力。這樣威力施加之地，就像是山崩地裂，江水決堤。這樣大的威力，又有誰敢來阻攔呢？

善於用兵的人，使將士為自己而戰，這樣天下之人任他調遣；不善用兵的人，使將士為主帥而戰，這樣得到的結果，自然與前者有著天壤之別了。

用兵有上、中、下三種不同的策略。施行仁政，廣散恩德，勤於治國，建立完備正確的法規，阻止歪門斜道、不正之風，讓大臣們親近自己，積極出謀獻策，百姓們和美融洽地生活在一起。君民同心協力治理國家，它的威力使諸侯信服，百姓們感激他的恩德。只是在朝堂上料理好政事，而遠在千里之外的敵人就不敢造次。在指揮時從容不迫，胸有成竹，天下百姓紛紛響應，聽從派遣，這就是用兵的上策。

擁有眾多的人，寬廣的土地，國君賢明達理，將帥忠誠不二，國家富強，軍隊強大，紀律嚴明，號令清楚。即使兩軍力量不相上下，當軍隊列好排開，兩軍的鑼鼓相對時，不用等對方短兵相接，敵人就會丟盔棄甲，紛紛四處逃散。這就是用兵的中策。

了解土地的特點，知曉險要的關口，會利用有利的地理條件為戰鬥服務，知道一般的用兵方法，熟悉排兵布陣的方式，拿起鼓槌猛烈擊鼓，使軍士與敵人短兵相接，流箭布滿天空。戰場上血流成河，屍骨暴露。車子裡裝滿了死人，受傷的人互相扶持著。戰場上無法避免流血衝突的戰鬥，這是用兵的下策。

現在天下的人都極為重視修理末梢，卻忽略了對根本的修治與整理。這就是像去扶植一棵將倒的大樹時，不是去加固樹根，而是立起樹枝一樣。

強大威逼弱小　勇敢侵犯膽怯

〔原　文〕

古之用兵者，非利土壤之廣，而貪金玉之略，將以存亡繼絕，平天下之亂，而除萬民之害也。凡有血氣之蟲，含牙帶角，前爪後距；有角者觸，有齒者噬，有毒者螫，有蹄者趹。喜而相戲，怒而相害，天之性也。

人有衣食之情，而物弗能足也，故群居雜處。分不均，求不澹，則爭；爭則強脅弱而勇侵怯。人無筋骨之強，爪牙之利，故割革而為甲，鑠鐵而為刃。貪昧饕餮之人，殘賊天下，萬人搔動，莫寧其所。有聖人勃然而起，乃討強暴，平亂世，夷險除穢，以濁為清，以危為寧，故不得不中絕。

〔譯　文〕

古代用兵作戰的人，並不是要擴大領土範圍，也不是去貪圖別人的珍寶珠玉，而是為了保住將要滅亡的國家，延續快要絕滅的氏族，從而將天下的叛亂停息，以求消除萬民的危害。有生命的動物都有防備、爭鬥的武器。它們嘴裡有尖利的牙齒，頭上長著鋒利的犄角，前面有尖爪，後面長勁蹄。有牙的相互撕咬，長角的互相抵觸，有毒的就用毒刺去螫，有蹄的就去踢。它們高興時會互相嬉耍玩鬧，當它們發怒時就會互相傷害。這些都是動物的天性。

人類需要有飯吃有衣穿。當他們擁有的物質財富不能滿足需要的時候，他們就會沒有章序地成群地居住在一起。一旦財物分配不平均，各自的需求得不到滿足時，人們之間就會爭鬥不休。在拼鬥時強大的人威逼弱小的人，勇敢的人侵犯膽怯的人。人類沒有強健的筋骨，鋒利如刀的爪牙，因此就用皮革做成鎧甲，冶煉銅鐵做成兵器。貪圖錢財富貴的人，為了謀取私利而殘害天下百姓，使萬民受到戰亂之苦而無安居之所。聖人就會懷著極為憤慨的心情從民眾裡站出來，去討伐強暴，平定戰亂，消除危險，掃清污穢，把混濁化為清澈，把危險的局面變成安定的世界。所以那些殘暴的人一定會在戰爭中被消滅。

禁暴與平亂 是軍隊的職責

〔原 文〕

兵之所由來者遠矣。黃帝嘗與炎帝戰矣，顓頊嘗與共工爭矣。故黃帝戰於涿鹿於野，堯戰於丹水之浦，舜伐有苗，啓攻有扈，自五帝而弗能偃也，又況衰世乎？

夫兵者所以禁暴討亂也。炎帝為火災，故黃帝禽之；共工為水害，故顓頊誅之。教之以道，導之以德而不聽，則臨之以威武；臨之以威武而不從，則制之以兵革。

故聖人之用兵也，若櫛髮耨苗，所去者小，而所利者多。殺無罪之民，而養無義之君，害莫大焉；殫天下之財，而澹一人之慾，禍莫深焉。

使夏桀、殷紂，有害於民而立其患，不至於為炮烙；晉厲、宋康，行一不義而身死國亡，不至於侵奪為暴，此四君者，皆有小過而莫之討也，故至於攘天下，害百姓，肆一人之邪，而長海內之禍，此大倫之所不取也。

所為立君者，以禁暴討亂也。今乘萬民之力，而反為殘賊，是為虎傅翼，曷為弗除？夫畜池魚者必去猵獺，養禽獸者必去豺狼，又況治人乎？

〔譯　文〕

從遠古時代戰爭就開始了。黃帝與炎帝曾發生過爭鬥，顓頊、共工之間也曾有過戰爭。黃帝涿鹿原野上戰勝了炎帝，堯在丹水之濱擊敗了南蠻，舜打敗有苗，啟征討有扈氏。戰爭從五帝以來就從沒停止過，又何況是在這個衰敗凋落的時代呢？

禁止暴力和平定叛亂是軍隊的職責。炎帝點燃大火，造成禍害，所以黃帝抓住了他；共工觸撞不周山造成水災殃及無辜百姓，因而顓頊殺了他。用道去教導，用德去引導都無法使他聽從，只有依靠武力去教訓他。當武力的威脅不夠時，就用軍隊去制服他。

所以聖人發動戰爭得到最後的結果就像梳頭和鋤草：去掉的是少數，而得到的是大多數。殘殺無辜的百姓而去奉養殘暴無道的昏君，這樣造成的危害是無法估量的。耗盡天下的財富去滿足一個人貪婪的慾望，造成的災禍沒有比這更加深的了。

如果夏桀、商紂危害百姓一次以後就立即遭到大家的反對，他們也不會造出像炮烙這樣的酷刑；晉厲公、宋康王只推行一次不義，就遭到禍患而身死國滅，他們也就不會一次又一次地侵略別的國家。這四個君王都是在他們犯小錯誤的時候沒有人去提醒他們，征伐他們，所以才會造成他們侵犯天下人利益的惡果，由於放縱了一個人的邪惡的作法而使天下的人跟著遭受禍患，這是倫理道德所不能允許的。

原本設立國君是為了禁止暴力平定叛亂的。而現在國君依靠著萬民的力量殘害百姓，為所欲為，這就是給凶惡的老虎再添上翅膀，為什麼不除掉它呢？只有先清除魚池中吃魚的猵獺，才能在池塘中放養魚兒；只有先除去豺狼虎豹這些猛獸，才能養好飛禽走獸。治理人世的道理與這不是一樣的嗎？

平息暴亂　廢除暴君

〔原文〕

故霸王之兵，以論慮之，以策圖之，以義扶之，非以亡存也，將以存亡也。故聞敵國之君，有加虐於民者，則舉兵而臨其境，責之以不義，刺之以過行。兵至其郊，乃令軍師曰：「毋伐樹木，毋抉墳墓，毋爇五穀，毋焚積聚，毋捕民虜，毋收六畜。」乃發號司令曰：「其國之君，傲天侮鬼，決獄不辜，殺戮無罪，此天下之所以誅也，民之所以仇也。兵之來也，以廢不義而復有德也。有逆天之道，帥民之賊者，身死族滅。以家聽者祿以家，以里聽者賞以里，以鄉聽者封以鄉，以縣聽者侯以縣。」

克國不及其民，廢其君而易其政，尊其秀士，而顯其賢良；振其孤寡，恤其貧窮；出其囹圄，賞其有功。百姓開門而待之，淅米而儲之，唯恐其不來也。此湯武之所以致王，而齊桓之所以成霸也。故君為無道，民之思兵也，若旱而望雨，渴而求飲，夫有誰與交兵接刃乎？故義兵之至也，至於不戰而止。

〔譯文〕

諸侯霸主與君王之間的戰爭，從倫理的角度來考慮，使出妙計來謀劃它，運用大義去扶植它，這並不是在消滅已經有的國家，而是在保存將滅亡的國家。因而一旦聽到敵國的君王殘暴不仁，在百姓頭上作威作福，就立即帶兵趕到他的邊境，責備他不合乎道義的地方，指出他行為中的過失來責問他。軍隊駐紮在他國的郊外，國君命令軍隊說：「不要亂伐樹木，不要挖掘墳墓，不要點火焚燒糧食，不要毀壞已經收聚的財富，不要捉老百姓做俘虜，不要搶奪牲畜騷擾百姓。」主帥就向士兵發布命令說：「他們國家的君王狂妄自大，不聽從上天的命令，侮辱了鬼怪神明，他判決不公正，審理案子不清楚，誅殺了沒有罪的人，這就是上天要滅掉他的原因，百姓怨恨他的理由。軍隊的到來，廢除了殘暴的君王，讓有德行的人登上君王之位。如果違背上天的命令，帶領眾人為虎作倀的人，本人格殺無論，家族也要遭到牽連，誅殺無論。率領全家聽從命令的人，全家都可以得到俸祿，率領全里人都服從命令的人，就任命他為里長，掌管全里；率領全鄉人都服從命令的人，就把這個鄉封給他；率領全縣人都服從命令的人，就讓他掌管全縣並封他為侯。」

打敗了敵國卻沒有危害百姓，廢掉了殘暴的國君而改換了原有的政治，尊重有才能的賢士，使他們享有很高的地位；贍養孤寡老人，安撫貧困的家庭；釋放囚禁在監獄中受冤枉的人，獎勵有功勞的人。百姓們滿心歡喜地迎接軍隊的到來，在家中準備好飯食，就擔心軍隊不能早到。這就是湯、武能夠稱王，齊桓公所以稱霸的原因。當國君殘暴不仁，做出種種違背道義的事情時，百姓們盼望義軍早日到來的心情，就像久旱盼望甘雨，口渴而想喝到甘泉一樣急切。所以百姓們怎麼還會同義軍交戰呢？當義軍到來時，即使不發生戰鬥也依然能夠平息暴亂，推翻昏庸殘暴的君主。

軍隊得道戰鬥力就強　失道就不堪一擊

〔原　文〕

晚世之兵，君雖無道，莫不設渠塹傅堞而守。攻者非以禁暴除害也，欲以侵地廣壤也。是故至於伏屍流血，相支以日。而霸王之功不世出者，自為之故也。夫為地戰者，不能成其王；為身戰者，不能立其功。舉事以為人者，衆助之；舉事以自為者，衆去之。衆之所助，雖弱必強；衆之所去，雖大必亡。兵失道而弱，得道而強；將失道而拙，得道而工；國得道而存，失道而亡。

所謂道者，體圓而法方，背陰而抱陽；左柔而右剛，履幽而戴明，變化無常。得一之原，以應無方，是謂神明。夫圓者，天也；方者，地也。天圓而無端，故不可得而觀；地方而無垠，故莫能窺其門。天化育而無形象，地生長而無計量，渾渾沈沈，孰知其藏？凡物有朕，唯道無朕。所以無朕者，以其無常形勢也。輪轉而無窮，像日月之運行；若春秋有代謝，若日月有晝夜。終而復始，明而復晦，莫能得其紀。制刑而無刑，故功可成；物物而不物，故勝而不屈。刑，兵之極也；至於無刑，可謂極之矣。

〔譯　文〕

後來的戰爭，無道的國君也會開渠引水依靠城牆來把守城池。攻打的人也不僅是為了翦滅無道昏君消除暴力停止災害，而是為了侵略擴張，為了獲得更多的領土而戰。因而在世上就出現了伏屍遍野的持久之戰。霸主、國君僅僅為了自己，所以導致他們沒有功績在世上出現。為了擴大領地而爭奪土地的人，是不夠稱王的資格的；為了自己得到功名而作戰的人，也無法立下功勞。做事是為他人謀求幸福的人，大家都會幫助他；做事是為滿足自己私慾的人，大家就會避開他。柔弱的人在眾人的幫助之下，也可以變得堅強勇猛；強大的人在眾叛親離時也會遭到滅亡的下場。軍隊得道就會強盛，戰鬥力強；軍隊失道就會變弱，不堪一擊。將領得道就會變得聰慧善於謀劃；將領失道就會變得笨拙不堪沒有謀略；國家得道就會強大，國家失道則會滅亡。

這裡所說的道，是根據天圓地方的道理而來的，對著陽而背向著陰；右邊剛強而左邊柔弱，腳踏著昏暗而頭頂著光亮。其中的變化無常，沒有常規定式。掌握道的根本而游刃有餘地應付各種各樣的變化，這就叫做神明。天是圓形的，地是方形的。圓形的上天沒有開端，所以看不清它的形體；方形的大地無邊無際，所以沒辦法看到它的門戶。上天造出了萬物，人們無法看清它的形狀，大地孕育萬物而人們無法估量。深沉渾厚的天地中究竟蘊藏著什麼，誰也說不清楚。凡是物體都是有形的，無論是圓還是方。而道卻是無形的，讓人看不見也摸不著。

為什麼道是無形的呢？

是因為它沒有絕對固定的模式。就像輪子轉動沒有窮盡，也像日月周而復始的交替運行一樣。好像春秋季節更替，日月的交替形成晝夜一樣。開始了又結束，陰暗了之後又明亮起來，誰也找不到它的頭緒。道為別的東西規定了形體而本身是無形的，所以大功告成，道創造了萬物而本身卻不是物，所以它能輕而易舉地取勝。殘酷的戮殺是戰爭的頂點，如果哪次戰爭達到了沒有戮殺，那麼就是到達頂點的盡頭了。

兵車不用出擊　騎士不穿鎧甲

〔原文〕

是故大兵無創，與鬼神通；五兵不厲，天下莫之敢當；建鼓不出庫，諸侯莫不懾悽沮膽其處。故廟戰者帝，神化者王。所謂廟戰者，法天道也；神化者，法四時也。修政於境內，而遠方慕其德；制勝於未戰，而諸侯服其威，內政治也。古得道者，靜而法天地，動而順日月，喜怒合四時，叫呼而比雷霆。音氣不戾八員，詘伸不獲五度，下至介鱗，上及毛羽，條修葉貫，萬物百族。由本至末，莫不有序。是故入小而不逼，處大而不窕；浸乎金石，潤乎草木；宇中六合，振毫之末，莫不順比。道之浸洽，滒淖纖微，無所不在。是以勝權多也。夫射儀度不得，則格的不中；驥一節不用，而千里不至。

夫戰而不勝者，非鼓之日也，素行無刑久矣。故得道之兵，車不發軔，騎不被鞍，鼓不振塵，旗不解卷，甲不離矢，刃不嘗血，朝不易位，賈不去肆，農不離野，招義而責之，大國必朝，小城必下，因民之欲，乘民之力，而為之去殘除賊也。

〔譯　文〕

所以大的戰鬥不一定會流血，它是與鬼神相通的；各種兵器不用打磨，而天下竟沒有人敢去阻攔；金鼓還沒從倉庫中搬出來，而諸侯在自己統治的地方聽說卻已聞風喪膽。因此不靠武力征討就能使敵人害怕投降的人能夠稱帝。他依靠的是天道的規律。具有神妙變化的人可以稱王，稱王的人的神妙變化正是取法於四季的變化。

在自己的國家裡修治好政治，遠方的人也仰慕他的品德。正是因為內政治理得好，才能不依靠武力而戰勝敵人，使諸侯信服自己的威力。

古時候得道的人，行動起來順應日、月的變化，安靜起來猶如天地一般；高興、憂傷與四季變化緊密呼應，叫喊呼嘯的聲音猶如驚雷、霹靂一樣。聲響不背戾八風，伸屈不亂五行。仿佛介蟲、鱗蟲、毛蟲、羽蟲，它們種種形態不同，但又相互聯繫貫通，聯結著百族萬物。從根本到末梢，條理清楚可見。因而小地方不會讓人覺得壓抑，大的地方也不會讓人感到空曠。金石之中也有浸漬，草木之內也得到滋潤。大到天下社稷，小到挺起的細毛的底部，就沒有不順從相應的。大道浸潤，輕柔細膩，時時處處都存在著。因此勝利的砝碼就更多了。如果沒有掌握好射箭的規則，那麼就無法射中靶心；如果沒有適當地訓練駿馬，那它就不能跑行千里之地。

戰鬥勝利與否，不是看擺隊擊鼓出征之日，而是看平常的訓練是不是依照法規做事，得道的軍隊在戰鬥時兵車不用出擊，騎兵不用穿甲，戰鼓不必敲得驚天動地，軍旗的卷束也不必解開，士兵也不會碰到飛箭，武器也不會見到血跡，朝廷不用移位，商人可以照舊經營，農夫還能夠在田野裡耕作。用大義去責備他們，大的國家必定會心悅誠服地拜見國君，小的城池也一定已經攻下。仁義軍就是依照著百姓的心願，借著他們的力量而替他們去除暴政而已。

至樂不會複雜　大禮不會繁瑣

〔原　文〕

圓之中規，方之中矩，行成獸，止成文，可以將少，而不可以將衆。蓼菜成行，瓶甌有堤，量粟而舂，數米而炊，可以治家，而不可以治國。滌杯而食，洗爵而飲，浣而後饋，可以養家老，而不可以饗三軍，非易不可以治大，非簡不可以合衆；大樂必易，大禮必簡；易故能天，簡故能地；大樂無怨，大禮不責；四海之內，莫不系統，故能帝也。

心有憂者，筐床袵席弗能安也，菰飯犓牛弗能甘也，琴瑟鳴竽弗能樂也。患解憂除，然後食甘寢寧，居安遊樂。由是觀之，生有以樂也，死有以哀也。今務益性之所不能樂，而以害性之所以樂，故雖富有天下，貴為天子，而不免為哀之人。

凡人之性，樂恬而憎憫，樂佚而憎勞。心常無慾，可謂恬矣；形常無事，可謂佚矣。遊心於恬，舍形於佚，以俟天命。自樂於內，無急於外。雖天下之大，不足以易其一概；日月廋而無溉於志。故雖賤如貴，雖貧如富。大道無形，大仁無親，大辯無聲，大廉不嗛，大勇不矜。五者無棄，而幾鄉方矣。

〔譯　文〕

畫圓圈就要依據規的要求，畫方形就要符合矩的形狀。橫縱隊伍的排列如果依照獸那樣排列，停止的時候是整齊劃一，完全一致的，這樣只能統領少數人，而無法指揮更多的人。像蓼菜一樣整齊地排列成行，像水瓶一樣有把手，把穀子搗碎來計量它的多少，計算需要多少來去燒飯。這樣的人能夠治理好自己的小家，但若是讓他去治理國家，他便是無能為力了。像洗碗吃飯，洗杯子喝水，只有將器皿都洗乾淨後才吃飯，這樣的人能很好地伺候家中的老人，卻無法款待眾多的將士。治理大眾一定要用簡易的方法；集合眾人一定要遵循簡約的道理。大型的音樂不會複雜，大的禮節不會繁瑣。簡易才能構成天，簡單才能形成地。大型音樂中沒有怨恨之情，大的禮節是不存在責怪之意。在廣闊的天地中沒有毫無關係而統一在一起，因而才能稱帝做王。

假使心中有憂心的事情，睡在柔軟舒適的床上也不能減輕心中的煩躁而使他高興，吃著美味佳肴也不會覺得香甜可口，彈琴鼓瑟奏出悅耳的聲音也不能使他快樂。只有當災禍被消除，不再擔心憂慮的時候，才能睡得舒服安寧，吃得香甜有味，平靜地生活，高興地遊玩。這裡告訴我們：生存之中有我們歡樂的地方，死亡之中有使我們哀痛的地方。現在去追求那些性情中本來不能有歡樂的地方，就會危害到生命中本來不能有歡樂的地方，所以縱是擁有天下所有的財富，擔當了最尊貴的天子帝王，卻也免不了成為悲哀之人。

總體上說人的天性，喜歡安靜而厭惡憂慮，喜好安逸舒適而討厭勞苦奔波。心中沒有過多的慾望，可以說這是恬靜型的人；自己常常沒有什麼事情要做，這便是安逸型的人。心情游動在恬靜與憂慮之間，身體在安逸中休息保養，用來等待天命。自己想在內心中得到快樂，就不要到外部去匆匆尋找。就是在天地這樣廣大的範圍中，也不能換取他的一概之量；日、月隱蔽，卻不能掩藏自己的志向。

因此，即使是低微的卻很珍貴；雖然表面上貧窮，實際上卻很富有。大道中是沒有形體的，大的仁慈是沒有親人的，大的辯論是沒有聲音的，真的廉潔就不貪求食物，大的勇敢是不會驕傲的。當這五個方面都具備時，這就可以說是接近於道了。

萬物千變萬化　聖人以不變應萬變

〔原　文〕

軍多令則亂，酒多約則辯。亂則降北，辯則相賊。故始於都者，常大於鄙；始於樂者，常大於悲；其作始簡者，其終本必調。今有美酒佳肴以相饗，卑體婉辭以接之，欲以合歡。爭盈爵之間，反生鬥。鬥而相傷，三族結怨，反其所憎。此酒之敗也。《詩》之失僻，《樂》之失刺，《禮》之失責。徵音非無羽聲也，羽音非無徵聲也。五音莫不有聲，而以徵羽定名者，以勝者也。故仁義智勇，聖人之所備有也，然而皆一名者，言其大者也。

陽氣起於東北，盡於西南；陰氣起於西南，盡於東北。陰陽之始，皆調適相似，日長其類，以侵相遠。或熱焦沙，或寒凝冰。

故聖人謹慎其所積。水出於山，而入於海。稼生於野，而藏於廩，見所始則知終矣。席之先雚蕈，樽之上玄酒，俎之先生魚，豆之先泰羹。此皆不快於耳目，不適於口腹，而先王貴之，先本而後末。聖人之接物，千變萬軫，必有不化而應化者。夫寒之與暖相反，大寒地坼水凝，火弗為衰其暑；大熱爍石流金，火弗為益其烈。寒暑之變，無損益於己，質有之也。

〔譯文〕

軍隊中過多的命令會引起士兵的混亂。酒宴上規矩太多就會引起人們的爭辯，軍隊混亂就容易導致投降現象的產生，爭辯太多就會影響人們之間的情誼。所以生在都城的人，常常會死在邊疆；開始時非常快樂的，在結束時往往十分悲哀。從簡單開始，經常會由複雜來結束。比如現在用美酒佳肴宴請賓客，言辭委婉屈身侍奉，想以此求得大家的歡心。可就是在倒酒的多少之中，就可能產生矛盾，產生爭鬥。由於爭鬥就會使雙方互相傷害，因而結下仇怨成為互相憎恨的敵人。這就是從飲酒中尋找歡樂的失敗。

《詩》的失誤在於引導小人走上邪僻的道路，《樂經》的失誤在於產生了許多怨恨，《禮》的失誤在於指責太多。徵音中也有羽聲，只不過羽聲較弱罷了。羽聲中也不是沒有徵聲，只是徵聲較為微弱而已。五音之國都具備了其它的音調。之所以用徵、羽來命名，只是因為它們在其它的音調中顯得較強而已。因此聖人具備的仁、義、智、勇，通常只使用其中的一個名詞，說的就是其中的最重要的一點。

陽氣從東北方而來，最終消失在西南方；陽氣從西南方興起，最終凝結於東北。陰陽兩氣的產生、運行、消長是極為相似的過程。陰氣、陽氣不同的增長，就形成了大寒、大熱截然不同的氣候。熱的時候能將沙子烤焦，冷的時候可以把水凍得梆梆硬。因而聖人一向小心地使用他所積累起來的東西。水的源頭在山脈之中，而最終流入大海；莊稼在田地中生長，結出的果實會被收藏在倉庫之中。看到開始也就意味著知道它的結果了。席子是由萑、蕈這些植物編織而成，樽是從盛祭祀的黑酒而產生的。案板是由祭祀的生魚而來的，豆子是從過去祭祀時用的肉汁而來的，這些用具都是十分簡單粗陋的，看上去並不好看，不適合人們的需要，但是先王卻十分重視、愛惜它們。這是因為先王重視祭祀而輕視享受。

聖人同外物接觸的時候，萬物千變萬化，聖人卻有應付變化的不變的方法，這就是以不變應萬變，嚴寒與高溫是截然相反的，大寒的時候，土地凍裂，水流凝滯，但是火依然是熾熱如舊，不會減低絲毫熱度；在大熱之時，石塊因以被熔掉，金屬能被燒化，火也不會因為大熱而增加點滴熱度。寒暑的變化更替，無法影響火的熱度，這就是火的本質是不會改變的道理。

後記

古代兵書對今天的策劃、運營、工作以及競爭和人際交往等方面的實用都有啓迪作用。鑒此，我們精心選編了這套「神算大師」。

這套「神算大師」突出歷代著名國師（軍師）的神算、奇謀。國師是一手托起帝王霸業的神算高手，他們的兵法思想對今天各項大策劃、大運作、大社會交往都有獨到的借鑒。

參加這套「神算大師」的編輯、撰稿、校對的有任洪清、燕洪生、胡文飛、王明貴、殷美滿、李金水、楊攀勝、張喬生、桂紹海、汪珍珍等。

書中難免舛誤之處，仍希望讀者諸君繼續予以關愛和批評。謹此後記。

大展出版社有限公司
品冠文化出版社

圖書目錄

地址：台北市北投區（石牌）
致遠一路二段 12 巷 1 號
電話：(02)28236031
28236033
郵撥：0166955～1
傳真：(02)28272069

・生活廣場・品冠編號 61

1.	366 天誕生星	李芳黛譯	280 元
2.	366 天誕生花與誕生石	李芳黛譯	280 元
3.	科學命相	淺野八郎著	220 元
4.	已知的他界科學	陳蒼杰譯	220 元
5.	開拓未來的他界科學	陳蒼杰譯	220 元
6.	世紀末變態心理犯罪檔案	沈永嘉譯	240 元
7.	366 天開運年鑑	林廷宇編著	230 元
8.	色彩學與你	野村順一著	230 元
9.	科學手相	淺野八郎著	230 元
10.	你也能成為戀愛高手	柯富陽編著	220 元
11.	血型與十二星座	許淑瑛編著	230 元
12.	動物測驗—人性現形	淺野八郎著	200 元
13.	愛情、幸福完全自測	淺野八郎著	200 元
14.	輕鬆攻佔女性	趙奕世編著	230 元
15.	解讀命運密碼	郭宗德著	200 元

・女醫師系列・品冠編號 62

1.	子宮內膜症	國府田清子著	200 元
2.	子宮肌瘤	黑島淳子著	200 元
3.	上班女性的壓力症候群	池下育子著	200 元
4.	漏尿、尿失禁	中田真木著	200 元
5.	高齡生產	大鷹美子著	200 元
6.	子宮癌	上坊敏子著	200 元
7.	避孕	早乙女智子著	200 元
8.	不孕症	中村春根著	200 元
9.	生理痛與生理不順	堀口雅子著	200 元
10.	更年期	野末悅子著	200 元

・傳統民俗療法・品冠編號 63

1.	神奇刀療法	潘文雄著	200 元

2. 神奇拍打療法　安在峰著　200元
3. 神奇拔罐療法　安在峰著　200元
4. 神奇艾灸療法　安在峰著　200元
5. 神奇貼敷療法　安在峰著　200元
6. 神奇薰洗療法　安在峰著　200元
7. 神奇耳穴療法　安在峰著　200元
8. 神奇指針療法　安在峰著　200元
9. 神奇藥酒療法　安在峰著　200元
10. 神奇藥茶療法　安在峰著　200元

・彩色圖解保健・品冠編號 64

1. 瘦身　主婦之友社　300元
2. 腰痛　主婦之友社　300元
3. 肩膀痠痛　主婦之友社　300元
4. 腰、膝、腳的疼痛　主婦之友社　300元
5. 壓力、精神疲勞　主婦之友社　300元
6. 眼睛疲勞、視力減退　主婦之友社　300元

・心 想 事 成・品冠編號 65

1. 魔法愛情點心　結城莫拉著　120元
2. 可愛手工飾品　結城莫拉著　120元
3. 可愛打扮&髮型　結城莫拉著　120元
4. 撲克牌算命　結城莫拉著　120元

・法律專欄連載・大展編號 58

台大法學院　法律學系／策劃
法律服務社／編著

1. 別讓您的權利睡著了(1)　200元
2. 別讓您的權利睡著了(2)　200元

・武 術 特 輯・大展編號 10

1. 陳式太極拳入門　馮志強編著　180元
2. 武式太極拳　郝少如編著　200元
3. 練功十八法入門　蕭京凌編著　120元
4. 教門長拳　蕭京凌編著　150元
5. 跆拳道　蕭京凌編譯　180元
6. 正傳合氣道　程曉鈴譯　200元
7. 圖解雙節棍　陳銘遠著　150元
8. 格鬥空手道　鄭旭旭編著　200元

3. 劍術刀術入門與精進　楊柏龍等著　元
4. 棍術、槍術入門與精進　邱丕相編著　元
5. 南拳入門與精進　朱瑞琪編著　元
6. 散手入門與精進　張　山等著　元
7. 太極拳入門與精進　李德印編著　元
8. 太極推手入門與精進　田金龍編著　元

・道學文化・大展編號 12

1. 道在養生：道教長壽術　郝　勤等著　250 元
2. 龍虎丹道：道教內丹術　郝　勤著　300 元
3. 天上人間：道教神仙譜系　黃德海著　250 元
4. 步罡踏斗：道教祭禮儀典　張澤洪著　250 元
5. 道醫窺秘：道教醫學康復術　王慶餘等著　250 元
6. 勸善成仙：道教生命倫理　李　剛著　250 元
7. 洞天福地：道教宮觀勝境　沙銘壽著　250 元
8. 青詞碧簫：道教文學藝術　楊光文等著　250 元
9. 沈博絕麗：道教格言精粹　朱耕發等著　250 元

・易學智慧・大展編號 122

1. 易學與管理　余敦康主編　250 元
2. 易學與養生　劉長林等著　300 元
3. 易學與美學　劉綱紀等著　300 元
4. 易學與科技　董光壁　著　元
5. 易學與建築　韓增祿　著　元
6. 易學源流　鄭萬耕　著　元
7. 易學的思維　傅雲龍等著　元
8. 周易與易圖　李　申　著　元

・神算大師・大展編號 123

1. 劉伯溫神算兵法　應　涵編著　280 元
2. 姜太公神算兵法　應　涵編著　元
3. 鬼谷子神算兵法　應　涵編著　元
4. 諸葛亮神算兵法　應　涵編著　元

・秘傳占卜系列・大展編號 14

1. 手相術　淺野八郎著　180 元
2. 人相術　淺野八郎著　180 元
3. 西洋占星術　淺野八郎著　180 元
4. 中國神奇占卜　淺野八郎著　150 元

5. 夢判斷	淺野八郎著	150 元
6. 前世、來世占卜	淺野八郎著	150 元
7. 法國式血型學	淺野八郎著	150 元
8. 靈感、符咒學	淺野八郎著	150 元
9. 紙牌占卜術	淺野八郎著	150 元
10. ESP 超能力占卜	淺野八郎著	150 元
11. 猶太數的秘術	淺野八郎著	150 元
12. 新心理測驗	淺野八郎著	160 元
13. 塔羅牌預言秘法	淺野八郎著	200 元

・趣味心理講座・大展編號 15

1. 性格測驗① 探索男與女	淺野八郎著	140 元
2. 性格測驗② 透視人心奧秘	淺野八郎著	140 元
3. 性格測驗③ 發現陌生的自己	淺野八郎著	140 元
4. 性格測驗④ 發現你的真面目	淺野八郎著	140 元
5. 性格測驗⑤ 讓你們吃驚	淺野八郎著	140 元
6. 性格測驗⑥ 洞穿心理盲點	淺野八郎著	140 元
7. 性格測驗⑦ 探索對方心理	淺野八郎著	140 元
8. 性格測驗⑧ 由吃認識自己	淺野八郎著	160 元
9. 性格測驗⑨ 戀愛知多少	淺野八郎著	160 元
10. 性格測驗⑩ 由裝扮瞭解人心	淺野八郎著	160 元
11. 性格測驗⑪ 敲開內心玄機	淺野八郎著	140 元
12. 性格測驗⑫ 透視你的未來	淺野八郎著	160 元
13. 血型與你的一生	淺野八郎著	160 元
14. 趣味推理遊戲	淺野八郎著	160 元
15. 行為語言解析	淺野八郎著	160 元

・婦 幼 天 地・大展編號 16

1. 八萬人減肥成果	黃靜香譯	180 元
2. 三分鐘減肥體操	楊鴻儒譯	150 元
3. 窈窕淑女美髮秘訣	柯素娥譯	130 元
4. 使妳更迷人	成　玉譯	130 元
5. 女性的更年期	官舒妍編譯	160 元
6. 胎內育兒法	李玉瓊編譯	150 元
7. 早產兒袋鼠式護理	唐岱蘭譯	200 元
8. 初次懷孕與生產	婦幼天地編譯組	180 元
9. 初次育兒 12 個月	婦幼天地編譯組	180 元
10. 斷乳食與幼兒食	婦幼天地編譯組	180 元
11. 培養幼兒能力與性向	婦幼天地編譯組	180 元
12. 培養幼兒創造力的玩具與遊戲	婦幼天地編譯組	180 元
13. 幼兒的症狀與疾病	婦幼天地編譯組	180 元

14. 腿部苗條健美法	婦幼天地編譯組	180 元
15. 女性腰痛別忽視	婦幼天地編譯組	150 元
16. 舒展身心體操術	李玉瓊編譯	130 元
17. 三分鐘臉部體操	趙薇妮著	160 元
18. 生動的笑容表情術	趙薇妮著	160 元
19. 心曠神怡減肥法	川津祐介著	130 元
20. 內衣使妳更美麗	陳玄茹譯	130 元
21. 瑜伽美姿美容	黃靜香編著	180 元
22. 高雅女性裝扮學	陳珮玲譯	180 元
23. 蠶糞肌膚美顏法	坂梨秀子著	160 元
24. 認識妳的身體	李玉瓊譯	160 元
25. 產後恢復苗條體態	居理安・芙萊喬著	200 元
26. 正確護髮美容法	山崎伊久江著	180 元
27. 安琪拉美姿養生學	安琪拉蘭斯博瑞著	180 元
28. 女體性醫學剖析	增田豐著	220 元
29. 懷孕與生產剖析	岡部綾子著	180 元
30. 斷奶後的健康育兒	東城百合子著	220 元
31. 引出孩子幹勁的責罵藝術	多湖輝著	170 元
32. 培養孩子獨立的藝術	多湖輝著	170 元
33. 子宮肌瘤與卵巢囊腫	陳秀琳編著	180 元
34. 下半身減肥法	納他夏・史達賓著	180 元
35. 女性自然美容法	吳雅菁編著	180 元
36. 再也不發胖	池園悅太郎著	170 元
37. 生男生女控制術	中垣勝裕著	220 元
38. 使妳的肌膚更亮麗	楊　皓編著	170 元
39. 臉部輪廓變美	芝崎義夫著	180 元
40. 斑點、皺紋自己治療	高須克彌著	180 元
41. 面皰自己治療	伊藤雄康著	180 元
42. 隨心所欲瘦身冥想法	原久子著	180 元
43. 胎兒革命	鈴木丈織著	180 元
44. NS 磁氣平衡法塑造窈窕奇蹟	古屋和江著	180 元
45. 享瘦從腳開始	山田陽子著	180 元
46. 小改變瘦 4 公斤	宮本裕子著	180 元
47. 軟管減肥瘦身	高橋輝男著	180 元
48. 海藻精神秘美容法	劉名揚編著	180 元
49. 肌膚保養與脫毛	鈴木真理著	180 元
50. 10 天減肥 3 公斤	彤雲編輯組	180 元
51. 穿出自己的品味	西村玲子著	280 元
52. 小孩髮型設計	李芳黛譯	250 元

・青 春 天 地・大展編號 17

1. A 血型與星座	柯素娥編譯	160 元
2. B 血型與星座	柯素娥編譯	160 元

3.	O血型與星座	柯素娥編譯	160元
4.	AB血型與星座	柯素娥編譯	120元
5.	青春期性教室	呂貴嵐編譯	130元
7.	難解數學破題	宋釗宜編譯	130元
9.	小論文寫作秘訣	林顯茂編譯	120元
11.	中學生野外遊戲	熊谷康編著	120元
12.	恐怖極短篇	柯素娥編譯	130元
13.	恐怖夜話	小毛驢編譯	130元
14.	恐怖幽默短篇	小毛驢編譯	120元
15.	黑色幽默短篇	小毛驢編譯	120元
16.	靈異怪談	小毛驢編譯	130元
17.	錯覺遊戲	小毛驢編著	130元
18.	整人遊戲	小毛驢編著	150元
19.	有趣的超常識	柯素娥編譯	130元
20.	哦！原來如此	林慶旺編譯	130元
21.	趣味競賽100種	劉名揚編譯	120元
22.	數學謎題入門	宋釗宜編譯	150元
23.	數學謎題解析	宋釗宜編譯	150元
24.	透視男女心理	林慶旺編譯	120元
25.	少女情懷的自白	李桂蘭編譯	120元
26.	由兄弟姊妹看命運	李玉瓊編譯	130元
27.	趣味的科學魔術	林慶旺編譯	150元
28.	趣味的心理實驗室	李燕玲編譯	150元
29.	愛與性心理測驗	小毛驢編譯	130元
30.	刑案推理解謎	小毛驢編譯	180元
31.	偵探常識推理	小毛驢編譯	180元
32.	偵探常識解謎	小毛驢編譯	130元
33.	偵探推理遊戲	小毛驢編譯	180元
34.	趣味的超魔術	廖玉山編著	150元
35.	趣味的珍奇發明	柯素娥編著	150元
36.	登山用具與技巧	陳瑞菊編著	150元
37.	性的漫談	蘇燕謀編著	180元
38.	無的漫談	蘇燕謀編著	180元
39.	黑色漫談	蘇燕謀編著	180元
40.	白色漫談	蘇燕謀編著	180元

・健康天地・大展編號18

1.	壓力的預防與治療	柯素娥編譯	130元
2.	超科學氣的魔力	柯素娥編譯	130元
3.	尿療法治病的神奇	中尾良一著	130元
4.	鐵證如山的尿療法奇蹟	廖玉山譯	120元
5.	一日斷食健康法	葉慈容編譯	150元
6.	胃部強健法	陳炳崑譯	120元

7. 癌症早期檢查法	廖松濤譯	160元
8. 老人痴呆症防止法	柯素娥編譯	170元
9. 松葉汁健康飲料	陳麗芬編譯	150元
10. 揉肚臍健康法	永井秋夫著	150元
11. 過勞死、猝死的預防	卓秀貞編譯	130元
12. 高血壓治療與飲食	藤山順豐著	180元
13. 老人看護指南	柯素娥編譯	150元
14. 美容外科淺談	楊啟宏著	150元
15. 美容外科新境界	楊啟宏著	150元
16. 鹽是天然的醫生	西英司郎著	140元
17. 年輕十歲不是夢	梁瑞麟譯	200元
18. 茶料理治百病	桑野和民著	180元
19. 綠茶治病寶典	桑野和民著	150元
20. 杜仲茶養顏減肥法	西田博著	170元
21. 蜂膠驚人療效	瀨長良三郎著	180元
22. 蜂膠治百病	瀨長良三郎著	180元
23. 醫藥與生活㈠	鄭炳全著	180元
24. 鈣長生寶典	落合敏著	180元
25. 大蒜長生寶典	木下繁太郎著	160元
26. 居家自我健康檢查	石川恭三著	160元
27. 永恆的健康人生	李秀鈴譯	200元
28. 大豆卵磷脂長生寶典	劉雪卿譯	150元
29. 芳香療法	梁艾琳譯	160元
30. 醋長生寶典	柯素娥譯	180元
31. 從星座透視健康	席拉・吉蒂斯著	180元
32. 愉悅自在保健學	野本二士夫著	160元
33. 裸睡健康法	丸山淳士等著	160元
34. 糖尿病預防與治療	藤山順豐著	180元
35. 維他命長生寶典	菅原明子著	180元
36. 維他命C新效果	鐘文訓編	150元
37. 手、腳病理按摩	堤芳朗著	160元
38. AIDS瞭解與預防	彼得塔歇爾著	180元
39. 甲殼質殼聚糖健康法	沈永嘉譯	160元
40. 神經痛預防與治療	木下真男著	160元
41. 室內身體鍛鍊法	陳炳崑編著	160元
42. 吃出健康藥膳	劉大器編著	180元
43. 自我指壓術	蘇燕謀編著	160元
44. 紅蘿蔔汁斷食療法	李玉瓊編著	150元
45. 洗心術健康秘法	竺翠萍編譯	170元
46. 枇杷葉健康療法	柯素娥編譯	180元
47. 抗衰血癒	楊啟宏著	180元
48. 與癌搏鬥記	逸見政孝著	180元
49. 冬蟲夏草長生寶典	高橋義博著	170元
50. 痔瘡・大腸疾病先端療法	宮島伸宜著	180元

51. 膠布治癒頑固慢性病	加瀨建造著	180 元
52. 芝麻神奇健康法	小林貞作著	170 元
53. 香煙能防止癡呆？	高田明和著	180 元
54. 穀菜食治癌療法	佐藤成志著	180 元
55. 貼藥健康法	松原英多著	180 元
56. 克服癌症調和道呼吸法	帶津良一著	180 元
57. B 型肝炎預防與治療	野村喜重郎著	180 元
58. 青春永駐養生導引術	早島正雄著	180 元
59. 改變呼吸法創造健康	原久子著	180 元
60. 荷爾蒙平衡養生秘訣	出村博著	180 元
61. 水美肌健康法	井戶勝富著	170 元
62. 認識食物掌握健康	廖梅珠編著	170 元
63. 痛風劇痛消除法	鈴木吉彥著	180 元
64. 酸莖菌驚人療效	上田明彥著	180 元
65. 大豆卵磷脂治現代病	神津健一著	200 元
66. 時辰療法—危險時刻凌晨 4 時	呂建強等著	180 元
67. 自然治癒力提升法	帶津良一著	180 元
68. 巧妙的氣保健法	藤平墨子著	180 元
69. 治癒 C 型肝炎	熊田博光著	180 元
70. 肝臟病預防與治療	劉名揚編著	180 元
71. 腰痛平衡療法	荒井政信著	180 元
72. 根治多汗症、狐臭	稻葉益巳著	220 元
73. 40 歲以後的骨質疏鬆症	沈永嘉譯	180 元
74. 認識中藥	松下一成著	180 元
75. 認識氣的科學	佐佐木茂美著	180 元
76. 我戰勝了癌症	安田伸著	180 元
77. 斑點是身心的危險信號	中野進著	180 元
78. 艾波拉病毒大震撼	玉川重德著	180 元
79. 重新還我黑髮	桑名隆一郎著	180 元
80. 身體節律與健康	林博史著	180 元
81. 生薑治萬病	石原結實著	180 元
82. 靈芝治百病	陳瑞東著	180 元
83. 木炭驚人的威力	大槻彰著	200 元
84. 認識活性氧	井土貴司著	180 元
85. 深海鮫治百病	廖玉山編著	180 元
86. 神奇的蜂王乳	井上丹治著	180 元
87. 卡拉 OK 健腦法	東潔著	180 元
88. 卡拉 OK 健康法	福田伴男著	180 元
89. 醫藥與生活(二)	鄭炳全著	200 元
90. 洋蔥治百病	宮尾興平著	180 元
91. 年輕 10 歲快步健康法	石塚忠雄著	180 元
92. 石榴的驚人神效	岡本順子著	180 元
93. 飲料健康法	白鳥早奈英著	180 元
94. 健康棒體操	劉名揚編譯	180 元

95. 催眠健康法　蕭京凌編著　180 元
96. 鬱金（美王）治百病　水野修一著　180 元
97. 醫藥與生活(三)　鄭炳全著　200 元

・實用女性學講座・大展編號 19

1. 解讀女性內心世界　島田一男著　150 元
2. 塑造成熟的女性　島田一男著　150 元
3. 女性整體裝扮學　黃靜香編著　180 元
4. 女性應對禮儀　黃靜香編著　180 元
5. 女性婚前必修　小野十傳著　200 元
6. 徹底瞭解女人　田口二州著　180 元
7. 拆穿女性謊言 88 招　島田一男著　200 元
8. 解讀女人心　島田一男著　200 元
9. 俘獲女性絕招　志賀貢著　200 元
10. 愛情的壓力解套　中村理英子著　200 元
11. 妳是人見人愛的女孩　廖松濤編著　200 元

・校園系列・大展編號 20

1. 讀書集中術　多湖輝著　180 元
2. 應考的訣竅　多湖輝著　150 元
3. 輕鬆讀書贏得聯考　多湖輝著　180 元
4. 讀書記憶秘訣　多湖輝著　180 元
5. 視力恢復！超速讀術　江錦雲譯　180 元
6. 讀書 36 計　黃柏松編著　180 元
7. 驚人的速讀術　鐘文訓編著　170 元
8. 學生課業輔導良方　多湖輝著　180 元
9. 超速讀超記憶法　廖松濤編著　180 元
10. 速算解題技巧　宋釗宜編著　200 元
11. 看圖學英文　陳炳崑編著　200 元
12. 讓孩子最喜歡數學　沈永嘉譯　180 元
13. 催眠記憶術　林碧清譯　180 元
14. 催眠速讀術　林碧清譯　180 元
15. 數學式思考學習法　劉淑錦譯　200 元
16. 考試憑要領　劉孝暉著　180 元
17. 事半功倍讀書法　王毅希著　200 元
18. 超金榜題名術　陳蒼杰譯　200 元
19. 靈活記憶術　林耀慶編著　180 元
20. 數學增強要領　江修楨編著　180 元

・實用心理學講座・大展編號 21

1.	拆穿欺騙伎倆	多湖輝著	140 元
2.	創造好構想	多湖輝著	140 元
3.	面對面心理術	多湖輝著	160 元
4.	偽裝心理術	多湖輝著	140 元
5.	透視人性弱點	多湖輝著	180 元
6.	自我表現術	多湖輝著	180 元
7.	不可思議的人性心理	多湖輝著	180 元
8.	催眠術入門	多湖輝著	150 元
9.	責罵部屬的藝術	多湖輝著	150 元
10.	精神力	多湖輝著	150 元
11.	厚黑說服術	多湖輝著	150 元
12.	集中力	多湖輝著	150 元
13.	構想力	多湖輝著	150 元
14.	深層心理術	多湖輝著	160 元
15.	深層語言術	多湖輝著	160 元
16.	深層說服術	多湖輝著	180 元
17.	掌握潛在心理	多湖輝著	160 元
18.	洞悉心理陷阱	多湖輝著	180 元
19.	解讀金錢心理	多湖輝著	180 元
20.	拆穿語言圈套	多湖輝著	180 元
21.	語言的內心玄機	多湖輝著	180 元
22.	積極力	多湖輝著	180 元

・超現實心理講座・大展編號 22

1.	超意識覺醒法	詹蔚芬編譯	130 元
2.	護摩秘法與人生	劉名揚編譯	130 元
3.	秘法！超級仙術入門	陸明譯	150 元
4.	給地球人的訊息	柯素娥編著	150 元
5.	密教的神通力	劉名揚編著	130 元
6.	神秘奇妙的世界	平川陽一著	200 元
7.	地球文明的超革命	吳秋嬌譯	200 元
8.	力量石的秘密	吳秋嬌譯	180 元
9.	超能力的靈異世界	馬小莉譯	200 元
10.	逃離地球毀滅的命運	吳秋嬌譯	200 元
11.	宇宙與地球終結之謎	南山宏著	200 元
12.	驚世奇功揭秘	傅起鳳著	200 元
13.	啟發身心潛力心象訓練法	栗田昌裕著	180 元
14.	仙道術遁甲法	高藤聰一郎著	220 元
15.	神通力的秘密	中岡俊哉著	180 元
16.	仙人成仙術	高藤聰一郎著	200 元

國家圖書館出版品預行編目資料

姜太公神算兵法／應涵編著
——初版，——臺北市，大展，2001年〔民90〕
面；21公分，——（神算大師；2）
ISBN 957-468-097-5（平裝）
1.兵法－中國 2.謀略學
592.09 90014024

姜太公神算兵法 ISBN 957-468-097-5

編著者／應 涵
發行人／蔡森明
出版者／大展出版社有限公司
社 址／台北市北投區（石牌）致遠一路2段12巷1號
電 話／（02）28236031・28236033・28233123
傳 眞／（02）28272069
郵政劃撥／01669551
E-mail ／dah-jaan@ms9.tisnet.net.tw
登記證／局版臺業字第2171號
承印者／國順文具印刷行
裝 訂／嶸興裝訂有限公司
排版者／弘益電腦排版有限公司
初版1刷／2001年（民90年）10月

定價／280元

大展好書 好書大展